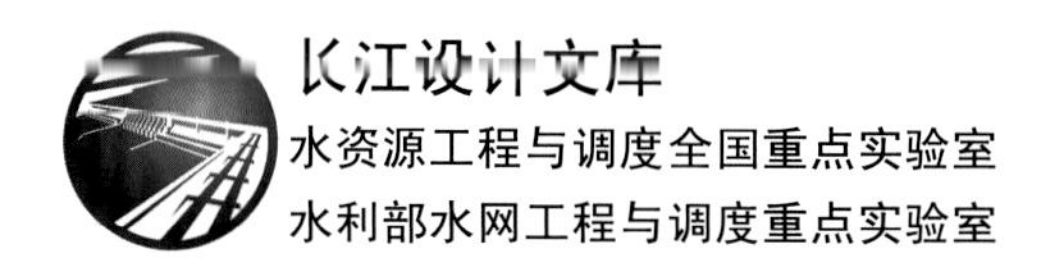

南水北调中线一期工程技术丛书

兴隆水利枢纽工程设计与研究

钮新强　童　迪　郭红亮 等　著

科 学 出 版 社
北　京

内 容 简 介

本书为“南水北调中线一期工程技术丛书”之一。本书简要介绍在深厚粉细砂上建设兴隆水利枢纽面临的河势稳定性较差、深厚粉细砂层结构松散、粉细砂滩地导流明渠的防冲保护、饱和砂土振动液化、粉细砂地基上的高水头围堰防渗等关键技术问题，以及解决关键技术问题的工程措施，同时简要介绍主要建筑物的设计研究、工程建设和运行情况。本书主要内容包括兴隆水利枢纽概况、复杂河势的枢纽总体布置研究、深厚粉细砂地基处理、主要建筑物设计、工程建筑设计、工程建设与运行。为使兴隆水利枢纽工程建设技术得到更广泛的应用，作者在系统总结项目设计研究成果的基础上，结合长期的工程实践经验撰写本书。

本书可供水利水电工程的设计科研人员、建设管理人员，以及大专院校水工专业师生使用和参考。

图书在版编目（CIP）数据

兴隆水利枢纽工程设计与研究/钮新强等著.—北京：科学出版社，2024.8
（南水北调中线一期工程技术丛书）
ISBN 978-7-03-077905-2

Ⅰ.①兴… Ⅱ.①钮… Ⅲ. ①南水北调－水利枢纽－水利工程－研究－兴隆县 Ⅳ.①TV632.224

中国国家版本馆 CIP 数据核字（2023）第 250622 号

责任编辑：何 念 张 湾/责任校对：高 嵘
责任印制：彭 超/封面设计：苏 波

科学出版社 出版
北京东黄城根北街 16 号
邮政编码：100717
http://www.sciencep.com
武汉精一佳印刷有限公司印刷
科学出版社发行 各地新华书店经销
*
开本：787×1092 1/16
2024 年 8 月第 一 版 印张：15 1/4
2024 年 8 月第一次印刷 字数：357 000
定价：188.00 元
（如有印装质量问题，我社负责调换）

作者简介

钮新强

钮新强，中国工程院院士，全国工程勘察设计大师。现任长江设计集团有限公司首席科学家，水利部水网工程与调度重点实验室主任，博士生导师，曾获全国杰出专业技术人才、全国优秀科技工作者、全国五一劳动奖章、全国先进工作者、全国创新争先奖、国际杰出大坝工程师奖、国际咨询工程师联合会（International Federation of Consulting Engineers，FIDIC）百年优秀咨询工程师等荣誉。

长期从事大型水利水电工程设计和科研工作，主持和参与主持长江三峡、南水北调中线、金沙江乌东德水电站、引江补汉等国家重大水利水电工程设计项目20余项，主持或作为主要研究人员参与国家重点研发计划项目、重大工程技术研究项目100余项。2002年起负责南水北调中线工程总体可研和各阶段设计研究工作，主持完成了丹江口大坝加高、穿黄工程等重点项目的设计研究，提出了“新老混凝土有限结合”等重力坝加高设计新理论，研发了“盾构隧洞预应力复合衬砌”新型输水隧洞，攻克了南水北调中线工程多项世界级技术难题。目前正在负责南水北调中线后续工程——引江补汉工程的勘察设计工作，为新时期国家水资源优化配置和水利行业发展做出了重要贡献。先后荣获国家科学技术进步奖二等奖5项，省部级科学技术奖特等奖10项，主编/参编国家和行业标准5项，出版《水库大坝安全评价》《全衬砌船闸设计》等专著11部。

作者简介

童 迪

童迪，长江设计集团有限公司原副总工程师、教授级高级工程师。先后荣获长江设计集团有限公司先进个人、劳动模范，湖北省南水北调管理局先进工作者、优秀设计人员，南水北调东中线一期工程建成通水劳动模范称号。

一直从事水工专业设计及技术管理工作。参与或主持了三峡、彭水、银盘、白马等大中型工程的通航建筑物设计，主持了番禺雁洲水（船）闸、汉江兴隆水利枢纽、引江济汉工程进口段设计。先后承担了三峡水库前期科技攻关和国家重点研发计划项目等多项工作。荣获全国优秀工程设计金奖、交通部优秀设计一等奖、詹天佑土木工程大奖、湖北省科学技术进步奖一等奖、中国大坝工程学会科技进步奖特等奖等奖项。

郭红亮

郭红亮，正高级工程师，注册土木工程师（岩土）、注册土木工程师（水利水电工程）、注册水利工程建设监理工程师。

长期从事大中型水利水电工程设计，参加汉江王甫洲水电站、南水北调中线兴隆水利枢纽、广州番禺雁洲水（船）闸、湖南洞庭湖区钱粮湖分洪闸、安徽引江济淮等大中型水利水电工程设计20余项。曾获得全国优秀水利水电工程勘测设计奖金质奖、湖北省科学技术进步奖一等奖、中国水利工程优质（大禹）奖、广东省优质水利工程奖、广东省土木工程詹天佑故乡杯科技创新人员、长江水利委员会科学技术奖一等奖、湖北省南水北调工程建设先进个人、湖北省南水北调工程建设质量管理先进个人等荣誉。

《兴隆水利枢纽工程设计与研究》

钮新强　童迪　郭红亮 等　著

写 作 分 工

章序	章名	撰稿	审稿
第1章	兴隆水利枢纽概况	郭红亮、石运深、牟春来、刘小江、王改会、孟明星、罗小杰、尹维清	童　迪、宋志忠
第2章	复杂河势的枢纽总体布置研究	钮新强、谢向荣、童　迪、郭红亮、张明光、宋志忠、王　程、牟春来、刘小江、朱世洪、陈勇伦、陈超敏、管光明、尹维清、王建华、尤　岭	钮新强、宋志忠、张明光
第3章	深厚粉细砂地基处理	童　迪、谢向荣、郭红亮、蔡耀军、刘小江、宋志忠、牟春来、王改会、张　航、陈小虎、朱世洪、罗小杰、方国宝	谢向荣、童　迪、郭红亮
第4章	主要建筑物设计	钮新强、童　迪、郭红亮、石运深、方国宝、王　程、刘小江、宋志忠、牟春来、朱世洪、王改会、蒋筱民、王　煌、李　旻、吴俊东、陈小虎、周　浩、郑建强、王　可、李月伟、姚云俐、胡长华、刘嫦娥、程淑艳	钮新强、周述达、石运深
第5章	工程建筑设计	张　婷、陈　娟、倪爱民	张　勋、钮新强
第6章	工程建设与运行	谢向荣、陈勇伦、张明光、牛运华、陈超敏、朱祖国、陈圣平、张拥军、杨　波、王永玲、石志超、王改会、戴荣华	谢向荣、倪锦初、童　迪

序

南水北调中线一期工程，是解决我国北方水资源匮乏问题，关系到北方地区城镇居民生产生活、国民经济可持续发展的战略性工程，是世界上最大的跨流域调水工程。早在20世纪50年代，毛泽东主席就提出："南方水多，北方水少，如有可能，借点水来也是可以的。"为实现这一宏伟目标，经过广大水利战线的勘察、科研、设计人员和大专院校的专家、学者几代人的不懈努力，南水北调中线一期工程于2014年12月建成通水，截至2024年3月，累计向受水区调水超620亿m^3。工程已成为沿线大中城市的供水生命线，发挥了显著的经济、社会、生态和安全效益，从根本上改变了受水区供水格局，改善了供水水质，提高了供水保证率；并通过生态补水，工程沿线河湖生态环境得到改善，华北地区地下水超采综合治理取得明显成效，工程综合效益进一步显现。

南水北调中线一期工程主要包括水源工程丹江口大坝加高工程、输水总干渠工程、汉江中下游治理工程等部分。其中，输水总干渠全长1 432 km，跨越长江、黄河、淮河、海河4个流域，全程与河流、公路、铁路、当地渠道等设施立体交叉，全线自流输水。丹江口大坝加高工程是我国现阶段规模最大、运行条件下实施加高的混凝土重力坝加高工程；输水总干渠渠道穿越膨胀土、湿陷性黄土、煤矿采空区等不良地质单元，渠道与当地大型河流、高等级公路交叉条件复杂，渡槽工程、倒虹吸工程、跨渠桥梁等交叉建筑物的工程规模、技术难度前所未有。

作者钮新强院士是南水北调中线一期工程设计主要负责人，由他率领的设计研究技术团队，与国内科研院所、建设单位等协同攻关，大胆创新突破，在丹江口大坝加高工程方面，由于特殊的运行环境，常规条件下新老坝体结构难以确保完全结合，首创性地提出了重力坝加高有限结合结构新理论，以及成套结合面技术措施，确保了大坝加高工程安全可靠；在大量科学试验研究的基础上揭示了膨胀土渠道边坡破坏机理，解决了深挖方、高填方膨胀土渠道工程施工开挖、坡面保护、边坡稳定分析、长大裂隙控制等边坡稳定问题；黄河为游荡性河流，为减少施工对黄河河势的影响，创新性提出了总干渠采用盾构法下穿黄河，研发了盾构法施工的双层衬砌预应力盾构隧道结构，较好地解决了穿黄隧洞适应高内水压力、黄河游荡带来的多变隧洞土压力等一系列问题；在超大型渡槽结构方面，针对不同槽型开展结构优化研究，发明的造槽机及施工新工艺等技术将超大规模U形渡槽设计、施工提升到一个新的水平，首次提出了梯形多跨连续渡槽新型槽体结构。技术研究团队取得了丰硕的创新成果，多项成果达国际领先水平。

该丛书作者均为长期从事南水北调中线一期调水工程设计、科研的科技人员，他们将设计研究经验总结凝练，著成该丛书，可供引调水工程设计、科研人员借鉴使用，也可供大专院校水利水电工程输调水专业师生参考学习。

按照国家“十四五”规划，在未来几年国家将加快构建国家水网，完善国家水网大动脉和主骨架，推动我国水资源综合利用与开发，修复祖国大好河山生态环境，改善广大人民群众生产生活条件，为国民经济建设可持续发展提供动力，造福人民。为此，我国调水工程的建设必将迎来发展春天，并提出诸多新的需求，该丛书的出版，可谓恰逢其时。期待这部凝结了几代设计、科研人员智慧、青春的重要文献，对我国未来输调水工程建设事业的发展起到促进作用。

是为序。

陈厚群

中国工程院院士

2024 年 5 月 16 日

前 言

南水北调中线工程是我国水资源优化配置的重大战略性基础设施，可有效缓解北京、天津等华北地区的水资源危机，在南水北调中线工程的总体格局中，湖北具有特殊、重要的地位。汉江流经湖北襄阳、荆门、荆州、天门、仙桃、孝感和武汉，是上述各地供水、灌溉、生态、航运的重要水资源，南水北调中线一期工程从丹江口水库调水 95 亿 m^3，古老的汉江则被赋予新的使命。为消弭调水给汉江中下游水资源带来的影响，解江汉平原之忧，国家高度重视，做出“南北两利、南北双赢”的重大战略决策，安排建设兴隆水利枢纽、引江济汉工程、部分闸站改（扩）建、局部航道整治四项汉江中下游治理工程。其中，兴隆水利枢纽位于汉江中下游平原地区的湖北潜江、天门境内，工程的主要任务是壅高水位、增加航深，保证汉江两岸农田的灌溉引水，改善库区河段的航道条件，同时兼顾发电功能。

兴隆水利枢纽由拦河水闸、船闸、电站厂房、鱼道、两岸滩地过流段及其上部的连接交通桥等建筑物组成。由于工程所在河段地处汉江中下游平原，两岸滩地广阔，地势平坦，河势蜿蜒多变，河床组成以粉细砂为主，抗冲性极差，主流变化频繁，素有“一弯变，弯弯变”的特点。如何保持枢纽运用后的河势稳定，减轻水电站引水渠和船闸引航道泥沙淤积，保障枢纽综合效益长期、稳定发挥，是工程首先需要研究解决的主要技术问题；其次，坝址区为深厚粉细砂，结构松散，天然地基承载能力低，沉降量大，抗冲流速小，抗冲刷能力低，极易发生渗透变形，深厚粉细砂地基处理及消能防冲是工程需要解决的另一个关键技术难题。

兴隆水利枢纽总体布置格局采用“主槽建闸蓄水、保留两侧滩地、闸滩联合行洪”的新形式，遵循天然河道“枯水归槽、洪水漫滩”的过流特性，有效减少对原天然河道的改变；采用多功能的地基处理方案，以提高地基整体刚度和承载力，同时对粉细砂构成围封作用，控制地基剪切变形，提高抗液化和抗渗性能；预制嵌套式混凝土柔性海漫辅以垂直防淘墙的多重冗余防冲结构具有良好的整体性和柔性，可满足闸下河床防冲保护要求。工程运行实践表明，兴隆水利枢纽工程设计采用的各项技术措施达到预期目的，工程运行安全可靠，在深厚粉细砂基础上首次成功建设大型水利枢纽。

本书结合南水北调中线一期工程实践，系统总结南水北调兴隆水利枢纽工程设计、科研等成果，凝结了设计研究团队及众多前辈专家的心血和经验。已故的任继礼、杨本新同志生前先后担任过兴隆水利枢纽工程设计技术负责人，为工程设计做出了重要贡献。在本书出版过程中，得到了科学出版社的大力支持。在此，谨向所有参加设计研究的专家、科研人员表示衷心的感谢和崇高的敬意。

限于作者水平，本书难免存在疏漏之处，衷心期待读者提出指正和修改意见。

作　者

2024 年 5 月 20 日

南水北调中线一期工程简介

南水北调工程

1. 南水北调——国家水网骨干工程

南水北调构想最早可追溯至20世纪50年代初。1953年2月，毛泽东主席视察长江，时任长江流域规划办公室（简称“长办”）主任的林一山随行陪同，在“长江”舰上毛泽东问林一山：“南方水多，北方水少，能不能从南方借点水给北方？”毛泽东主席边说边用铅笔指向地图上的西北高原，指向腊子口、白龙江，然后又指向略阳一带地区，指到西汉水，每一处都问引水的可能性，林一山都如实予以回答，当毛泽东指到汉江时，林一山回答说：“有可能。”1958年8月，《中共中央关于水利工作的指示》明确提出：“全国范围的较长远的水利规划，首先是以南水（主要是长江水系）北调为主要目的的，即将江、淮、河、汉、海河各流域联系为统一的水利系统的规划，……应即加速制订。”第一次正式提出了南水北调。

长江是我国最大的河流，水资源丰富且较稳定，特枯年水量也有7 600亿m^3，长江的入海水量占天然径流量的94%以上。长江自西向东流经大半个中国，上游靠近西北干旱地区，中下游与最缺水的华北平原及胶东地区相邻，兴建跨流域调水工程在经济、技术条件方面具有显著优势。为缓解北方地区东、中、西部可持续发展对水资源的需求，从社会、经济、环境、技术等方面，在反复比较了50多种规划方案的基础上，逐步形成了分别从长江下游、中游和上游调水的东线、中线、西线三条调水线路，与长江、黄河、淮河、海河四大江河联系，构成以“四横三纵”为主体的国家水网骨干。

2. 东中西调水干线

1）东线工程

东线工程从长江下游扬州附近抽引长江水，利用京杭大运河及与其平行的河道逐级提水北送，并连通起调蓄作用的洪泽湖、骆马湖、南四湖、东平湖。出东平湖后分两路输水：一路向北，在位山附近经隧洞穿过黄河，通过扩挖现有河道进入南运河，自流到天津；另一路向东，通过胶东地区输水干线经济南输水到烟台、威海。解决津浦铁路沿线和胶东地区的城市缺水及苏北地区的农业缺水问题，补充山东西南、山东北和河北东南部分农业用水及天津的部分城市用水。

2）中线工程

中线工程从长江支流汉江丹江口水库陶岔引水，经唐白河流域西部过长江流域与淮河流域的分水岭方城垭口，沿华北平原西部边缘，在郑州以西李村处经隧洞穿过黄河，沿京广铁路西侧北上，可基本自流到北京、天津。解决沿线华北地区大中城市工业生产和城镇居民生活用水匮乏的问题。

3）西线工程

西线工程从长江上游通天河和大渡河、雅砻江及其支流引水，开凿穿过长江与黄河分水岭巴颜喀拉山的输水隧洞，调长江水入黄河上游。解决涉及青海、甘肃、宁夏、内蒙古、陕西、山西6省（自治区）的黄河中上游地区和关中平原的缺水问题。

中 线 工 程

南水北调中线工程是“四横三纵”国家水网骨干的重要组成部分，也是华北平原可持续发展的支撑工程。

中线工程地理位置优越，可基本自流输水；水源水质好，输水总干渠与现有河道全部立交，水质易于保护；输水总干渠所处位置地势较高，可解决北京、天津、河北、河南4省（直辖市）京广铁路沿线的城市供水问题，还有利于改善生态环境。近期从丹江口水库取水，可满足北方城市缺水需要，远景可根据黄淮海平原的需水要求，从长江三峡水库库区调水到汉江，使之有充足的后续水源。也就是说，中线工程分期建设，中线一期工程于2003年12月30日开工建设，2014年12月12日正式通水。

中线一期工程概况

中线一期工程从丹江口水库自流引水，多年平均调水量为95亿m^3，输水总干渠陶岔渠首设计至加大引水流量为350～420 m^3/s，过黄河为265～320 m^3/s，进河北为235～280 m^3/s，进北京为50～60 m^3/s，天津干渠渠首为50～60 m^3/s。中线一期工程主要建设项目包括丹江口大坝加高工程、输水总干渠工程、汉江中下游治理工程，为确保中线工程一渠清水向北流，还实施了丹江口水库库区及上游水污染防治和水土保持规划，且输水总干渠全线实行封闭管理。

一、丹江口大坝加高工程

南水北调中线一期工程研究了从长江三峡水库库区大宁河、香溪河、龙潭溪、丹江口水库引水等各种水源方案，并就丹江口大坝加高与不加高条件下，丹江口水库可调水量及调水后对汉江中下游的影响进行了综合分析。经技术经济比较，推荐丹江口大坝加高水源方案。丹江口水库实施大坝加高后，可调水量可满足 2010 年水平年中线受水区城市需求，调水对汉江中下游的影响可通过实施汉江中下游治理工程得以解决。

1. 大坝加高工程规模

丹江口大坝加高工程在初期大坝坝顶高程 162 m 的基础上加高 14.6 m 至 176.6 m，两岸土石坝坝顶高程加高至 176.6 m。正常蓄水位由 157 m 提高到 170 m，相应库容由 174.5 亿 m^3 增加至 290.5 亿 m^3，校核洪水位变为 174.35 m，总库容变为 319.50 亿 m^3，水库主要任务由防洪、发电、供水和航运调整为防洪、供水、发电和航运。实施丹江口大坝加高工程后，汉江中下游地区的防洪标准由不足 20 年一遇提高到近 100 年一遇，丹江口水库可向北方提供多年平均 95 亿 m^3 的优质水，航运过坝能力由 150 t 级提高到 300 t 级，发电效益基本不变。

2. 大坝加高方案

1）关键技术问题研究

由于汉江中下游的防洪要求，丹江口大坝加高工程需要在正常运行条件下实施，多年现场试验和数值模拟结果表明：一方面，在外界气温年季变换的影响和作用下，大坝加高工程的新老混凝土难以结合为整体；另一方面，丹江口大坝自初期工程完建到实施加高工程已运行近 40 年，初期坝体不可避免地存在一些混凝土缺陷需要处理，同时还需要协调好初期大坝金属结构和机电设备的补强和更新与防洪调度的关系。因此，丹江口大坝加高工程的关键技术问题是需要妥善解决新老混凝土有限结合条件下新老坝体联合受力的问题；在运行条件下对初期大坝进行全面检测并妥善处理初期大坝存在的混凝土缺陷，并分析预测混凝土缺陷对加高工程的影响；加强大坝加高施工组织，协调好大坝加高施工场地、交通条件、金属结构和机电设备的加固更新与水库防洪调度之间的关系。

为系统解决丹江口大坝加高工程的关键技术问题，在工程前期设计中先后开展了 3 次现场试验，“十一五”国家科技支撑计划项目也针对丹江口大坝的新老混凝土结合问题、初期大坝混凝土缺陷处理、初期大坝基础渗控系统的耐久性评价与高水头条件下的帷幕补强灌浆等技术问题开展了研究，确立了系统的后帮有限结合大坝加高技术、初期大坝混凝土缺陷检查与处理技术、大坝基础防渗体系检测与加固技术。

2）重力坝加高方案

丹江口大坝混凝土坝段均采用下游直接贴坡加厚、坝顶加高方式进行加高。坝顶加高前对初期混凝土大坝进行全面检查，对存在的纵向、横向、竖向裂缝和水平层间缝等重要混凝土缺陷采用结构加固与防渗处理相结合的方式进行了处理。对大坝下游贴坡混凝土与初期大坝之间的新老混凝土结合面，采取凿除碳化层、修整结合面体型、设置榫槽、布置锚筋、加强新浇混凝土温控措施和早期混凝土表面保温等一系列措施进行处理。对大坝初期工程的基础渗控措施进行了改造，并进行了防渗灌浆加固处理。对表孔溢流坝段溢流面采用柱状浇筑方式进行坝顶和闸墩加高，加高后的堰面曲线基本相同，设计洪水条件下堰上泄洪能力维持不变，下游消能方式仍为挑流消能，对溢流坝闸墩采用植筋方式进行加固处理，并利用新浇的坝面梁形成框架体系，改善闸墩结构的受力条件；在新老混凝土结合面布置排水廊道，防止结合面内产生渗压，影响加高坝体的结构稳定和应力。

3）土石坝加高方案

丹江口水库的左岸土石坝采用下游贴坡和坝顶加高的方式进行加高，右岸土石坝改线重建，新建左坝头副坝和董营副坝。

3. 丹江口水库运行调度

丹江口大坝加高后，水库任务调整为防洪、供水、发电、航运；丹江口水库首先满足汉江中下游防洪任务，在供水调度过程中，优先满足水源区用水，其次按确定的输水工程规模尽可能满足北方的需调水量，并按库水位高低，分区进行调度，尽量提高枯水年的调水量。

1）水库运行水位控制

考虑到汉江中下游防洪要求，丹江口水库10月10日～次年5月1日可按正常蓄水位170 m运行；5月1日～6月20日水库水位逐渐下降到夏季防洪限制水位160 m；6月21日～8月21日水库维持在夏季防洪限制水位运行；8月21日～9月1日水库水位由160 m向秋季防洪限制水位163.5 m过渡；9月1日～10月10日水库可逐步充蓄至170 m。

2）运行调度方式

当水库水位超过夏季或秋季防洪限制水位或者超过正常蓄水位时，丹江口水库泄水设备的开启顺序依次为深孔、14～17坝段表孔、19～24坝段表孔；陶岔渠首按总干渠最大输水能力供水，清泉沟按需引水，水电站按预想出力发电；水库水位尽快降至相应时段的防洪限制水位或正常蓄水位。

当水库水位在防洪调度线与降低供水线之间运行时，陶岔渠首按设计流量供水，清泉沟、汉江中下游按需水要求供水。当水库水位在供水线与限制供水线之间运行时，陶岔渠首引水流量分别为 300 m^3/s、260 m^3/s。当水库水位位于限制供水线与极限消落水位之间时，陶岔渠首引水流量为 135 m^3/s。

4. 加高后的丹江口水库运行

丹江口大坝加高工程 2005 年开工建设，2013 年通过了水库蓄水验收，2021 年通过了 170 m 正常蓄水位的考验，各项监测数据表明，加高后的大坝工作性态正常。

二、输水总干渠工程

南水北调中线一期工程输水总干渠自丹江口水库陶岔取水，经河南、河北自北拒马河进入北京团城湖，沿途向河南、河北、北京受水对象供水；自河北的西黑山分水至天津外环河，沿途向河北、天津用户供水。

由于总干渠输水流量大，为降低输水运行费用，结合总干渠沿线地形地质条件，经多方案技术经济比较，中线工程的输水总干渠以明渠为主，局部穿城区域采用压力管道，天津干线则采用地埋箱涵。由于中线工程的服务对象为沿线大中城市的工业生产和城镇居民生活，供水量大、水质要求高；总干渠沿线与其交叉的河流、渠道、公路、铁路均按立交方案设计。陶岔渠首与总干渠沿线控制点之间的水位差，可基本实现全线自流供水，北拒马河到团城湖的流量大于 20 m^3/s 时需用泵站加压输水。

1. 总干渠线路

中线工程的主要供水范围是华北平原，主要任务是向北京、天津及京广铁路沿线的城市供水。根据地形条件，黄河以南线路受陶岔枢纽、方城垭口、穿黄工程合适布置范围三个节点控制，依据渠道水位、地形地质条件，沿伏牛山、嵩山东麓，在唐白河及华北平原的西部顺势布置。黄河以北线路比较了新开渠和利用现有河渠方案，经技术经济比较，利用现有河渠方案不宜作为永久输水方案；新开渠方案具有全线能自流、水质保护条件好的特点，为中线工程优选线路方案，即黄河以北线路基本位于京广铁路以西，由南向北与京广铁路平行布置。天津干线研究过民有渠方案、新开渠淀南线、新开渠淀北线、涞水—西河闸线等多条线路方案；由于新开渠淀北线线路较短，占地较少，水质、水量有保证，推荐为天津干线输水路线。

2. 总干渠输水形式

总干渠输水形式比较了明渠、管涵、管涵渠结合多种方案。全线管涵输水虽便于管理、征地较少，但投资高、需要多级加压、运行费用高、检修困难；结合工程建设条件，推荐陶岔至北拒马河采用明渠重力输水，北京段和天津干线采用管涵输水。

3. 总干渠运行调度

中线工程的运行调度涉及丹江口水库、汉江中下游、受水区当地地表水、地下水及中线总干渠的输水调度，关系到全线工程调度的协调性和整体效益的发挥。总干渠工程的输水调度，需综合考虑受水区当地地表水、地下水与北调水联合运用及丰枯互补的作用。

1）北调水与当地水的联合调配

中线水资源配置技术是一项开创性的关键技术，其配置与调度模型包括丹江口水库可调水量、受水区多水源调度及中线水资源联合调配。

受水区已建的可利用的调蓄水库，根据其与输水总干渠的相对地理位置、水位关系等，分为补偿调节水库、充蓄调节水库、在线调节水库，分别在中线供水不足时补充当地供水的缺口，通过水库的供水系统向附近的城市供水，直接或间接调蓄中线北调水。

北调水与受水区当地水联合运用、丰枯互补、相互调剂，各水源的利用效率得以充分发挥，受水区供水满足程度一般在95%以上。

2）总干渠水流控制方式

为了有效控制总干渠水位和分段流量，总干渠建有 60 余座节制闸。输水期间采用闸前常水位控制方式。总干渠供水流量较小时，可利用渠道的水力坡降变化提供少许调节容量用于调节分水口门的取水量；大流量供水时渠道可提供的调蓄容量逐渐消失，分水口门供水量保持基本稳定或按总干渠安全运行要求进行缓慢调节。

总干渠全线采用现代集控技术，系统实现对总干渠各节制闸和沿线分水口门的联动控制。输水期间，依据水力学运动规律和总干渠安全运行要求，根据渠段分水量变化情况分段调整总干渠的供水流量，通过综合协调总干渠不同渠段内各分水口门之间的分水流量变化，减小影响范围和流量变化幅度，提高用户分水口门流量变化的响应速度；或者通过调整陶岔入渠水量，缩短用户供水需求变化的响应时间，避免水资源浪费。

总干渠供水期间，要求总干渠各用户提前一周到两周制订用水计划，由管理部门结合沿线分水口门用水量变化情况和安全供水要求进行审核，必要时在基本满足时段供水量的基础上对部分分水口门的供水过程进行适当调整，审批确认后执行。

4. 输水建筑物

输水总干渠以明渠为主，北京段、天津干线采用管（涵）输水；中线一期工程总干渠总长 1 432 km，布置各类交叉建筑物、控制建筑物、隧洞、泵站等，总计 1 796 座，其中，大型河渠交叉建筑物 164 座，左岸排水建筑物 469 座，渠渠交叉建筑物 133 座，铁路交叉建筑物 41 座，公路交叉建筑物 737 座，控制建筑物 242 座，隧洞 9 座，泵站 1 座。

1）输水明渠

输水明渠按挖填情况分为全挖方、半挖半填、全填方渠道，为降低渠道过水表面粗糙系数，固化过水断面，过水断面采用混凝土衬砌。地基渗透系数大于 10^{-5} cm/s 的渠段和不良地质渠段，混凝土衬砌板下方设置土工膜防渗。对于设有防渗土工膜、地下水位高于渠道运行低水位的渠段，衬砌板下方设置排水系统，以降低衬砌板下的扬压力，保持衬砌板和防渗系统的稳定。对于存在冰冻问题的安阳以北渠道，在衬砌板下方增设保温板。当渠道地基存在湿陷性黄土时，一般采用强夯或挤密桩处理；存在煤矿采空区而无法回避时，采用回填灌浆处理；对于膨胀土挖方渠道和填方渠道，采用了坡面保护和深层稳定加固等措施。

中线一期工程总干渠沿线分布有膨胀岩土的渠段累计长 386.8 km。其中，淅川段的深挖方渠道开挖深度达 40 余米，膨胀土边坡问题尤为突出。“十一五”、“十二五”和“十三五”国家科技支撑计划项目针对膨胀土物理力学特性、胀缩变形对土体结构的影响、边坡破坏机理、坡面保护、多裂隙条件下的深层稳定计算、深挖方膨胀土渠道边坡加固、岩土膨胀等级现场识别、膨胀土开挖边坡临时保护、水泥改性土施工及检测等，开展了专项研究和现场试验，确定了膨胀土坡面采用水泥改性土或非膨胀土保护、地表水截流、地下水排泄、边坡加固的“防、截、排、固”膨胀土渠坡综合处理措施。总干渠通水运行以来，膨胀土渠道过水断面总体稳定。

2）穿黄工程

黄河是中国的第二大河流，泥沙含量大。穿黄工程所处河段河床宽阔，河势复杂，主河道游荡性强，南岸位于郑州以西约 30 km 的邙山李村电灌站附近，与中线工程总干渠荥阳段连接；北岸出口位于河南温县黄河滩地，与焦作段相连，全长 23.937 km；穿越黄河隧洞段长 3.5 km，经水力学计算隧洞过水断面直径为 7.0 m，最大内水压力为 0.51 MPa，是南水北调中线的控制性工程。

工程设计开展了河工模型试验，进行了多方案比较，由此确定了穿黄工程路线，选择隧洞作为穿越黄河的建筑物形式。穿黄隧洞采用双层衬砌结构，外衬为预制管片拼装形成的圆形管道，采用盾构法施工，内衬为现浇混凝土预应力结构，内外衬之间设置弹性排水垫层，是我国首例采用盾构法施工的软土地层大型高压输水隧洞。穿黄工程技术难度大，超出我国现有工程经验和规范适用范围。针对穿黄隧洞复杂的运行环境条件、特殊的结构形式设计和施工涉及的关键技术问题，“十一五”国家科技支撑计划项目开展了“复杂地质条件下穿黄隧洞工程关键技术研究”工作，进行了 1∶1 现场模型试验，结合数值模拟分析，系统解决了施工及运行期游荡性河床冲淤变形荷载作用下穿黄隧洞双层衬砌结构受力与变形特性，隧洞外衬拼装式管片结构设计、接头设计与防渗设计，复杂地质条件盾构法施工技术，超深大型盾构机施工竖井结构及渗流控制等一系列前沿性的工程技术问题，取得了一系列重大创新成果。

3）超大规模输水渡槽

渡槽作为南水北调中线总干渠跨越大型河流、道路的架空输水建筑物，是渠系建筑物中应用最广泛的交叉建筑物之一。南水北调中线一期工程总干渠输水渡槽共 27 座，其中，梁式渡槽 18 座。渡槽断面形式有 U 形、矩形、梯形，设计流量以刁河渡槽、湍河渡槽的设计流量 350 m^3/s 为最大。渡槽长度则主要根据河道行洪要求和渡槽上游壅水影响经综合比选确定。

三、汉江中下游治理工程

中线一期工程运行后，丹江口水库下泄量减少，对汉江中下游干流水情与河势、河道外用水等造成了一定的影响；需要通过兴建兴隆水利枢纽、引江济汉工程、部分闸站改（扩）建、局部航道整治等四项工程，减少或消除北调水产生的不利影响；汉江中下游治理工程是中线工程的重要组成部分。

1. 兴隆水利枢纽

兴隆水利枢纽是汉江干流渠化梯级规划中的最下一级，位于湖北潜江、天门境内，开发任务是以灌溉和航运为主，兼顾发电。枢纽正常蓄水位为 36.2 m，相应库容为 2.73 亿 m^3，规划灌溉面积为 327.6 万亩①，规划航道等级为 III 级，水电站装机容量为 40 MW。枢纽由拦河水闸、船闸、电站厂房、鱼道、两岸滩地过流段及上部交通桥等建筑物组成。

兴隆水利枢纽坝址处河道总宽约 2 800 m，河床呈复式断面，建筑物地基及过流面均为粉细砂层。其关键技术难题如下：①超宽蜿蜒型河道建设拦河枢纽需顺应河势，避免航道淤积，保障枢纽综合效益长期稳定发挥；②需要针对粉细砂地基承载能力低、沉降量大、允许渗透比降小，极易发生渗透变形、饱和砂土存在振动液化等特性的大面积地基处理技术；③粉细砂抗冲流速小，抗冲能力低，工程过流面积大，需要安全可靠的消能防冲设计。

为此，根据实际地形地质条件提出了“主槽建闸，滩地分洪；航电同岸，稳定航槽”

① 1 亩≈666.67 m^2。

的枢纽布置新形式，解决了在超宽蜿蜒型河道建设大型水利枢纽如何稳定河势及保障安全通航的技术难题；并研发了“格栅点阵搅拌桩”多功能复合地基新形式、“H 形预制嵌套”柔性海漫辅以垂直防淘墙的多重冗余防冲结构，首次在深厚粉细砂河床上成功建设了大型综合水利枢纽。

2. 引江济汉工程

引江济汉工程从长江干流向汉江和东荆河引水，补充兴隆—汉口段和东荆河灌区的流量，以改善其灌溉、航运和生态用水要求。渠道设计引水流量为 350 m^3/s，最大引水流量为 500 m^3/s；东荆河补水设计流量为 100 m^3/s，加大流量为 110 m^3/s。工程自身还兼有航运、撇洪功能。引江济汉工程通过从长江引水可有效减小汉江中下游仙桃段“水华”发生的概率，改善生态环境。

干渠渠首位于荆州李埠龙洲垸长江左岸江边，干渠渠线沿北东向穿荆江大堤，在荆州城西伍家台穿 318 国道、于红光五组穿宜黄高速公路后，近东西向穿过庙湖、荆沙铁路、襄荆高速公路、海子湖后，折向东北向穿拾桥河，经过蛟尾北，穿长湖，走毛李北，穿殷家河、西荆河后，在潜江高石碑北穿过汉江干堤入汉江。

3. 部分闸站改（扩）建

汉江中下游干流两岸有部分闸站原设计引水位偏高，汉江处于中低水位时引水困难，需进行改（扩）建，据调查分析，有 14 座水闸（总计引水流量 146 m^3/s）和 20 座泵站（总装机容量 10.5 MW）需进行改（扩）建。

4. 局部航道整治

汉江中下游不同河段的地理条件、河势控制及浅滩演变有着不同特点。近期航道治理仍按照整治与疏浚相结合、固滩护岸、堵支强干、稳定主槽的原则进行。

四、工程效益

南水北调中线一期工程建成通水以来，运行平稳，达效快速，综合效益显著，基本实现了规划目标。中线工程向沿线郑州、石家庄、北京、天津等 20 多座大中城市和 100 多个县（市）自流供水，并利用工程富余输水能力相机向受水区河流生态补水，有效解决了受水区城市的缺水问题，遏制了地下水超采和生态环境恶化的趋势。汉江水源区水生态环境保护成效显著，中线调水水质常年保持 I～II 类。丹江口大坝加高工程和汉江中下游四项治理工程在供水、航运、发电、防洪、改善水环境等方面发挥了积极作用，实现了“南北两利”。

截至 2024 年 3 月 30 日，南水北调中线一期工程自 2014 年 12 月全面通水以来，已累计向受水区调水超 620 亿 m^3，受益人口超 1.08 亿人。

1. 丹江口水利枢纽工程防洪效益、供水效益、生态效益显著

丹江口大坝加高以后，充分发挥了拦洪削峰作用，有效缓解了汉江中下游的防洪压力。从 2017 年 8 月 28 日开始，汉江流域发生了 6 次较大规模的降雨过程，最大入库洪峰流量为 18 600 m^3/s，水库实施控泄，出库流量最大为 7 550 m^3/s，削峰率为 59%，拦蓄洪量约 12.29 亿 m^3，汉江中游干流皇庄站水位最大降低 2 m 左右，避免了蓄滞洪区的运用，有效缓解了汉江中下游的防洪压力。

2021 年汉江再次遭遇明显秋汛，从 8 月 21 日开始，汉江上中游连续发生 8 次较大规模的降雨过程，丹江口水库累计拦洪约 98.6 亿 m^3。通过水库拦蓄，平均降低汉江中下游洪峰水位 1.5～3.5 m，超警戒水位天数缩短 8～14 天，避免了丹江口水库以下河段超保证水位和杜家台蓄滞洪区的运用。10 月 10 日 14 时，丹江口水库首次蓄至 170 m 正常蓄水位，汉江秋汛防御与汛后蓄水取得双胜利。

通过实施丹江口水库库区及上游水污染防治和水土保持规划，极大地促进了水源区生态建设，使丹江口水库水质稳定维持在 I～II 类，主要支流天河、竹溪河、堵河、官山河、浪河和滔河等的水质基本稳定在 II 类，剑河和犟河的水质分别由 IV～劣 V 类改善至 II～III 类。

2. 北调水已成为受水区城市供水的主力水源，并有效遏制了受水区地下水超采，生态环境明显改善

南水北调中线一期工程 2003 年开工新建，2014 年建成通水。自通水以来，输水规模逐年递增，到 2019～2020 年供水量为 86.22 亿 m^3，运行 6 年基本达效。根据检测数据综合评价，南水北调中线水质稳定在 II 类以上。根据 2019 年 6 月资料分析统计，受水区县、市、区行政区划范围内现状水厂总数为 430 座，北调水受水水厂 251 座，其供水能力占受水区总水厂供水能力的 81%。黄淮海流域总人口 4.4 亿人，生产总值约占全国的 35%，中线一期工程累计向黄淮海流域调水超 400 亿 m^3，缓解了该区域水资源严重短缺的问题，为京津冀协同发展、雄安新区建设、黄河流域生态保护和高质量发展等重大战略的实施及城市化进程的推进提供了可靠的水资源保障，极大地改善了受水区居民的生活用水品质。

南水北调中线工程通水后，受水区日益恶化的地下水超采形势得到遏制，实现地下水位连续 5 年回升。河南受水区地下水位平均回升 0.95 m，其中，郑州局部地下水位回升 25 m，新乡局部回升了 2.2 m。河北浅层地下水位 2020 年比 2019 年平均回升 0.52 m，深层地下水位平均回升 1.62 m。北京应急水源地地下水位最大升幅达 18.2 m，平原区地下水位平均回升了 4.02 m。天津深层地下水位累计回升约 3.9 m。

截至 2024 年 3 月，中线一期工程累计向北方 50 多条河流进行生态补水，补水总量近 100 亿 m^3，为河湖增加了大量优质水源，提高了水体的自净能力，增加了水环境容量，在一定程度上改善了河流水质。

3. 汉江中下游四项治理工程实施后，灌溉、航运、生态环境保护成效显著

汉江中下游兴隆水利枢纽、引江济汉工程、部分闸站改（扩）建和局部航道整治四项治理工程均于 2014 年建成并投入运行，目前运行平稳，在供水、航运、发电、防洪、改善水环境等方面发挥了积极作用。

截至 2020 年兴隆水利枢纽累计发电 14.32 亿 kW·h；控制范围内灌溉面积由 196.8 万亩增加到 300 余万亩。引江济汉工程累计引水 205.29 亿 m^3，连通了长江和汉江航运，缩短了荆州与武汉间的航程约 200 km，缩短了荆州与襄阳间的航程近 700 km；配合局部航道整治实现了丹江口—兴隆段 500 t 级通航，结合交通运输部门规划满足了兴隆—汉川段 1 000 t 级通航条件。

引江济汉工程叠加丹江口大坝加高工程后汉江中下游枯水流量增加，提高了汉江中下游生态流量的保障程度。根据 2011 年 1 月～2018 年 12 月实测流量数据，中线一期工程运行前后 4 年，皇庄断面和仙桃断面的生态基流均可 100%满足；皇庄断面最小下泄流量旬均保证率由 91.7%提升至 100%，日均保证率由 90.4%提升至 98.9%，2017～2019 年付家寨断面、闸口断面、皇庄断面、仙桃断面等主要断面各月水质稳定在 II～III 类，并以 III 类为主。

2016 年和 2020 年汛期，利用引江济汉工程实现了长湖向汉江的撇洪，极大地缓解了长湖的防汛压力。

目 录

第1章

兴隆水利枢纽概况

1.1 水文条件

1.1.1 流域基本情况

汉江是长江中游的重要支流，发源于秦岭南麓，经汉中盆地与褒河汇合后始称汉江，于武汉入汇长江，全流域集水面积15.9万km^2，干流全长1 577 km，干流大致呈东西向，流域包括陕西、河南、湖北、四川、重庆及甘肃等省（直辖市）部分区域，北以秦岭及外方山与黄河为界，东北以伏牛山及桐柏山与淮河为界，西南以米仓山、大巴山、荆山与嘉陵江、沮漳河相邻，东南为广阔平原。

汉江流域山地占55%，丘陵占21%，河谷盆地（平原）占24%。其中，秦岭山脉平均高程为2 500 m，最高峰太白山海拔3 771.2 m；大巴山平均高程约为1 500 m，最高峰达 2 500 m。流域内环山壁立、峡谷深切，只有少数盆地、平原，整个地形由西北向东南倾斜。

汉江流域在丹江口以上为上游；丹江口至钟祥为中游，该河段流经丘陵河谷盆地，河床很不稳定，河滩较多，河段平均比降约为0.2‰；钟祥以下为下游，流经江汉平原，两岸筑有完整堤防，河段平均比降约为0.1‰。河道越往下游越窄，岳口以下又受长江洪水顶托，以致历史上这一河段经常溃堤成灾。

兴隆水利枢纽位于汉江下游，为汉江干流规划中的最下一级，左岸位于湖北天门，右岸位于潜江，上距丹江口水库坝址378.3 km，下距河口273.7 km。兴隆水利枢纽以上汉江流域已建成的大型水利工程有汉江上游支流褒河上的石门水库和堵河上的黄龙滩水库，以及汉江干流上的石泉水库、安康水库、丹江口水库、王甫洲水库等。丹江口水库以上水利工程的建成运行，减少了丹江口水库入库泥沙，对丹江口水库入库径流的年内分配和洪水产生了有益的影响。丹江口水库对减少汉江下游的汛期洪水流量，增加枯季径流等有显著的作用。

1.1.2 入库径流

丹江口水库坝址处黄家港站多年（1956～2003年）平均天然入库径流量为381亿m^3，多年平均流量为 1 210 m^3/s。径流量年际变化较大，年最大、最小天然入库径流量分别为795亿m^3（1964年）、171亿m^3（1999年），两者的比值在4.6以上。

丹江口水库天然入库径流以汛期为主，且年内分配不均匀，7～9月来水179亿m^3，占丹江口水库天然入库年径流总量的47.1%，而5～10月来水量占年径流总量的77.7%，其中7月最大，2月来水量最小。年内来水有两个明显的峰，分别为7月和9月，来水占年内来水量的百分比分别为17.3%、16.1%。上述两个峰分别由坝址以上流域的夏汛、秋汛引起。

丹江口水库的调度运行使黄家港站枯季径流明显增加、汛期径流明显减少，枯季11月～次年4月占年径流的百分比由建库前的22.9%增加到建库后的35.6%左右，汛期5～10月占年径流的百分比由建库前的77.1%减少到建库后的65.4%左右。

丹江口—兴隆区间的主要支流为南河、唐白河，区间径流根据干流控制站黄家港站、碾盘山（皇庄）站及区间支流控制站等的实测资料进行分析计算，区间径流系列为1956～2003年，并考虑丹江口—兴隆区间工农业生活用水的还原，利用第二次水资源调查评价成果，选用区间丰、平、枯三个典型年对区间工农业生活用水进行还原。区间多年平均天然径流量为118亿m^3，区间径流年内分配不均匀，7～9月来水占区间年径流总量的47.0%，其中8月最大，2月来水量最小。

兴隆水利枢纽入库径流由丹江口水库调度下泄及丹江口—兴隆区间来水组成。将历年丹江口水库入库径流按丹江口水库调度规程得到水库下泄过程，与相应的区间径流过程叠加，即得兴隆水利枢纽入库径流。

根据1956～2003年实测资料统计，丹江口水库多年平均下泄径流量约为357亿m^3，丹江口—兴隆区间径流量约为105亿m^3。考虑丹江口水库以上水库和工农业生活用水还原，丹江口水库天然入库径流量约为381亿m^3，丹江口—兴隆区间多年平均天然还原径流量为118亿m^3，兴隆水利枢纽多年平均天然入库径流量约为499亿m^3，多年平均流量为 1 580 m^3/s。

为与南水北调中线工程可调水量分析系列一致，兴隆水利枢纽入库径流系列采用1956年5月～1998年4月共42年的径流系列，计算时段为旬，并扣除兴隆水利枢纽以上区域工农业生产及城乡生活用水消耗的水量。

2010水平年南水北调中线一期工程调水后，丹江口水库多年平均下泄水量为258.2亿m^3，考虑汉江中下游由于经济社会发展用水量增长，预测丹江口—兴隆区间径流量约为77.2亿m^3，兴隆水利枢纽多年平均入库径流量约为335亿m^3，多年平均入库流量为 1 060 m^3/s，见表1.1.1。

表 1.1.1　兴隆水利枢纽多年平均入库流量表

月份	5	6	7	8	9	10	11	12	1	2	3	4	年均
流量/（m^3/s）	1 072	1 491	1 943	1 700	1 893	991	722	594	545	539	581	644	1 060

1.1.3　流域洪水及其特性

汉江流域内各地均可能出现暴雨。暴雨最多的地方是米仓山、大巴山一带，镇巴年平均暴雨日多达 3.8 天，城口为 3.2 天。堵河上游及汉江下游一带暴雨日可达 2.5 天以上，汉江北岸、秦岭南麓暴雨日较少。

就季节而言，暴雨多发生于 7～9 月三个月内，个别年份暴雨推迟至 10 月上旬，如“83.10”暴雨；4～6 月暴雨较少，但历史上 1583 年 6 月也曾发生特大暴雨，为 400 多年来最大的一次暴雨。日降水量大于 100 mm 的大暴雨多发生于 7 月，9 月次之，8 月又次之。就地区而言，虽然全流域各地均可发生暴雨，但夏季暴雨主要发生于白河以下的堵河、南河、丹江及唐白河一带；而秋季暴雨则多发生于白河以上的西南部米仓山、大巴山一带。

流域内一次大范围降水由几场暴雨造成，历时长、总雨量大，是由相应的几次不同的天气系统所致。

汉江洪水由暴雨产生，洪水的时空分布与暴雨一致。夏、秋季洪水分期明显是流域洪水的最显著特征。从洪水的地区组成上看，夏汛洪水的主要暴雨区在白河以下的堵河、南河、唐白河流域，历时较短，洪峰高大，且常与长江洪水发生遭遇，如“35.7”洪水；而秋汛洪水则以白河以上为主要产流区，白河以上又以安康以上的任河来水量最大，并且秋季洪水常常具有连续数个洪峰，其洪量也较大，历时较长，如“64.10”洪水、“83.10”洪水。

丹江口水库运行后，碾盘山洪水削减明显：“75.8”洪水、“83.10”洪水两次大水，碾盘山天然洪峰流量分别达 27 500 m^3/s 和 40 400 m^3/s，经丹江口水库调蓄，下游洪水大为削减，上述两次洪水在碾盘山实际出现的洪峰流量分别为 19 200 m^3/s 和 26 100 m^3/s。

1.1.4　设计洪水及水位流量关系

1. 设计洪水

汉江干流碾盘山以下河段由于上游洪水来量大，而河段泄流能力小，在大洪水年份经常分洪溃口，洪水还原困难较大，加上防洪控制点碾盘山—兴隆区间面积小，区间来水与河槽调蓄相互部分抵消，所以兴隆水利枢纽理想设计洪水可以采用碾盘山设计洪水成果。

1）兴隆水利枢纽入库设计洪水组成

兴隆水利枢纽入库设计洪水由三部分组成，即经丹江口水库调蓄后的下泄洪水、丹江口—碾盘山区间洪水和碾盘山—兴隆区间洪水。由于碾盘山—兴隆区间无支流汇入，所以不考虑该区间洪水，仅在兴隆水利枢纽施工期，丹江口大坝加高前考虑该河段槽蓄影响，而碾盘山设计洪水考虑两种组合情况，即丹江口水库与碾盘山同频率、丹江口—碾盘山区间相应（A 型），丹江口—碾盘山区间与碾盘山同频率、丹江口水库相应（B 型）。洪水选用 1935 年 7 月、1964 年 10 月、1975 年 8 月和 1983 年 10 月 4 个典型。洪水频率根据兴隆水利枢纽设计需要计算了多种情况，即 20%、10%、5%、2%、1%、0.67%、0.5%、0.2%等。丹江口水库考虑两种情况，即现状初期规模正常蓄水位 157 m（资用吴淞高程）和大坝加高正常蓄水位 170 m（资用吴淞高程）。

2）坝址设计洪水

受汉江下游河道安全泄量的限制，根据汉江下游防洪规划要求，需控制新城河段河道安全泄量为 18 400～19 400 m^3/s，因此当兴隆水利枢纽入库洪水超过 19 400 m^3/s 时，必须通过汉江中下游民垸分蓄洪以保护河段堤防及枢纽建筑物安全，并使兴隆水利枢纽出库洪水不超过 19 400 m^3/s。丹江口大坝加高后，控制新城河段泄量不变，允许防洪控制点（碾盘山）泄量有所调整，遇 1935 年同大洪水，民垸可基本不分洪。兴隆水利枢纽设计洪水成果见表 1.1.2。

表 1.1.2　兴隆水利枢纽设计洪水成果表（丹江口水库规模 170 m）

洪水频率/%	兴隆水利枢纽入库洪水（碾盘山下泄）/（m^3/s）	民垸分洪量/（亿 m^3）	兴隆水利枢纽坝址洪水/（m^3/s）	洪水典型
20	12 000	0	11 700	1983 年
10	13 500	0	12 220	1975 年
5	17 000	0	15 600	1975 年
2	20 200	0	18 310	1975 年
1	23 000	4.52	18 400	1975 年
<1	24 800	35	18 400～19 400	1975 年

兴隆水利枢纽设计洪水和校核洪水由新城河段的安全泄量（18 400～19 400 m^3/s）确定，入库洪水超过 18 400 m^3/s 时，需通过汉江中下游民垸分蓄洪以分蓄超额洪水，因此，其设计洪水和校核洪水无确切的频率对应关系。

3）施工设计洪水

施工设计洪水按丹江口水库正常蓄水位 157 m 确定，坝址施工设计洪水频率 10%对应的流量为 15 600 m^3/s，相当于碾盘山流量 17 000 m^3/s。

2. 坝址水位流量关系

兴隆水利枢纽坝址上游 24.5 km 的沙洋站[①]位于湖北荆门沙洋，为汉江中下游重点控制站，距离河口 293.4 km。兴隆水利枢纽坝址以下有东荆河自然分流和杜家台分洪工程。杜家台分洪工程是汉江下游唯一的分洪控制工程。

根据兴隆水利枢纽坝址上游的兴隆一闸水位、沙洋站和实测兴隆水利枢纽坝址大断面等的水文资料拟定兴隆水利枢纽坝址水位流量关系曲线。兴隆水利枢纽坝址在大水年 1975 年、1983 年、2005 年中，部分高水点据受杜家台分洪（或分流）影响，因此兴隆水利枢纽坝址综合水位流量关系应分两种情况拟定：①高水部分（10 000～18 400 m^3/s）没有分洪时，主要依据"84.9"洪水、"03.9"洪水沙洋站实测洪水资料拟定；②高水（流量大于 18 400 m^3/s）分洪时，主要依据"83.10"洪水沙洋站实测洪水资料拟定。

首先根据兴隆一闸 1980～2003 年水位资料和相应的沙洋站流量资料（考虑相应的传播时间）拟定兴隆水利枢纽坝址干流断面水位流量关系，利用沙洋站与兴隆一闸间河段比降，将兴隆水利枢纽坝址干流断面水位流量关系向下搬 1.6 km，转换为兴隆水利枢纽坝址水位流量关系，并于 2003 年 5 月在坝址处设立临时水位站收集实测水位资料，对坝址水位流量关系进行检验，即兴隆水利枢纽坝址水位采用 2003 年 5～12 月水位月报资料，流量则直接采用相应时刻沙洋站流量，将该水位流量关系点据直接点绘在兴隆水利枢纽坝址水位流量关系线上，点线关系较好，成果见表 1.1.3。

表 1.1.3　兴隆水利枢纽坝址水位流量关系成果表

序号	流量/（m^3/s）	水位/m	序号	流量/（m^3/s）	水位/m
1	200	28.81	13	7 000	37.15
2	300	29.27	14	8 000	37.69
3	400	29.65	15	9 000	37.21
4	500	29.96	16	10 000	37.73
5	600	30.22	17	11 000	38.20
6	800	30.73	18	12 000	38.67
7	1 000	31.15	19	13 000	39.11
8	2 000	33.66	20	14 000	39.53
9	3 000	34.60	21	15 000	39.94
10	4 000	35.33	22	16 000	40.33
11	5 000	35.98	23	17 000	40.71
12	6 000	36.59	24	18 000	41.09

① 沙洋站始建于 1929 年 5 月，为水位站，1950 年 7 月改为水文站，即沙洋（二）站，1952 年 2 月下迁 200 m，为新城站，1980 年 1 月上迁 6 km，为沙洋（三）站，2014 年因下游建成兴隆水利枢纽，改为水位站，为方便表述，以下统称为"沙洋站"。

续表

序号	流量/（m^3/s）	水位/m	序号	流量/（m^3/s）	水位/m
25	19 000	41.45	32	26 000	43.69
26	20 000	41.79	33	27 000	43.99
27	21 000	42.13	34	28 000	44.28
28	22 000	42.46	35	29 000	44.57
29	23 000	42.78	36	30 000	44.85
30	24 000	43.09	37	31 000	45.12
31	25 000	43.39	38	31 500	45.25

注：兴隆水利枢纽相关高程数据均为黄海高程。

1.1.5 泥沙

兴隆水利枢纽坝址泥沙来源于两大部分，即丹江口水库下泄与唐白河、南河等支流入汇。因兴隆水利枢纽以上流域大量水库的建成，坝址处年输沙量锐减。

丹江口水库建库前（1956～1967 年），兴隆水利枢纽坝址年输沙量为 1.19 亿 t；丹江口水库建库后（1968～2003 年），上游来沙基本上全被拦蓄在丹江口水库内，兴隆水利枢纽坝址年输沙量为 0.19 亿 t，不到建库前的 16%。

丹江口水库建库前（1957～1967 年），河流泥沙主要来自上游，黄家港站的年输沙量占皇庄站的 77.3%，南河、唐白河来沙分别占皇庄站的 3.35%、9.45%；建库后（1968～1990 年），坝下游河道的来沙主要源于河床的冲刷、河岸的坍塌及支流的补给。此时，黄家港站来沙仅占皇庄站的 4.01%，南河、唐白河来沙分别占皇庄站的 9.69%、22.8%，干流来沙占比明显减小，支流来沙占比明显增加，说明干流输沙量减少相应增大了支流来沙所占比重，随着丹江口水库的运用，河床不断受清水冲刷，同时冲刷量逐渐减少，入汇支流来沙将进一步占更大的比重，如唐白河（1991～2003 年）来沙占皇庄站的 28.8%，使得河流泥沙的来源和组成不断发生改变。

1.2 工程地质

1.2.1 区域构造环境与地震

在大地构造单元上，工程区处于扬子准地台之次级构造单元两湖断拗的江汉断陷上，北西侧为上扬子台坪。区域性断裂多以北北西向和北北东向为主，主要断裂有胡集—沙洋断裂、钟祥—永隆断裂、武安—石桥断裂、远安断裂及潜北断裂等，这些断裂基本为第四系所覆盖，主要活动期为新近纪，第四纪以来活动较弱。

距坝址区 30 km 范围内无中强地震发生。

以潜在震源区划分结果及其有关数据、地震统计单元、活动性参数、地震动衰减关系为基础，运用地震危险性综合概率法对场地地震危险性进行分析，计算出场址地震烈度和基岩水平峰值加速度，得到工程区 50 年超越概率为 10%的基岩水平峰值加速度，为 63.8 cm/s^2。另外，根据初步设计时执行的规范《中国地震动参数区划图》（GB 18306—2001）[1]，工程区地震动峰值加速度为 0.05 g，相应的地震基本烈度为 VI 度。

1.2.2　坝址区工程地质条件

坝址区汉江自北流向南，左岸为宽广的低漫滩和高漫滩，右岸仅分布高漫滩，两岸一级阶地为江汉平原，深槽贴近右岸，枯水期河水位在 31.10 m 左右。

坝址区广泛分布第四系冲积层，总厚度为 60 m 左右，下伏基岩为古近系荆河镇组。基岩主要由砂质泥岩、黏土岩、砂岩等组成，隐伏于第四系冲积层。

第四系构成主要如下。

上更新统（Q_3^{al}）：主要由砂砾（卵）石层组成。

全新统下段（Q_4^{1al}）：主要为粉细砂，局部为灰绿色砂壤土、灰色粉质壤土或淤泥质粉质壤土透镜体。

全新统中段（Q_4^{2al}）：河床段及左岸低漫滩部位主要为灰黄色含泥粉细砂夹粉细砂与粉质壤土透镜体；左岸高漫滩部位主要为灰黑色粉质壤土、粉质黏土、含泥粉细砂及淤泥质粉质壤土等；右岸高漫滩部位主要为灰黑色粉质壤土、粉质黏土与淤泥质粉质壤土，夹浅灰—灰绿色粉细砂与砂壤土透镜体。

全新统上段（Q_4^{3al}）：主要为现代河相沉积物质，主要分布于河床与两岸漫滩部位表层。

人工堆积层（Q^r）：主要由灰黄色粉质壤土及砂壤土等组成。

坝址区地下水按赋存条件可分为孔隙潜水和承压含水层，局部存在上层滞水。地下水化学类型为 HCO_3-Ca 型、HCO_3-Ca·Mg 型，pH 为 6.9～7.6，一般不含侵蚀性 CO_2；江水化学类型为 HCO_3-Ca 型，pH 为 7.8，侵蚀性 CO_2 质量浓度为 2.45 mg/L，对混凝土不具腐蚀性。

根据统计成果、经验类比并结合实际性状提出坝址区岩土物理力学指标建议值，见表 1.2.1～表 1.2.5。

表 1.2.1　坝址区河床及左岸低漫滩部位土的物理力学指标建议值表

地层	土类名称	含水率 ω/%	湿重度 γ /（kN/m³）	干重度 γ_d /（kN/m³）	孔隙比 e	土粒相对密度 G_s	塑性指数 I_{17P}	液性指数 I_{17L}	饱和快压 压缩系数 $a_{v0.1-0.2}$/MPa^{-1}	天然快剪 黏聚力 C/kPa	天然快剪 内摩擦角 φ/（°）	固结快剪 黏聚力 C/kPa	固结快剪 内摩擦角 φ/（°）	承载力标准值 f_k/kPa
Q_4^{3al}	砂壤土	29.0	17.6	13.7	0.967	2.69	—	—	0.21～0.24	0	23～25	0	24～25	100～110
	含泥粉细砂	13.5	15.2	13.3	0.870	2.69	—	—	0.25～0.30	0	23～25	0	27～28	110～130
	粉细砂	26.0	18.9	15.0	0.803	2.69	—	—	0.20～0.23	0	25～26	0	27～30	110～140
Q_4^{2al}	粉质壤土	37.0	18.5	13.6	1.009	2.72	24.50	0.46	0.45～0.50	15～20	15～17	14～18	16～18	115～130
	淤泥质粉质壤土	36.8	17.7	13.1	1.120	2.71	15.40	0.56	0.47～0.61	4～7	8～12	6～8	10～12	60～80
	砂壤土	23.3	19.8	16.1	0.680	2.70	—	—	0.20～0.24	0	24～26	0	27～29	130～150
	含泥粉细砂	24.2	18.4	14.8	0.800	2.69	—	—	0.20～0.23	0	25～27	0	27～29	100～130
	粉细砂	26.4	18.6	14.8	0.838	2.69	—	—	0.19～0.22	0	26～28	0	28～30	150～180
Q_4^{1al}	粉质黏土	35.0	18.9	14.1	0.924	2.72	23.60	0.45	0.48～0.51	20～35	15～16	35～45	16～18	145～165
	粉质壤土	34.2	18.2	13.7	0.910	2.71	21.70	0.38	0.38～0.45	15～20	18～20	15～20	20～25	150～170
	淤泥质粉质壤土	41.9	17.4	12.3	1.118	2.70	20.00	0.71	0.82～1.10	10～15	8～13	13～16	10～14	80～90
	砂壤土	23.1	20.3	16.5	0.634	2.69	—	—	0.18～0.20	0	25～26	0	26～27	160～180
	含泥粉细砂	24.5	19.6	15.7	0.714	2.69	—	—	0.19～0.21	0	25～26	0	28～29	150～180
	粉细砂	25.4	19.0	15.1	0.770	2.69	—	—	0.18～0.20	0	27～28	0	28～30	170～200
	砂砾（卵）石	—	—	—	—	—	—	—	0.11～0.14	0	30～33	0	31～33	320～350
Q_3^{al}	粉质壤土	29.5	18.4	14.3	0.760	2.70	19.30	0.45	0.35～0.40	7～10	19～21	10～15	21～22	160～180
	粉细砂	25.0	19.0	15.0	0.700	2.70	—	—	0.15～0.20	0	28～29	0	28～30	180～220
	含砾细砂	—	—	—	0.682	—	—	—	0.12～0.14	0	28～30	0	29～31	200～260
	砂砾（卵）石	—	—	—	0.650	—	—	—	0.10～0.12	0	33～35	0	31～33	350～400

表 1.2.2　坝址区左岸高漫滩部位土的物理力学指标建议值表

地层	土类名称	含水率 ω/%	湿重度 γ /（kN/m^3）	干重度 γ_d /（kN/m^3）	孔隙比 e	土粒相对密度 G_s	塑性指数 I_{17P}	液性指数 I_{17L}	饱和快压	天然快剪		固结快剪		承载力标准值 f_k/kPa
									压缩系数 $a_{v0.1\text{-}0.2}$/MPa^{-1}	黏聚力 C/kPa	内摩擦角 φ/（°）	黏聚力 C/kPa	内摩擦角 φ/（°）	
Q_4^{3al}	粉质黏土	35.60	18.6	13.90	0.910	2.73	23.75	0.31	0.42～0.47	12～14	13～15	14～18	17～20	100～125
	粉质壤土	31.60	18.9	14.40	0.894	2.72	17.70	0.38	0.47～0.61	5～9	15～17	7～12	19～21	90～125
Q_4^{2al}	粉质黏土	27.20	18.1	14.20	0.898	2.70	23.10	0.28	0.38～0.49	11～15	16～18	12～17	18～21	120～150
	淤泥质粉质壤土	36.60	18.3	13.60	1.200	2.71	16.00	0.64	0.61～0.89	3～5	8～12	10～14	10～13	80～100
	粉质壤土	34.00	18.4	13.90	0.964	2.71	14.35	0.64	0.50～0.62	10～15	17～18	14～17	20～21	100～115
	含泥粉细砂	25.00	18.9	15.10	0.791	2.70	—	—	0.26～0.32	0	25～26	0	27～28	100～130
	粉细砂	25.550	18.5	14.85	0.828	2.70	—	—	0.18～0.22	0	26～28	0	28～29	150～180
Q_4^{1al}	粉质壤土	34.50	17.5	13.10	0.900	2.71	20.13	0.42	0.54～0.61	5～10	17～21	10～15	20～22	130～150
	砂壤土	20.30	20.0	16.70	0.618	2.70	—	—	0.14～0.25	0	24～25	0	25～26	130～150
	粉细砂	25.50	19.1	15.30	0.770	2.69	—	—	0.18～0.24	0	26～28	0	28～30	170～200
Q_3^{al}	粉质壤土	29.50	18.4	14.30	0.760	2.70	19.30	0.45	0.35～0.40	14～18	19～20	15～20	20～22	135～155
	砂砾（卵）石	—	—	—	0.621	—	—	—	0.10～0.11	0	33～35	0	34～35	350～400

表 1.2.3　坝址区右岸高漫滩部位土的物理力学指标建议值表

地层	土类名称	含水率 ω/%	湿重度 γ /（kN/m^3）	干重度 γ_d /（kN/m^3）	孔隙比 e	土粒相对密度 G_s	塑性指数 I_{17P}	液性指数 I_{17L}	饱和快压 压缩系数 $a_{v0.1-0.2}$/MPa^{-1}	天然快剪 黏聚力 C/kPa	天然快剪 内摩擦角 φ/（°）	固结快剪 黏聚力 C/kPa	固结快剪 内摩擦角 φ/（°）	承载力标准值 f_k/kPa
Q_4^{3al}	粉质壤土	29.2	18.0	14.00	0.947	2.71	20.82	0.39	0.45～0.65	10～15	14～17	5.5	20～23	100～115
	粉细砂	28.5	17.7	13.80	0.950	2.69	—	—	0.19～0.25	0	25～26	0	27～29	130～150
Q_4^{2al}	粉质黏土	36.4	18.7	13.80	0.978	2.72	22.58	0.46	0.54～0.68	10～20	13～15	15～22	14～16	110～160
	粉质壤土	33.7	18.7	14.09	0.934	2.71	16.46	0.54	0.44～0.57	10～13	15～17	16～18	19～22	130～170
	淤泥质粉质壤土	36.6	18.3	13.53	1.043	2.71	17.24	0.70	0.58～0.76	4～10	9～12	10～15	12～15	100～110
	砂壤土	24.1	18.4	14.80	0.826	2.70	15.90	0.48	0.32～0.55	0	24～26	0	26～27	110～155
	含泥粉细砂	24.8	19.4	15.60	0.742	2.69	—	—	0.18～0.22	0	25～27	0	27～29	150～170
	粉细砂	24.7	18.5	14.90	0.818	2.70	—	—	0.16～0.21	0	27～28	0	28～30	155～170
Q_4^{1al}	淤泥质粉质壤土	38.8	17.5	12.60	1.155	2.71	20.86	0.51	0.60～1.10	5～10	8～10	10～15	16～19	100～110
	砂壤土	30.0	18.5	14.20	0.908	2.71	—	—	0.30～0.46	0	24～26	0	24～26	115～135
	粉细砂	24.7	19.0	15.30	0.774	2.69	—	—	0.20～0.32	0	27～28	0	28～29	180～200
Q_3^{al}	含砾细砂	23.1	19.3	15.70	0.715	2.69	—	—	0.11～0.14	0	28～30	0	29～31	200～280
	砂砾（卵）石	—	—	—	0.610	—	—	—	0.10～0.12	0	31～34	0	33～35	350～400

表 1.2.4 第四系上更新统（Q_3^{al}）砂砾石层颗分成果统计表

项目	组成									控制粒径			不均匀系数 C_u	曲率系数 C_c
	粗砾		中砾		细砾	粗砂	中砂	细砂	细粒					
	[40, 60)mm	[20, 40)mm	[10, 20)mm	[5, 10)mm	[2, 5)mm	[0.5, 2)mm	[0.25, 0.5)mm	[0.075, 0.25)mm	<0.075 mm	d_{10}	d_{30}	d_{60}		
组数	10	10	10	10	10	10	10	10	10	10	10	10	10	10
平均值	4.33	21.30	31.20	11.00	5.81	8.25	8.16	7.06	3.66	0.26	4.98	14.91	57.13	7.25
最大值	12.00	37.10	39.20	14.70	8.90	16.80	15.90	11.20	10.90	0.37	10.24	21.38	77.62	16.50
最小值	0.80	11.10	22.70	8.20	3.90	3.70	3.30	4.70	1.70	0.16	0.49	7.44	38.80	0.17

注：d_{10}、d_{30}、d_{60}分别表示小于该粒径的土颗粒的质量占土颗粒总质量的 10%、30%、60%；组成平均值、最大值、最小值的单位为%，控制粒径平均值、最大值、最小值的单位为 mm。

表 1.2.5　古近系荆河镇组（E*jh*）基岩物理性质及渗透性能指标建议值

岩性	含水率 ω/%	相对密度 G_s	湿密度 ρ/（g/cm^3）	干密度 ρ_d/（g/cm^3）	压缩系数 $a_{v0.1-0.2}$/MPa^{-1}	渗透系数 K_{20}/（cm/s）	基岩允许比降 $i_{允}$
砂岩（E*jh*）	19.6	2.67	1.96	1.67	0.21～0.32	2.8×10^{-4}～4.1×10^{-4}	0.8
泥岩（E*jh*）	21.7	2.71	2.02	1.66	0.40～0.53	4.9×10^{-6}	—
砂砾石（Q_3）	—	—	—	—	0.10～0.12	3.5×10^{-2}～1.0×10^{-1}	—

坝址区物理地质现象主要为岸坡失稳，多发生在右岸临河岸坡部位。

1.2.3　主要工程地质问题

坝址区的工程地质问题均与深厚覆盖层相关，主要有地基承载力、不均匀变形、抗冲刷能力、渗漏与渗透变形、人工边坡稳定及饱和砂土振动液化等。

1. 地基承载力

除砂砾（卵）石层外，其他各类土的承载力均偏低，尤其是电站主厂房部位，不宜直接作为建筑物的地基。砂砾（卵）石层承载力虽较高，但其埋深较大。

2. 不均匀变形

含泥粉细砂、粉细砂夹粉质壤土或淤泥质粉质壤土等土体强度一般均较低，具中等—高压缩性，地基存在抗滑稳定及不均匀变形问题。

3. 抗冲刷能力

坝址区上部地层结构松散，抗冲刷能力较低，河床粉细砂不冲流速为 0.2～0.3 m/s。

4. 渗漏与渗透变形

存在库水通过中等—强透水性的（含泥）粉细砂与砂砾（卵）石发生渗漏的问题，其渗漏量相对于入库流量较小，不影响水库的成立，但存在渗透变形问题，建议根据工程需要采取防渗或防渗透变形处理措施。各类土层允许比降建议值见表 1.2.6。试验表明，工程区各土类渗透破坏形式以流土破坏为主。

表 1.2.6　坝址区土层允许比降建议值表

项目	土类名称			
	粉细砂	含泥粉细砂	砂壤土	粉质壤土
土层允许比降 $J_{允}$	0.2～0.3	0.25～0.35	0.3～0.4	0.6～0.7

5. 人工边坡稳定

各建筑物不同程度地存在人工边坡稳定问题。边坡由粉质黏土、粉质壤土、淤泥质粉质壤土、含泥粉细砂及粉细砂等松散—稍密砂性土和黏性土组成，该类地层具较低抗剪强度，在渗流作用下边坡稳定性较差。

6. 饱和砂土振动液化

坝址区广泛分布第四系全新统粉细砂层及含泥粉细砂层，水库正常运行时处于饱和状态，在 VI 度地震作用下砂性土层存在砂土振动液化可能，建议采取工程措施。电站厂房下不存在液化，但考虑到水电站运行的特殊性，其地基也应考虑振动液化问题。综合考虑，地基抗液化处理深度可取 8～12 m。

1.2.4　主要建筑物工程地质条件

1. 泄水闸工程地质条件

泄水闸位于主河槽及左岸低漫滩部位，其中占据主河槽 552 m 宽、低漫滩段约 400 m 宽；河床中部水深为 1～2 m（枯水季节，下同），高程为 27.6～29.8 m，两侧深槽水深为 3～4 m，低漫滩段地面高程为 33.0～36.5 m。泄水闸覆盖层总厚度为 51.5～53.5 m，基岩埋深大，埋深为 51.6～53.3 m，顶板高程为-25.2～-23.8 m。

闸室持力层主要为全新统上段粉细砂层，存在地基承载力问题。闸基存在不均匀变形、沉降问题，以及渗漏与渗透稳定问题。工程正常运行时，在 VI 度地震作用下，全新统饱和粉细砂、含泥粉细砂存在液化可能。

2. 电站厂房工程地质条件

水电站位于右岸漫滩与河槽的交接部位，其中河槽段河床高程为 27.97～29.53 m，高漫滩地面高程在 37.90 m 左右，漫滩前缘为天然堤，堤顶最高点高程为 38.34 m，堤高约为 0.5 m，临河岸坡高约 10.5 m，总体坡比为 1∶2，上部近直立。

地层岩性自上而下为：①全新统上段（Q_4^{3al}）冲积的粉质壤土，厚 1.2～5.1 m，分布于河槽上部及漫滩表层；②全新统上段（Q_4^{3al}）粉细砂，厚 2.7 m 左右，分布于漫滩部位；③全新统中段（Q_4^{2al}）淤泥质粉质壤土，厚约 1.2 m，出露于临河岸坡；④全新统中段（Q_4^{2al}）粉细砂，厚 2.5～8.4 m，底板高程在 23.4 m 左右；⑤全新统中段（Q_4^{2al}）含泥粉细砂，厚 6.5 m 左右，底板高程为 16.8～18.2 m；⑥全新统下段（Q_4^{1al}）粉细砂，厚 10.9 m 左右，底板高程为 6.0～7.2 m；⑦上更新统（Q_3^{al}）砂砾（卵）石，厚 31.7 m 左右，顶板高程为 5.97～7.60 m；⑧古近系（E*jh*）砂质黏土岩，顶板高程在-25.7 m 左右。

3. 船闸工程地质条件

闸室建基面高程为 20.6 m，上、下闸首建基面高程分别为 18 m、15.5 m。闸室及上、下闸首持力层主要为全新统（Q_4^{2al}、Q_4^{1al}）粉细砂层，其下为上更新统（Q_3^{al}）砂砾（卵）石层。

闸室地基存在渗漏与渗透稳定问题，需采取渗控措施，并对地基采取加固与防冲保护等工程处理措施。

1.3 工程任务与规模

1.3.1 工程任务

根据汉江干流综合规划和南水北调中线工程规划，兴隆水利枢纽是该河段梯级开发中推荐的灌溉引水（配合南水北调中线工程调水）开发工程，其主要作用是壅高水位，满足并改善库区两岸灌溉闸站的引水条件，同时增加航深，改善航道条件，满足航运发展的需要，故其首要任务是灌溉和航运。同时，枢纽上下游最大水头差达 7 m 左右，具有一定的水能资源，从水资源综合利用角度考虑，增加发电功能是合适的，既可为地区经济社会发展提供清洁能源，又能通过发电收益解决工程的运行管理费问题，促进工程的良性运行。因此，其开发任务是以灌溉和航运为主，兼顾发电。

1. 灌溉

汉江中下游干流供水范围包括汉江中下游地区以汉江干流及其分支东荆河为水源或补充水源的区域。该区域是湖北重要的经济走廊，也是我国重要的粮棉基地之一，武汉是湖北的经济和政治中心。

兴隆水利枢纽库区两岸耕地面积为 344.8 万亩。库区两岸现有大碑湾泵站灌区、沙洋引汉灌区、罗汉寺灌区、兴隆灌区，兴隆水利枢纽建成后，规划发展王家营灌区。大碑湾泵站灌区位于荆门沙洋，原是漳河水库三干渠尾闾灌区，后规划兴建大碑湾泵站，通过马良闸从汉江干流取水补充。沙洋引汉灌区位于沙洋境内，西与上游大碑湾泵站灌区为邻，东与潜江为界，主要引汉江水灌溉。罗汉寺灌区位于天门，由罗汉寺闸从汉江自流引水灌溉，现状担负王家营灌区部分耕地的灌溉任务，规划范围仅包括天门及汉川的部分区域。兴隆灌区位于汉江干流和东荆河及四湖总干渠之间，目前通过兴隆一闸和兴隆二闸从汉江引水灌溉。王家营灌区部分范围由罗汉寺闸从汉江引水灌溉，因罗汉寺闸引水能力有限，因此在兴隆水利枢纽建成后，兴建王家营闸解决水源问题，扩大灌溉面积，包括天门、京山、五三农场、沙洋农场的全部或部分范围。

兴隆水利枢纽建成后，设计灌溉面积达 327.6 万亩。

2. 航运

汉江干流上陕西汉中以下 1 376 km 为通航河段，其中陕西境内汉中至白河通航里程为 518 km，湖北境内白河至河口通航里程为 858 km。

丹江口至钟祥 270 km 河段属汉江中游河段，该河段流经浅丘岗地，河床宽浅散乱，河段宽窄相间，洲滩密布，汊道丛生，流路多变且极不稳定。其中，丹江口至襄阳 117 km 河段上有丹江口水库和王甫洲水库，2003～2006 年对该段航道按 IV 级航道标准进行了整治，工程实施后，航道条件得到普遍改善，河势得到有效控制，可通航 500 t 级船舶。襄阳至钟祥 153 km 河段为“八五”期间重点整治河段，按 IV 级航道标准整治，工程于 1990 年开工，历经 7 个年头，于 1996 年正式完成。2005 年 11 月开工的汉江崔家营航电枢纽工程，已建成投运，配套建设了 1 000 t 级船闸，枢纽的建设改善了库区航道里程 33 km 的通航条件。目前全河段除个别浅滩外，基本上可通航 500 t 级船舶，部分渠化河段的通航等级已达到 1 000 t 级。

钟祥至汉口 379 km 河段属汉江下游河段，其中钟祥至泽口 140 km 河段两岸堤距较宽，为 880～4 700 m，由上而下逐渐缩窄，浅滩仍具宽浅、散乱和不稳定性，主泓多变，中枯水河势未得到有效控制，浅滩碍航情况较为严重。该河段经维护后，可通航 500 t 级船舶。泽口至蔡甸 206 km 河段堤距缩窄至 500～2 400 m，中水河宽 250～500 m，上段为弯曲性河道，下段则为蜿蜒性河段，多为单一河槽，大部分主导河岸已护砌，河势稳定，浅滩的碍航多以过渡段浅滩为主，经过对新沟、蔡甸、马口三处急弯的整治，以及对其他浅滩的疏浚维护后，可通行 500 t 级船舶。蔡甸至汉口 33 km 河段经 2002～2006 年整治后，工程效果较好，达到 III 级航道标准，该段可通航 1 000 t 级船舶。2008～2012 年，又相继启动了汉江蔡甸至汉川 42 km 河段、兴隆至汉川 190 km 河段的 III 级航道整治工程和丹江口至兴隆局部航道的整治工程。

汉江矿产资源品种较多，秦岭、大巴山以铁和有色金属为主，中游以非金属矿、建材原料，特别是磷矿为主，下游以石油和盐卤、石膏等为主，唐白河流域丰富的黄砂和干流沿江的石料等资源中，磷、石膏、盐、石灰岩四种具有较大优势，也是腹地内的主要矿产。

在汉江湖北境内，有特大城市武汉和区域性城市襄阳、十堰、荆门及一批经济较发达的县级市（汉川等），这些城市是汉江流域经济比较繁荣和发达的地区。枢纽航运直接涉及的经济腹地包括荆门、潜江、天门、仙桃等。

根据雅口枢纽、碾盘山枢纽研究成果，雅口枢纽过闸货运量 2020 年为 558.9 万 t，预测 2030 年为 708 万 t；碾盘山枢纽过闸货运量 2020 年为 627 万 t，预测 2030 年为 790 万 t；兴隆水利枢纽过闸货运量 2020 年为 876.1 万 t，预测 2030 年为 1 095.4 万 t。

3. 发电

湖北煤、气资源缺乏，水能资源相对丰富，其能源发展的方针是加快西部水电、西电东送电网和西气东输天然气管道的建设。兴隆水利枢纽的水电站位于能源缺乏的江汉平原地区，参与省网平衡，其电力电量完全可被系统消纳。水电站装机容量为 40 MW，多年平均发电量为 2.25 亿 kW·h，就近供电江汉平原地区。

1.3.2 工程规模

1. 设计、校核洪水位

1）防洪工程体系

汉江中下游防洪工程体系由丹江口水库、堤防、杜家台分洪工程、东荆河自然分流及中游民垸分蓄洪区组成。其中，汉江中下游堤防总长 1 487 km，杜家台分洪工程设计流量为 4 000 m^3/s，校核流量为 5 300 m^3/s。宜城—沙洋段安排用于分蓄洪的围垸共 14 个，总面积约为 1 743 km^2，总容积约为 36.65 亿 m^3，东荆河是汉江分流河道，连接长江、汉江，最大分流量为 4 250 m^3/s（联合垸扒口）。

2）防洪能力

丹江口大坝加高后，通过增加蓄洪库容，减少中游民垸分蓄洪量，达到抗御 1935 年同大洪水的防洪标准。

3）兴隆河段控制泄量

由于汉江下游河道安全泄量受汉口水位顶托的影响，杜家台以下至河口河段安全泄量为 5 000（长江汉口高洪水位）～9 000 m^3/s（长江汉口低洪水位）。汉江下游防洪规划确定，通过中游民垸分蓄洪措施控制新城河段下泄流量为 18 400～19 400 m^3/s。

4）洪水调节

兴隆水利枢纽洪水调节采用敞泄方式，起调水位为水库正常蓄水位，调洪原则为：①当洪水来量大于 1 156 m^3/s、小于 7 080 m^3/s，且库水位为水库正常蓄水位时，控制泄水闸孔数或闸门开度，使下泄量等于来量；②当洪水来量大于 7 080 m^3/s 时，泄水闸全部开启敞泄。

受汉江下游河道安全泄量控制，当兴隆水利枢纽入库洪水（碾盘山下泄）超过 18 400m^3/s 时，必须通过汉江中下游 14 个民垸分蓄洪，控制该河段通过流量不超过 19 400 m^3/s。

兴隆水利枢纽洪水调节成果见表 1.3.1。

表 1.3.1　兴隆水利枢纽洪水调节成果表（丹江口大坝加高后）

项目	洪水频率			
	5 年一遇	20 年一遇	100 年一遇	>100 年一遇
碾盘山站洪峰流量/（m^3/s）	12 000	17 000	23 000	—
河段槽蓄流量/（m^3/s）	300	1 400	—	—
民垸分蓄洪量/（亿 m^3）	—	—	4.52	35
坝址洪水流量/（m^3/s）	11 700	15 600	18 400～19 400	18 400～19 400
坝前库水位/ m	38.62	40.31	41.40～41.75	41.40～41.75
最大下泄量/（m^3/s）	11 700	15 600	18 400～19 400	18 400～19 400
坝下水位/m	38.52	40.16	41.25～41.60	41.25～41.60

从表 1.3.1 中可见，100 年一遇洪水时，大于河段安全泄量 18 400 m^3/s 的超额洪水，通过民垸分蓄洪解决。入库洪水控制点在碾盘山站，坝址设计洪水按河段安全泄量 19 400 m^3/s 确定，相应库水位为 41.75 m，与天然洪水比较，同一流量坝前库水位抬高 0.15 m。

枢纽设计洪水位由枢纽敞泄 19 400 m^3/s 要求的坝前库水位确定，要求泄洪建筑物采用敞开式，以适应超标准洪水及民垸分蓄洪区不能及时适量分洪等情况，枢纽设计在此基础上考虑适当的安全余量。

2. 正常蓄水位

枢纽的正常蓄水位也是水库的汛期限制水位。规划阶段初拟水库正常蓄水位为 34.2 m（资用吴淞高程下为 36 m），《南水北调中线一期工程项目建议书》从满足灌溉和航运要求出发，推荐兴隆水利枢纽正常蓄水位为 34.7 m。

可行性研究阶段兴隆水利枢纽以抬高河道水位以利于灌溉和航运为主，正常蓄水位选择的原则是在满足灌溉涵闸和航运对水库水位要求的前提下，尽量减少水库浸没影响与淹没损失，减小抬高汛期限制水位后对防洪产生的不利影响，适当兼顾发电，以获得较大的综合利用效益。据此，正常蓄水位选择的下限为 34.7 m，上限考虑滩地高程一般为 37～38 m，取基本平滩水位 37 m。经 34.7 m、35.2 m、35.7 m、36.2 m、36.7 m 5 个正常蓄水位方案的综合比较，推荐正常蓄水位 36.2 m 方案。

初设阶段对正常蓄水位进行了复核。兴隆水利枢纽仍以抬高河道水位以利于灌溉和航运为主，其正常蓄水位选择的原则与可行性研究阶段相同。对 35.7 m、36.2 m、36.7 m 3 个正常蓄水位方案进行复核，采用正常蓄水位 36.2 m 方案不变。

灌溉方面，正常蓄水位 34.7 m 方案基本满足罗汉寺闸、兴隆一闸、兴隆二闸、赵家堤闸自流引水要求，也满足黄堤坝闸站、童元寺闸站泵站运行最低取水位的要求，并可改善黄堤坝闸站、童元寺闸站的取水条件。正常蓄水位 36.2 m 方案高于 34.7 m，满足所有闸站自流引水要求，黄堤坝闸站、童元寺闸站可由抽水改为自流引水。正常蓄水位 36.2 m 方案将减少抽水泵站年运行费 22.5 万元，因此，从满足灌溉任务看，正常蓄水位 36.2 m 方案可满足灌溉引水对水位的要求，供水保证率达 95%以上。

航运方面，正常蓄水位 36.2 m 方案渠化航道里程达 80 余千米，从改善航道条件的角度分析，兴隆水利枢纽较高的正常蓄水位方案渠化航道里程较长，能减少航道整治和维护的费用，对航运较为有利。

浸没影响方面，堤外库区河滩地高程一般在 37～38 m，大多种植了各种经济作物，如油菜、花生、小麦、棉花等，根据湖北省荆州地区水利局潜江丫角灌溉排水实验站的试验资料，小麦的地下水位适宜埋深为 0.8～1.0 m，棉花的地下水位适宜埋深为 1.3～1.5 m，为维持绝大部分河滩地的种植功能，需预留 1.3 m 安全超高。综合上述分析，特别是库区浸没影响分析难度较大，为安全计，正常蓄水位取 36.2 m 较为合适。

正常蓄水位 36.2 m 对堤内浸没的影响，在沙洋以下河段两岸较为严重。在左岸旧口—沙洋段，正常蓄水位 36.2 m 时严重浸没影响面积为 6.82 km^2，较严重浸没影响面积约为 9.53 km^2，轻微浸没影响面积为 15.09 km^2。建议采取排渗沟等工程措施，以减轻浸没影响。

防洪影响方面，枢纽本身不具备承担防洪任务的条件，也未预留防洪库容，水库防洪主要是不恶化库区河段防洪条件，尽量减少对河滩地的淹没，保留其河道槽蓄量。正常蓄水位 36.2 m 方案减少槽蓄量 3 355 万 m^3，36.2 m 正常蓄水位对应的坝址天然流量为 7 080 m^3/s，当来量大于或等于该流量时，闸门全部打开敞泄，河道基本上恢复为天然状况。库区河滩地槽蓄量减少，将使正常蓄水位 36.2 m 对应流量的出现时间提前，由于该河段安全泄量（18 400～19 400 m^3/s）远较各正常蓄水位方案相应流量为大，且只有当入库流量大于河段安全泄量时，民垸才开始分洪，所以枢纽建成后按正常蓄水位 36.2 m 运行对防洪影响有限，基本不会增加民垸分洪量。

排涝方面，正常蓄水位为 36.2 m 时将无自排条件，涝水全部由泵站抽排。

发电方面，正常蓄水位 36.2 m 方案装机容量为 40 MW，年发电量为 2.25 亿 kW·h。

3. 装机容量

可行性研究阶段推荐兴隆水利枢纽的水电站装机容量为 37 MW，初设阶段考虑南水北调中线一期工程发挥效益有个过程，并根据水电站投资及动能经济指标进一步进行装机容量复核。装机容量选择原则是以规划水平年中线调水 95 亿 m^3 方案为基础，适当考虑供水效益发挥过程的影响，推荐装机容量取 40 MW。

1）调水 95 亿 m^3 装机容量复核

兴隆水利枢纽的水电站装机容量为 40 MW 时，多年平均发电量为 2.25 亿 kW·h，装机年利用小时数为 5 646 h。单机额定流量为 289 m^3/s，而航运按保证率 95%确定的下游最小通航流量为 420 m^3/s，考虑到低水头灯泡贯流式水轮发电机组发额定出力时间较少，发电流量宜适当大于最小通航流量，装机容量 40 MW 方案两台机组的额定流量为 578 m^3/s 较合适。

2）供水效益发挥过程对装机容量的影响分析

考虑不同调水过程，无限装机情况下发电量比较见表 1.3.2。

表 1.3.2　不同调水过程无限装机情况下发电量表

项目	调水量/（亿 m^3）				
	20	40	60	80	95
发电量/（亿 kW·h）	3.135	3.028	2.912	2.787	2.686
电量差值/（亿 kW·h）	0.107	0.116	0.125	0.101	

由表 1.3.2 可见，在无限装机情况下，调水量每增加 20 亿 m^3，发电量减少约 0.1 亿 kW·h，如调水 40 亿 m^3 比调水 20 亿 m^3 减少发电 0.107 亿 kW·h；调水 60 亿 m^3 比调水 40 亿 m^3 减少发电 0.116 亿 kW·h，比调水 20 亿 m^3 减少发电 0.223 亿 kW·h；而最终规模调水 95 亿 m^3 则比调水 20 亿 m^3 少发电 0.449 亿 kW·h。

由上面的分析可知，在中线一期调水量增长过程中，以最初调水 20 亿 m^3 方案，丹江口水库下泄水量最多，兴隆水利枢纽装机容量最大。丹江口水库调水 20 亿 m^3，兴隆水利枢纽水电站出力与频率曲线见图 1.3.1。

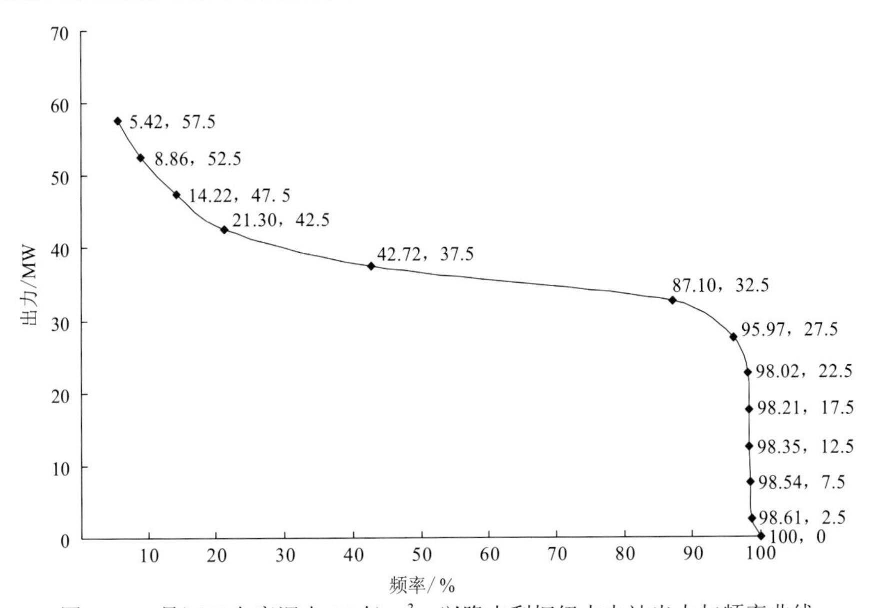

图 1.3.1　丹江口水库调水 20 亿 m^3，兴隆水利枢纽水电站出力与频率曲线

由图 1.3.1 可知，丹江口水库调水 20 亿 m^3，兴隆水利枢纽水电站无限装机出力小于 42.5 MW 的概率为 78.7%，小于 47.5 MW 的概率为 85.78%。因此，在不考虑水头受阻等情况下，丹江口水库调水 20 亿 m^3 时，兴隆水利枢纽水电站有 85.78%的概率出力在

47.5 MW 以下。

另外，对丹江口水库调水 20 亿 m³，各装机容量方案进行分析，能量指标见表 1.3.3；装机容量与年电量关系曲线见图 1.3.2。

表 1.3.3　丹江口水库调水 20 亿 m³，各装机容量方案能量指标比较表

项目	装机容量/MW								
	37		40		43		46		49
方案间装机容量增量/MW		3		3		3		3	
年电量/（亿 kW·h）	2.777		2.836		2.878		2.911		2.936
方案间年电量增量/（亿 kW·h）		0.059		0.042		0.033		0.025	
补充利用小时/h		1 967		1 400		1 100		833	

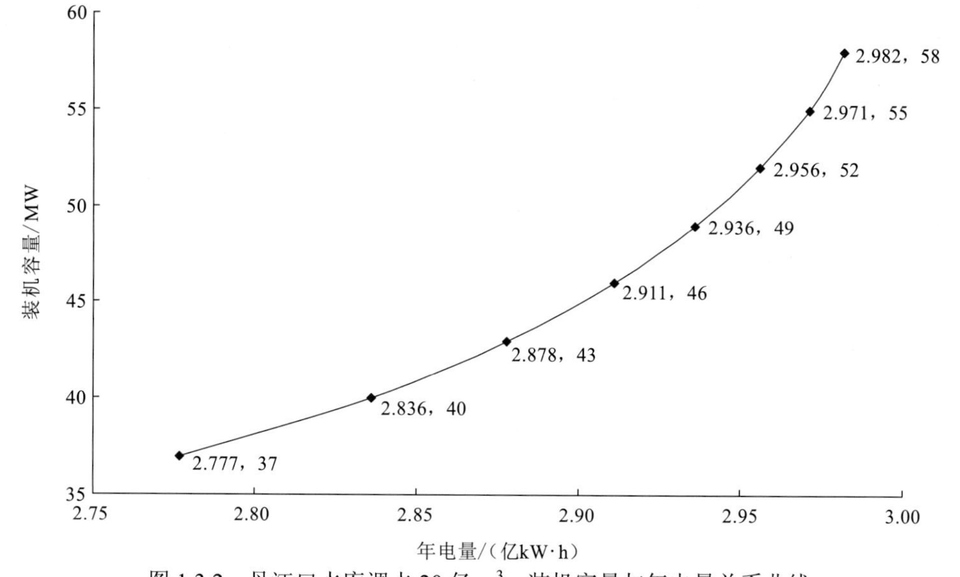

图 1.3.2　丹江口水库调水 20 亿 m³，装机容量与年电量关系曲线

由表 1.3.3 可知，在丹江口水库调水 20 亿 m³ 的情况下，单就能量指标来看，装机容量小于 46 MW 的各方案间补充利用小时都在 1 000 h 以上，而由 46 MW 增至 49 MW，补充利用小时小于 1 000 h，机组利用率略小。由图 1.3.2 可知，当装机容量由 46 MW 再增大时，方案间年电量增量呈加速减少的趋势，进一步说明装机容量超过 46 MW 不合适。

4. 综合分析比选

通过以上分析可知，在调水 20 亿 m³ 时，单纯从能量利用角度考虑，装机容量可达到 46 MW，但考虑到装机容量选择原则是以规划水平年中线调水 95 亿 m³ 方案为基础，且增加的装机容量所获电量有限，综合比较后仍认为推荐方案（装机容量取 40 MW）较合适。

1.4 工程总体布置及主要建筑物形式

1.4.1　工程等别及建筑物级别

兴隆水利枢纽正常蓄水位为 36.2 m，相应库容为 2.73 亿 m^3，规划灌溉面积为 327.6 万亩，规划航道等级为 III 级，水电站装机容量为 40 MW。枢纽由拦河水闸、船闸、电站厂房、鱼道、两岸滩地过流段及其上空的连接交通桥等建筑物组成，属平原区水闸枢纽工程，其中拦河水闸为枢纽最主要的建筑物。

根据当时执行的规范《水利水电工程等级划分及洪水标准》（SL 252—2000）[2]，将过闸流量作为拦河水闸工程的分等指标，当过闸流量在 5 000 m^3/s 以上时，工程等别为 I 等，工程规模为大（1）型。兴隆水利枢纽拦河水闸最大过闸流量在 14 000 m^3/s 左右，为 I 等工程，永久性主要建筑物泄水闸、电站厂房、两岸滩地过流段及鱼道闸首为 1 级建筑物，次要建筑物电站副厂房、开关站、鱼道除闸首外的其他部位、闸顶交通桥及左右岸交通桥为 3 级建筑物，临时建筑物导流明渠、围堰等为 4 级建筑物。

根据当时执行的规范《内河通航标准》（GB 50139—2004）[3]，船闸级别为 III 级，根据《船闸水工建筑物设计规范》（JTJ 307—2001）[4]，船闸上闸首为 1 级建筑物，与枢纽其他挡水建筑物级别一致，闸室和下闸首为 2 级建筑物，导航墙、靠船墩等为 3 级建筑物。

1.4.2　洪水标准

根据当时执行的规范《防洪标准》（GB 50201—94）[5]、《水利水电工程等级划分及洪水标准》（SL 252—2000）[2]，对于平原区拦河水闸工程，1 级建筑物洪水标准的重现期在设计工况下为 50～100 年，在校核工况下为 200～300 年，消能防冲设施的洪水标准与此相同。

兴隆水利枢纽最大洪水流量主要取决于其所处河段的行洪能力。对于汉江中下游防洪，规划在丹江口大坝加高至 170 m（正常蓄水位，资用吴淞高程）后，通过增加丹江口水库蓄洪库容，调整防洪控制点（碾盘山）允许泄量，减少中游民垸分蓄洪量，达到抗御 1935 年同大洪水的防洪标准（相当于 100 年一遇），碾盘山控制流量为 21 000 m^3/s，兴隆水利枢纽所在河段控制下泄流量为 18 400～19 400 m^3/s，超额洪水通过碾盘山以上汉江中游 12 个分蓄洪民垸蓄滞洪解决。根据汉江中下游防洪规划和汉江中下游防洪调度预案，兴隆水利枢纽所处新城河段的现状安全泄量为 18 400～19 400 m^3/s，该安全泄量对应的洪水标准的重现期约为 100 年（1935 年型洪水），当上游洪水来量超过本河段安全泄量时，必须运用汉江中下游分蓄洪民垸予以控制。因此，兴隆水利枢纽设计、校核洪水流量取本河段的最大安全泄量 19 400 m^3/s，其洪水重现期约为 100 年。

1.4.3 工程总体布置

枢纽总体布置格局为：在河槽和左岸低漫滩上布置泄水闸，泄水闸右侧布置电站厂房，电站厂房安装场右侧的滩地布置船闸，鱼道布置在船闸与安装场之间。船闸与右岸堤防、泄水闸与左岸堤防之间的滩地则为滩地过流段，主体建筑物采用交通桥与两岸连接。在坝轴线上自右至左依次布置右岸滩地过流段（长 741.5 m）、船闸段（长 47 m）、挡水坝段（含鱼道）（长 80 m）、电站厂房段（含安装场）（长 112 m）、泄水闸右门库段（长 19 m）、56 孔泄水闸段（长 953 m）、左岸门库段（长 19 m）、左岸滩地过流段（轴线长度 858.5 m），坝轴线全长 2 830 m。

泄水闸由 56 孔组成，每孔净宽 14 m，闸段总长 953 m，闸孔总净宽 784 m，采用两孔一联结构形式。泄水闸高 17.7 m，两孔一联的闸室底板宽 34 m，中墩厚 2.5 m，两侧边墩厚 1.75 m。泄水闸底板高程为 29.5 m，厚 2.5 m，建基面高程为 27.0 m，底板顺流向长 25 m。闸顶高程为 44.7 m，顺流向长 29.5 m，闸顶上游侧布置有门机轨道梁，下游侧布置有行车道宽 7 m 的交通桥，每两孔一联的中墩上布置有启闭机房。泄水闸的工作门为弧形钢闸门，弧形钢闸门半径为 14 m，弧形钢闸门支铰高程为 38.7 m，采用液压启闭；泄水闸检修门为叠梁门，采用闸顶门机启闭；闸下游检修门为浮式门。

水电站设 4 台灯泡贯流式水轮发电机组，单机容量为 10 MW，总装机容量为 40 MW，机组安装高程为 22.3 m，水轮机转轮直径为 6.55 m。电站厂房总长 112 m，宽 74 m，其中机组段长 80 m，安装场布置于机组段右侧，长 32 m。

通航建筑物由船闸主体段和上、下游引航道组成，线路总长 1 456 m。

船闸主体段由上、下闸首和闸室组成，总长 256 m，航槽净宽 23 m，结构均采用整体式 U 形结构。其中，上闸首长 40 m，宽 47 m，高 28.5 m；闸室长 186 m，分为 9 段，宽 31 m，高 25.9 m；下闸首长 30 m，宽 47 m，高 31 m。

上游引航道直线段长度为 450 m，其中导航段长 167 m，调顺段与停靠段总长 283 m，引航道有效宽度为 76 m，至直线段末端底宽扩大为 93 m；制动段由曲线和直线两段组成，总长 810 m；口门宽度为 202 m。下游引航道直线段长度和宽度同上游引航道；制动段为曲线，长 559 m；口门宽度为 139 m。上、下游引航道左侧布置透水墩板式混凝土主导航墙，主导航墙长 167 m，右侧布置靠船墩和辅导航墙，靠船墩段长 167 m，辅导航墙长 54 m。上游导航墙顶高程为 39.3 m，建基面高程为 30.2 m，下游导航墙顶高程为 39.2 m，建基面高程为 22.4 m。

鱼道布置在电站厂房和船闸之间，进口位于电站厂房尾水渠右侧，出口位于水电站上游约 163 m 处，全长约为 399.43 m。主要建筑物有厂房集鱼系统、鱼道主体结构（鱼道进口、过鱼池、鱼道出口）及补水系统等。鱼道主体结构为横隔板式，净宽 2 m。

导流明渠布置在河床左侧漫滩上。明渠右侧为土石纵向围堰，左侧为汉江大堤，轴线全长 4 000 m。其中，进口直线段长 996.6 m；上游弯道半径为 1 050 m，长 641.4 m；

渠身直线段长 500 m；下游弯道半径为 1 050 m，长 595.6 m；出口直线段长 1 266.4 m。出口渠道向右侧主槽扩散，扩散角为 2.5°。

兴隆水利枢纽主体工程采用悬挂式截渗防渗体系，自右至左采用悬挂塑性混凝土墙防渗，右起船闸上闸首右侧，左至左岸滩地过流段。

布置在右岸高漫滩上的右岸纵向围堰、上游横向围堰、左岸纵向围堰和下游横向围堰围成圈式全封闭基坑，围堰总长 3 949.2 m，基坑面积为 95 万 m^2。基础防渗采用全截断式塑性混凝土防渗墙，防渗墙平均深度约为 60 m。

兴隆水利枢纽总体布置见图 1.4.1。

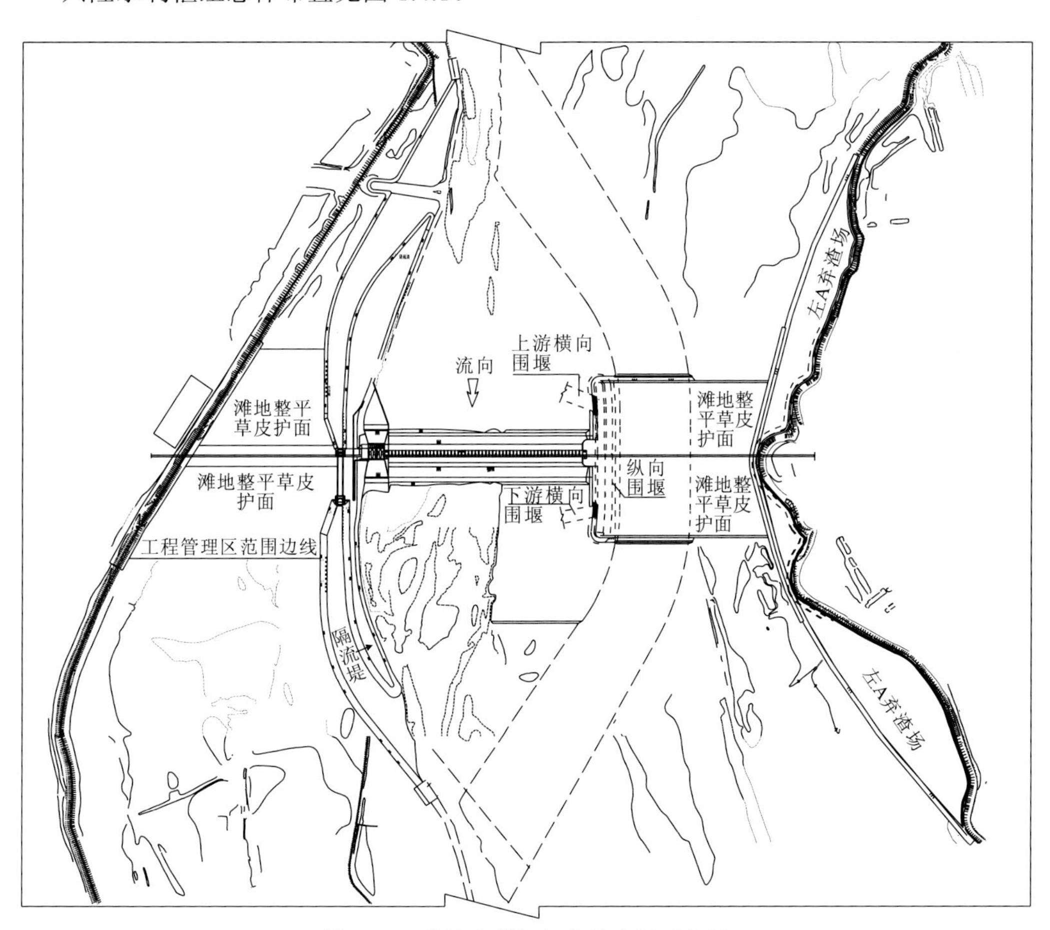

图 1.4.1　兴隆水利枢纽总体布置示意图

1.4.4　主要建筑物形式

1. 泄水闸

根据当时的执行规范《水闸设计规范》（SL 265—2001）的技术规定[6]，泄水闸采用两孔一联的结构形式，每孔净宽 14 m，闸孔总净宽 784 m。闸顶高程为 44.7 m，底板高程为 29.5 m，建基面高程为 27.0 m，闸室底板结构缝间宽 34 m，中墩厚 2.5 m，两侧边墩厚 1.75 m，顺流向闸顶长 29.5 m，底板长 25 m。闸顶上游侧布置有门机轨道梁，下游侧布置有行车道宽 7 m 的交通桥，中墩上布置有启闭机房。泄水闸的工作门为弧形钢闸门，弧形钢闸门半径为 14 m，弧形钢闸门支铰高程为 38.7 m，采用液压启闭，上游检修门为叠梁门，采用闸顶门机启闭，下游检修门为浮式门。

泄水闸上游设 30 m 长水平混凝土防冲板，其兼作防渗铺盖，防冲板上游接长 40 m、坡比为 1∶10 的混凝土板护面，护面末端接抛石防冲槽。下游采用底流消能，消力池上游以 1∶4 的斜坡与闸室底板连接，池底高程为 27.5 m，池深 1.0 m，池长 29 m，消力池下游接长 20 m 的水平混凝土海漫，再接长 50 m、坡比为 1∶20 的柔性混凝土海漫，海漫末端接抛石防冲槽。

2. 电站厂房

电站厂房安装 4 台灯泡贯流式水轮发电机组，单机容量为 10 MW，水轮机转轮直径为 6.55 m。厂房机组段采用二机一缝布置，单个结构段长度为 40 m，机组段总长 80 m；安装场布置于机组段右侧，长 32 m，安装场与机组段间设结构缝分开，电站厂房挡水前沿总长 112 m。机组段顺流向长 74 m，机组转轮中心线以上为 40 m，以下为 34 m。机组安装高程为 22.3 m，建基面最低高程为 10.2 m，运行层高程为 35.0 m，安装场卸货平台高程为 44.8 m，吊车轨顶高程为 59.55 m，屋顶高程为 67.35 m。主厂房上部布置有 1 250 kN/320 kN 桥式起重机 1 台。跨度为 19.5 m。相关设计参数符合当时的执行规范《水电站厂房设计规范》（SL 266—2001）的规定[7]。

机组有效流道长度为 52.0 m，流道宽 13.1 m，对称于机组中心，进水口流道长 22.0 m，进水口上游侧设 2.0 m 厚隔墩，机组间中墩厚 3.4 m，边墩厚 3.2 m。

3. 船闸

船闸位于汉江主河槽右岸高漫滩，其主体段和上、下游引航道均由开挖形成。船闸轴线与坝轴线正交，上闸首右边墩外缘距汉江大堤约 740 m，左边墩外缘距其左侧厂房安装场右缘 80 m，上闸首左、右两侧均为过水滩地。船闸闸室有效尺寸为 180 m×23 m×3.5 m（长×宽×最小槛上水深）。船闸主体段由上闸首、闸室、下闸首组成，总长 256 m，其中上闸首长 40.0 m，闸室长 186.0 m，下闸首长 30.0 m，闸首、闸室均采用整体式 U 形结构。上、下游引航道有效宽度为 76 m，上、下游引航道口门宽度分别为 202 m 和 139 m，闸前直线段长 450 m，引航道转弯半径为 800 m，引航道最小水深为 3.2 m。

船闸工作门采用人字门，检修门采用叠梁门，输水系统工作门和检修门均采用平板门，人字门和输水系统工作门采用液压启闭机操作，叠梁门和输水系统检修门利用闸顶一台可沿船闸轴线方向行走的 L 形门机操作，L 形门机可兼作船闸的起吊设备，在上闸首下游侧设有顶升式活动公路桥。船闸设计符合相关标准、规范的技术要求[4, 8-9]。

4. 鱼道

鱼道布置在电站厂房和船闸之间，进口位于电站厂房尾水渠右侧，出口位于水电站上游约 163 m 处，全长约为 399.43 m，根据不同水位组合，过鱼池内的设计流速为 0.5～0.8 m/s，设计水深为 2.0 m，设计流量为 1.0 m^3/s。

鱼道采用整体式 U 形结构，主要建筑物有集鱼系统、鱼道进口、过鱼池、鱼道出口及补水系统等。鱼道为横隔板式，过鱼池净宽 2.0 m，长 2.6 m，底坡 1.0%，每间隔 10 个过鱼池设置一个长 5.2 m 的平底休息池。鱼道进口段布置有下游检修门及启闭机房，出口段布置有上游工作门及启闭机房。

1.5 工程主要技术问题

兴隆水利枢纽位于汉江中下游平原地区，河势复杂、稳定性较差，坝址为深厚粉细砂层地基，工程建设面临总体布置、地基处理、消能防冲等一系列技术难题。

1.5.1 河势稳定性较差

枢纽所在的兴隆河段，上起多宝湾弯道，下至苗家场弯道，中间为长约 5.6 km 的顺直段，河段全长约 22.6 km，平面形态呈反 S 状。在进口多宝湾弯道段，主流一直贴左岸，河势较稳定；中间顺直段洲滩变化较频繁，主流左右摆动，近年来河势趋于稳定；出口苗家场弯道段，受上游来水来沙条件和河势变化的影响，主流有撇弯切滩和复凹的变化，弯道河势变化较大。由于兴隆河段曲折蜿蜒，河床粉细砂粒径小，抗冲能力低，河势稳定性较差，素有“一弯变、弯弯变”的河势演变特点，如何减小枢纽布置对河势的影响，保持枢纽运用后的河势稳定，是枢纽总体布置的关键问题。

1.5.2 深厚粉细砂层结构松散

兴隆水利枢纽坝址区覆盖层深厚，厚度为 50～70 m，按岩性及其组成可概括为三层：上部以黏性土为主，中部以粉细砂和含泥粉细砂为主，下部为砂砾（卵）石层。上部黏性土主要分布于左岸、右岸高漫滩部位，厚度分别为 6～9 m 和 13～24 m。中部以粉细砂和含泥粉细砂为主，分布特征为河床与左岸低漫滩部位外露，厚度为 13～26 m；右岸高漫滩部位粉细砂厚度较小，为 5～15 m。砂砾（卵）石层位于粉细砂层以下，厚度为 20～36 m，埋深一般在 30 m 以上。泄水闸、船闸和电站厂房的建基面均位于粉细砂层，各建筑物的过流面也位于粉细砂层。粉细砂层结构松散，分布广、厚度大，存在的主要问题是：①承载能力低，地基沉降量大；②粉细砂粒径小，抗冲流速小，抗冲刷能力低；

③允许渗透比降小，极易发生渗透变形；④地基透水性强，施工期间截渗和降水问题突出；⑤粉细砂黏粒含量少，饱和砂土存在振动液化问题。

1.5.3 导流明渠的防冲保护

导流明渠轴线全长约 4 000 m，明渠渠底最小宽度取 350 m，明渠运行期间冲淤变化大。导流明渠基础及边坡由粉细砂夹砂壤土及厚层粉细砂等组成，粉细砂中值粒径为 0.1～0.15 mm，不冲流速为 0.2～0.25 m/s，粉细砂层厚度大，抗冲能力低，一期基坑施工时，水流由主河槽逼向左岸导流明渠，明渠内平均流速远大于粉细砂的不冲流速，纵向围堰上游头部及导流明渠内冲淤变化较大，采用全断面防冲保护，工程投资大。因此，导流明渠防冲是兴隆水利枢纽导流工程设计的关键技术问题之一。

1.5.4 高水头围堰防渗

兴隆水利枢纽围堰由四部分组成，上游横向围堰长 1 724.5 m，下游横向围堰长 2 351.1 m，左侧纵向围堰长 700 m，右侧纵向围堰长 814.1 m，基坑面积为 145 万 m^2。土石围堰下覆盖层厚度超过 50 m，其中粉细砂层、砂砾石层具中等—强透水性。主要建筑物的建基面高程在 10～27 m，均位于粉细砂层中，最大开挖深度超过 28 m，围堰内外水头差超过 30 m。粉细砂允许渗透比降小，粉细砂层在基坑开挖及形成干地施工条件过程中，减少基坑渗流量和维持渗透稳定问题突出，渗控要求高、难度大。

第2章

复杂河势的枢纽总体布置研究

2.1 河段概况

2.1.1 河道特性

兴隆水利枢纽所在的兴隆河段全长约 22.6 km，平面形态呈反 S 状。结合兴隆水利枢纽工程任务及河段已建灌溉引水闸进口位置等约束性条件，枢纽坝址选择被限定在中间顺直段的略偏上游处。坝址处两岸汉江大堤之间河道总宽度约为 2 800 m，河床呈复式断面，正常蓄水位 36.2 m 对应的河槽宽约为 800 m，主河槽位于河道偏右侧；主河槽左侧为低、高漫滩，宽约 1 300 m，滩地高程为 35～38 m；主河槽右侧为宽约 700 m 的高漫滩，滩地高程为 36～38 m。

坝址上游 24.5 km 处是沙洋站，该站有较长系列的水文泥沙资料。受上游丹江口水库建库影响，该河段的来水来沙条件主要经历了三个时期，即丹江口水库建库前、水库滞洪期和水库蓄水期。

从来水情况看，丹江口水库建库后河段年来水量略有减少，年内来水过程变化较大，主要表现为洪峰削减调平，中水流量持续时间延长，枯水流量加大，流量变幅减小，建库前最大月平均流量为 4 561 m^3/s，最小月平均流量为 438 m^3/s，其比值为 10.4，而建库后蓄水期（1973～2003 年）最大月平均流量为 2 450 m^3/s，最小月平均流量为 840 m^3/s，其比值为 2.9，最大月平均流量削减了 46%，最小月平均流量增大了 92%。考虑到南水北调中线工程建成后调水，丹江口水库下游水量将有所减少，预计该河段多年平均年径流量为 322 亿 m^3。沙洋站不同时期来水特征值见表 2.1.1，沙洋站不同时期月平均流量见表 2.1.2。

表 2.1.1　沙洋站不同时期来水特征值表

特征值		建库前（1951～1959 年）	滞洪期（1960～1967 年）	蓄水期（1973～2003 年）
水位	多年平均值/m	33.65	33.81	34.18
	最高值/m	42.66	43.00	42.69
	最高值出现时间	1958 年 7 月 21 日	1964 年 10 月 1 日	1983 年 10 月 10 日
	最低值/m	30.63	30.99	30.85
	最低值出现时间	1958 年 3 月 19 日	1960 年 2 月 16 日	1979 年 3 月 23 日
流量	多年平均值/（m^3/s）	1 690	1 662	1 414
	最大年平均值/（m^3/s）	2 450	3 270	2 960
	最大年平均值出现时间	1952 年	1964 年	1983 年
	最小年平均值/（m^3/s）	956	666	764
	最小年平均值出现时间	1959 年	1966 年	1978 年
	最大值/（m^3/s）	18 000	18 900	21 600
	最大值出现时间	1958 年 7 月 20 日	1960 年 9 月 9 日	1983 年 10 月 8 日
	最小值/（m^3/s）	167	188	240
	最小值出现时间	1958 年 3 月 19 日	1967 年 1 月 31 日	1979 年 1 月 29 日
年径流量	多年平均值/（亿 m^3）	534.40	524.50	446.00
	最大值/（亿 m^3）	774.30	1 036.00	933.00
	最大值出现时间	1952 年	1964 年	1983 年
	最小值/（亿 m^3）	301.40	210.00	223.00
	最小值出现时间	1959 年	1966 年	1999 年

表 2.1.2　沙洋站不同时期月平均流量表

项目	月平均流量/（m^3/s）												多年平均流量/（m^3/s）	备注
	1 月	2 月	3 月	4 月	5 月	6 月	7 月	8 月	9 月	10 月	11 月	12 月		
建库前	438	447	596	1 088	1 708	1 312	1 169	4 561	2 750	1 493	931	651	1 690	1951～1959 年
滞洪期	407	334	581	1 431	2 128	1 194	3 059	2 477	3 598	2 659	1 241	691	1 662	1960～1967 年
蓄水期	877	840	849	907	1 161	1 373	2 321	2 450	2 311	1 823	1 082	906	1 414	1973～2003 年

从来沙情况看，沙洋站在丹江口水库建库前后输沙量变化很大，主要表现在来沙量减少，含沙量降低，年内输沙重新分配，建库前多年平均输沙量为 11 343 万 t，而建库后蓄水期（1980～2003 年）多年平均输沙量仅为 1 605 万 t，相当于建库前的 14.1%，建库前多年平均含沙量为 2.1 kg/m^3，而建库后蓄水期（1980～2003 年）多年平均含沙量为 0.303 kg/m^3，只相当于建库前的 14.4%。对于输沙量年内分配，建库前输沙量集中在 5～10 月，建库后输沙量集中在 6～10 月，水库运用期与建库前相比，枯水期输沙量减少不多，有些月份如 1 月、2 月反而增加，洪水期、中水期输沙量减少较多，只有建库前的 9.0%～45.2%。输沙量年内重新分配主要由丹江口水库蓄水后清水下泄和坝下游河床沿程冲刷引起。沙洋站不同时期来沙特征值见表 2.1.3，不同时期月平均输沙率见表 2.1.4。

表 2.1.3　沙洋站不同时期来沙特征值表

特征值		建库前（1951～1959 年）	滞洪期（1960～1967 年）	蓄水期（1980～2003 年）
输沙率	多年平均值/（kg/s）	3 596	（3 120）	508
	最大年平均值/（kg/s）	（6 540）	（7 030）	1 930
	最大年平均值出现时间	1958 年	1964 年	1983 年
	最小年平均值/（kg/s）	（1 090）	（620）	68
	最小年平均值出现时间	1959 年	1966 年	1999 年
年输沙量	多年平均值/（万 t）	11 343	（9 783）	1 605
	最大值/（万 t）	（20 633）	（22 172）	6 100
	最大值出现时间	1958 年	1964 年	1983 年
	最小值/（万 t）	（3 429）	（1 956）	212
	最小值出现时间	1959 年	1966 年	1999 年

注：括号内数字为插补值。

表 2.1.4　沙洋站不同时期月平均输沙率表

项目	月平均输沙率/（kg/s）												多年平均输沙率/（kg/s）	备注
	1 月	2 月	3 月	4 月	5 月	6 月	7 月	8 月	9 月	10 月	11 月	12 月		
建库前	71	88	211	707	2 208	2 657	13 169	1 510	6 134	1 749	341	182	3 596	1951～1959 年
滞洪期	82	55	313	2 092	3 566	1 370	8 757	6 624	8 931	4 425	926	256	3 120	1960～1967 年
蓄水期	140	151	152	169	254	550	1 263	1 357	1 103	791	221	119	508	1980～2003 年

对该河段床沙取样分析发现，河道床沙以中细沙为主，粒径较细，组成较均匀，床沙中值粒径在 0.132～0.199 mm，平均中值粒径为 0.183 mm，有较大可动性，在洪水、中水流量下容易运动。

由于工程所在河段地处江汉平原，两岸滩地广阔，地势平坦，河床边界全由第四系沉积层组成，覆盖层厚度为 45～70 m，河床组成以粉细砂为主，有较大的可动性，河岸组成为二元结构，上层为黏土，下层为中细沙，抗冲性较弱，同时坝址河段顺直段较短，枢纽上、下游均为弯道河段，坝址附近河道宽浅，江心滩发育，主流变化频繁。

2.1.2 河段演变特点

在丹江口水库修建前，兴隆河段河床演变主要表现为：在弯道段，凹岸冲刷崩岸，凸岸相应淤涨，遇到大洪水时，发生撇弯切滩，大水过后复凹；在顺直微弯段，主流顶冲点上下频繁变化，深泓左右摆动，水流顶冲部位易发生崩岸。

丹江口水库修建后，下泄洪峰流量被削减，中水期增长，枯水流量加大，导致该河段中枯水造床作用加强，河势发生调整，河床演变特点是在多宝湾弯道段，主流一直贴左岸，河势较稳定，中间顺直段洲滩变化较频繁，主流左右摆动，但近年来河势趋于稳定，出口苗家场弯道段，受上游来水来沙条件和河势变化的影响，主流有撇弯切滩和复凹的变化，弯道河势变化较大，河势尚在调整中。

该河段典型断面（H1～H11）的冲淤演变示意图见图 2.1.1～图 2.1.3。

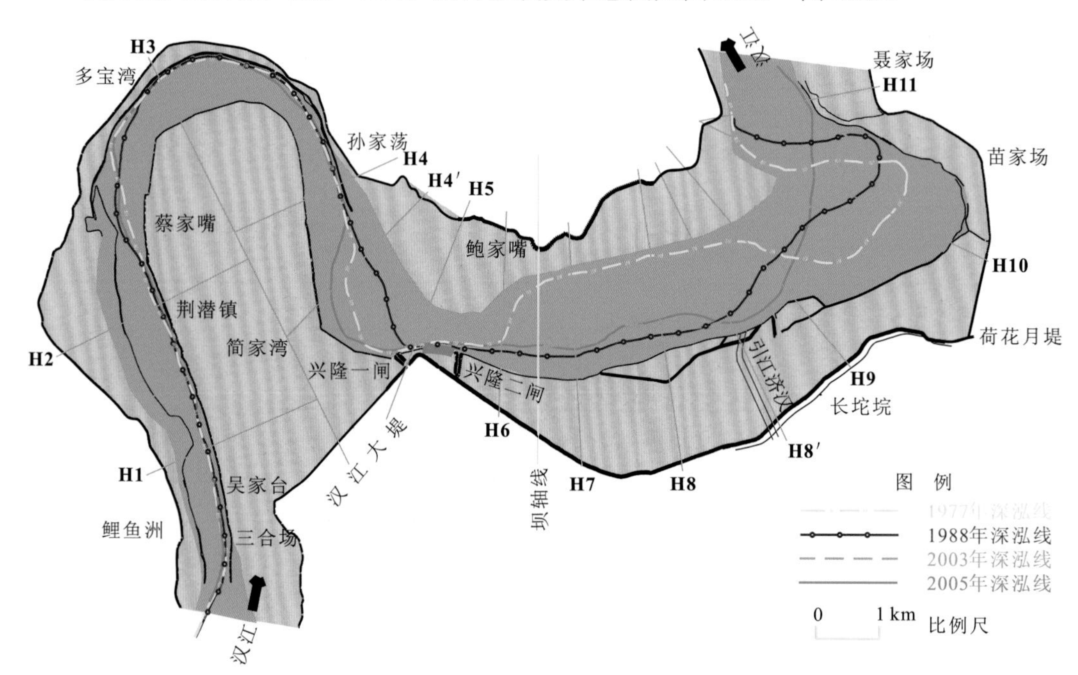

图 2.1.1 兴隆河段深泓线历年变化图

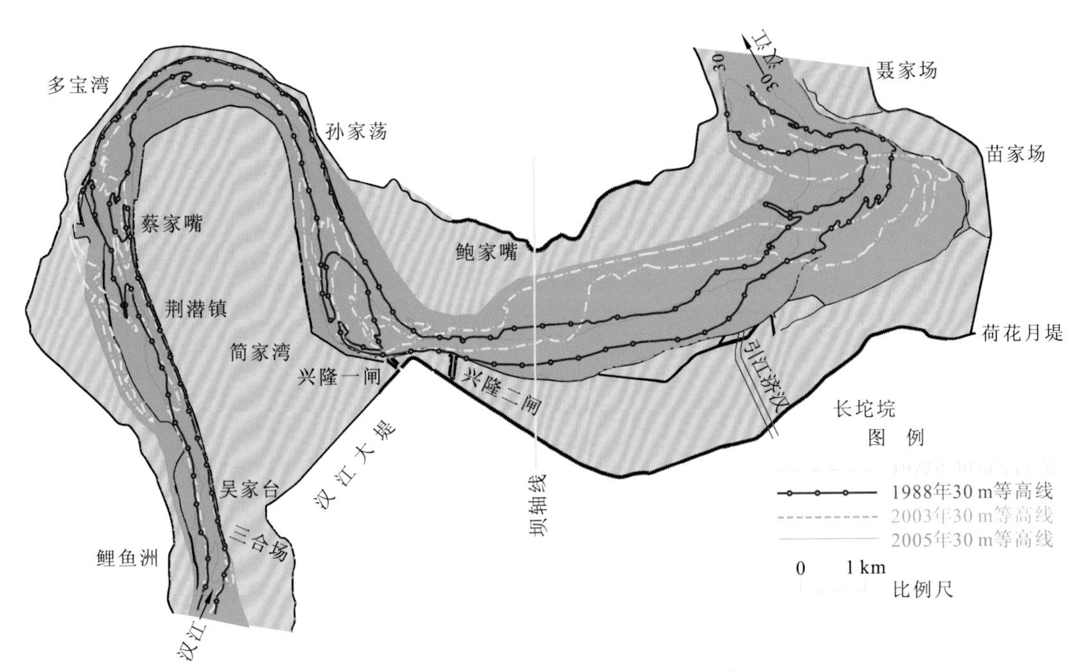

图 2.1.2　兴隆河段 30 m 等高线历年变化图

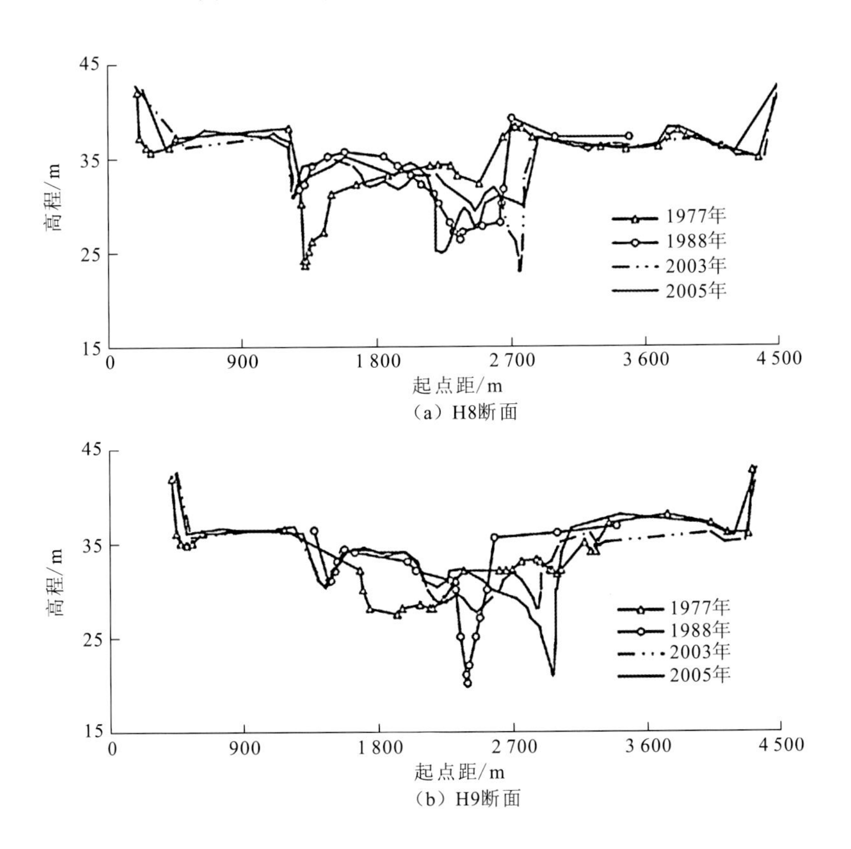

（a）H8断面

（b）H9断面

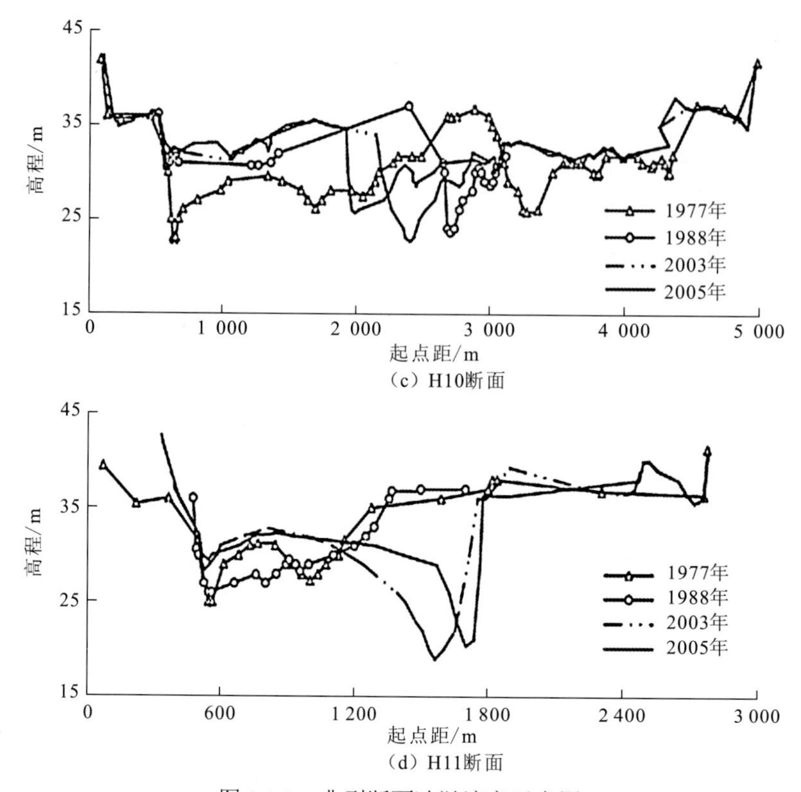

图 2.1.3　典型断面冲淤演变示意图

1. 多宝湾弯道段

该段从鲤鱼洲至兴隆一闸，长约 13 km，分为三段。

（1）从三合场至荆潜镇长约 4 km，为弯道进口段，河道形态顺直，在特大洪水时河床宽阔，一般洪水河宽 600～900 m，1977 年以来，该河段深泓均靠右岸，河槽较稳定，主流沿右岸而行，过荆潜镇后主流向左岸过渡进入多宝湾，由于近年来右侧河槽冲深，滩槽高差加大，右岸导流作用加强，主流向下游多宝湾弯道的过渡点略有上移。

（2）从荆潜镇至孙家荡为弯道段，长约 5 km，河槽宽 400～900 m，曲率半径为 1 800 m，凹岸由厚层黏土、亚黏土组成，抗冲性较强，并有堤防和护岸工程控制，近 20 年来河势稳定，主流靠左岸，但受上游进口顺直段主流摆动的影响，局部河势仍有所变化，1977～1988 年上游蔡家嘴河道左汊淤塞，主流从右岸进入，造成该弯道局部撇弯，凹岸主流顶冲点相应下移约 600 m，1988 年后多宝湾复凹，顶冲点相应上提约 500 m。

（3）从孙家荡至兴隆一闸为弯道出口段，长约 4 km，河槽宽 400～1 100 m，江中淤有江心滩，形成分汊水流。1977 年主流过孙家荡后向右岸过渡，于右岸兴隆一闸上游约 1 000 m 处，主流沿江心滩右汊下行，经过 1983 年、1984 年大洪水作用，主流过孙家荡后取直左移，走江心滩左汊，促使左岸滩地冲刷崩退，左汊发展为主汊，主流在右岸下移，而右汊逐渐淤高萎缩。1977～1988 年，深泓最大左移约 500 m，左岸滩地（30 m 等高线）平均崩退 140 余米，最大后退 180 m，江心滩左扩约 150 m，主流在右岸下移到兴隆一闸下游 250 m 处。1988 年以后，随着上游多宝湾复凹，弯道出口水流方向逐渐向右调整，从孙家荡过渡到兴隆一闸的主流又开始右移，主流顶冲点上提，右汊重新发育，至 2005 年右汊又发展成为主汊，左汊淤衰，江心滩受主流摆动影响，滩面冲刷下降，孙家荡以下左岸滩地从崩退逐渐转向淤积。根据 1988～2005 年的地形比较，本段河道深泓最大左移部位位于简家湾附近，最大左移约 700 m，凹岸深泓顶冲点上移约 1 700 m。该段近 20 年来受上游来水来沙条件和主流摆动的影响，弯道出口段河势有一定变化，但历经多年加固守护，整个弯道基本稳定。

2. 中间顺直段

该河段从兴隆一闸至长坨垸，长约 5.6 km，是兴隆水利枢纽工程所在段，河道进口处河槽宽仅为 300 m，往下游放宽，出口处宽达 1 500 m。河道顺直，河床宽浅，河岸抗冲性差，主流摆动较大，洲滩变化频繁。1977 年主流靠近兴隆一闸下行，过鲍家嘴后逐渐移到左岸而行，在长坨垸附近又折回右岸，进入苗家场弯道。经过 1983 年、1984 年大洪水作用后，受上游河势变化影响，主流过鲍家嘴后，不再过渡至左岸，而是紧贴右岸下行至长坨垸，左岸洲滩淤积合并，靠岸并向右发展，形成连绵数里的边滩，1977～1988 年鲍家嘴—长坨垸段深泓平均右移 1 100 m，右岸 30 m 等高线后退 250～800 m，左岸 30 m 等高线前移 500～1 000 m，河槽大幅右移，1988～2005 年该河段深泓一直靠右岸，主流横向摆动较小，河势趋于稳定。

兴隆水利枢纽坝址位于兴隆一闸下游约 2.2 km 处，该处河道宽浅，两岸大堤间距约 2 800 m，主河槽宽约 800 m，深泓靠右岸，左岸滩地宽 1 300 m，滩地高程为 35～38 m，右岸滩地宽 700 m，滩地高程为 36～38 m。从该断面历年来的冲淤变化看，丹江口水库运用以来，该处河床平均高程变化不大，而深槽有所冲刷下切，但下切幅度较小，1977～1988 年深泓下降 1.1 m，1988 年以后变化不大，河床的主要变化是深泓的横向摆动，1977～1988 年深泓从左岸摆到右岸，摆幅达 1 100 m，1988 年以后，深泓基本靠右岸，趋于稳定。

引江济汉工程出水口位于兴隆水利枢纽下游 3.4 km 处河道右岸，1988 年以前该河段河势变化较大，主流摆动剧烈，无一定规律可循，1988 年以后河势趋于稳定，河槽基本靠右岸，出水口附近河床深泓横向摆动较小，1988～2005 年深泓线右移约 200 m，目前距出水口前沿约 150 m，出水口断面主流靠右岸，深槽较稳定，且有冲深趋势，左岸滩地有所淤积，整个河床断面仍有一定的冲淤变化。

3. 苗家场弯道段

该河段从长坨垸至聂家场，长约 4 km，为弯道段。受上游来水来沙条件和河势变化的影响，河道河势变化较大，1977～2005 年该河段深泓变化明显，弯道水流顶冲点不断下移，最大移距为 1 600 m，弯道上段深泓线逐年左移，最大移距为 600 m，而弯道下段深泓线逐年右移，最大移距为 500 m，使该段出口水流更趋平顺，目前河势仍有调整的可能。

从丹江口水库建库运行后该河段河床演变的特点看，河段河床演变主要受上游河势影响，上游段主流的变迁是下游河势调整的主要因素。目前多宝湾弯道河势基本稳定，但弯道出口段主流走向仍有一定变化，加之坝址河段河道宽浅，河岸组成抗冲性较差，两岸无天然节点，因此，坝址河段主流仍有可能在一定范围内摆动，呈现游荡性，而工程下游的苗家场弯道段，主流仍可能产生撇弯切滩及复凹的变化。今后在一般水文年，随着丹江口水库坝下游河道的冲刷下移及河道自身的调整，该段河床逐步向冲淤平衡方向发展，河势将趋于稳定，但若遇较大洪水和特大洪水，上游河势出现较大调整，河势仍有可能发生一定变化。

2.2 枢纽总体布置方案

2.2.1 总体布置要求

兴隆水利枢纽由泄水闸、船闸和电站厂房等主要建筑物组成。由于设计洪峰流量大，而水库又为无调蓄能力的河道型水库，泄洪是兴隆水利枢纽的主要矛盾。枢纽布置应以泄洪为主，兼顾其他，合理布置电站厂房、船闸，以达到互相协调、施工方便、运行安全和经济合理的目的。

兴隆河段河床粉细砂粒径小，抗冲能力低，河势稳定性差，保持枢纽运用后的河势稳定，减轻电站厂房引水渠和船闸引航道泥沙淤积，保障枢纽综合效益长期、稳定发挥，是工程首先需要研究解决的主要技术问题。枢纽总体布置要注意以下几个方面的要求。

（1）坝址所在的汉江河段曲折蜿蜒，河床地表粉细砂的抗冲能力低，河床稳定性差，在深入分析河道河势演变规律的基础上，枢纽布置应尽可能维持原有河势，保持原河道过流条件。

（2）枢纽位于汉江下游平原区，洪水流量很大，河道行洪最大流量为 19 400 m^3/s，洪水时两岸堤防挡水，防洪压力大，枢纽布置方案要利于泄洪，减少汛期对洪水的壅高，避免对防洪产生不利影响。

（3）枢纽作为汉江中下游最后一个航运梯级，其布置应满足船闸安全可靠运行要求，减少清淤工程量，充分考虑施工期通航，避免由工程施工导致的长时间断航。

（4）枢纽水电站为低水头径流式水电站，枢纽布置应使其具有良好的进出流条件，减少水头损耗。

2.2.2 总体布置方案选择

坝址设计洪水流量达 19 400 m^3/s，两岸大堤间距约为 2 800 m，主河槽宽约 800 m，深泓靠右岸，左岸滩地宽 1 140 m，右岸滩地宽 870 m。兴隆河段河床粉细砂抗冲能力极低，河势稳定性差，河床易冲刷，素有“一弯变、弯弯变”的特点。保持枢纽运用后的河势稳定，减轻水电站引水渠和船闸引航道泥沙淤积，保障枢纽综合效益长期、稳定发挥，是工程首先需要研究解决的主要技术问题。

经多方案比较分析，确定采用“主槽建闸蓄水、闸滩联合行洪”的枢纽布置形式，可有效遵循天然河道“枯水归槽、洪水漫滩”的过流特性，减少对原天然河道的改变，有利于稳定河势，同时节省投资。泄水闸等建筑物布置在主河槽，两翼保留左、右漫滩，常态下和小洪水时泄水闸与两翼滩地联合挡水，通过水电站过流和泄水闸控泄，维持水库的正常蓄水位；8 500 m^3/s 流量以上的中、大洪水下，两翼滩地参与行洪，恢复大洪水状态下的原河道复式断面行洪特性，既可以尽可能地维持原有河势条件，又可以分担泄水闸约 25%的过流量，减轻对粉细砂河床的冲刷。下泄 5 年一遇流量 11 700 m^3/s 时，泄水闸过流量占比 88.5%，左岸高漫滩过流量占比 9.7%，右岸高漫滩过流量占比 1.8%；下泄设计和校核流量 19 400 m^3/s 时，相应的占比为 73.1%、17.9%和 9%。相对于天然状态下的水位，水位壅高值在下泄 5 年一遇流量 11 700 m^3/s 时为 5 cm，在下泄设计和校核流量 19 400 m^3/s 时为 5.8 cm，与天然状态接近。

1. 右侧布置船闸方案（方案一）

河槽和左岸低漫滩上布置泄水闸，紧邻泄水闸右侧布置电站厂房，船闸布置在电站厂房安装场右侧的滩地上，与安装场间距为 80 m，之间布置有挡水连接坝段和鱼道等设施。船闸与右岸汉江堤防之间、泄水闸与左岸汉江堤防之间则为滩地过流段。主体建筑物与两岸堤防之间采用交通桥连接。坝轴线自右至左依次为右岸滩地过流段（长 741.5 m）、船闸段（长 47 m）、挡水坝段（长 80 m）、电站厂房段（含安装场）（长 112 m）、泄水闸右门库段（长 19 m）、56 孔泄水闸段（长 953 m）、左岸门库段（长 19 m）、左岸滩地过流段（长 858.5 m）。

泄水闸由 56 孔组成，每孔净宽 14 m，闸段总长 953 m，闸孔总净宽 784 m，采用两孔一联结构形式。水电站装机容量为 40 MW，单机容量为 10 MW，机组安装高程为 22.3 m，水轮机转轮直径为 6.55 m。电站厂房总长 112 m，宽 74 m，其中机组段长 80 m，安装场布置于机组段右侧，长 32 m。船闸线路总长 1 456 m，上、下游引航道采用不对称型布置，过闸方式为曲线进闸、直线出闸。上、下游引航道在右岸高漫滩上开挖形成，引航道直线段与原河槽延伸方向平行，制动段为曲线并弯向原河槽，隔流堤由开挖保留的滩地形成。

施工采用明渠导流，首先在左岸漫滩开挖底宽为 330 m 的导流明渠，在中心滩地上修筑土石纵向围堰；一期围右岸，进行右岸基坑工程施工；导流明渠及左岸漫滩过流，明渠通航。二期采用土石戗堤直接截断明渠，进行导流明渠回填及防渗施工，由已完建的泄水闸泄流，船闸通航。

本方案的特点是左岸滩地开挖导流明渠，原河槽和低漫滩布置泄水闸，基本上不改变原有河势条件；船闸布置在右岸漫滩上，上、下游引航道需开挖形成。

右侧布置船闸方案（方案一）见图 2.2.1。

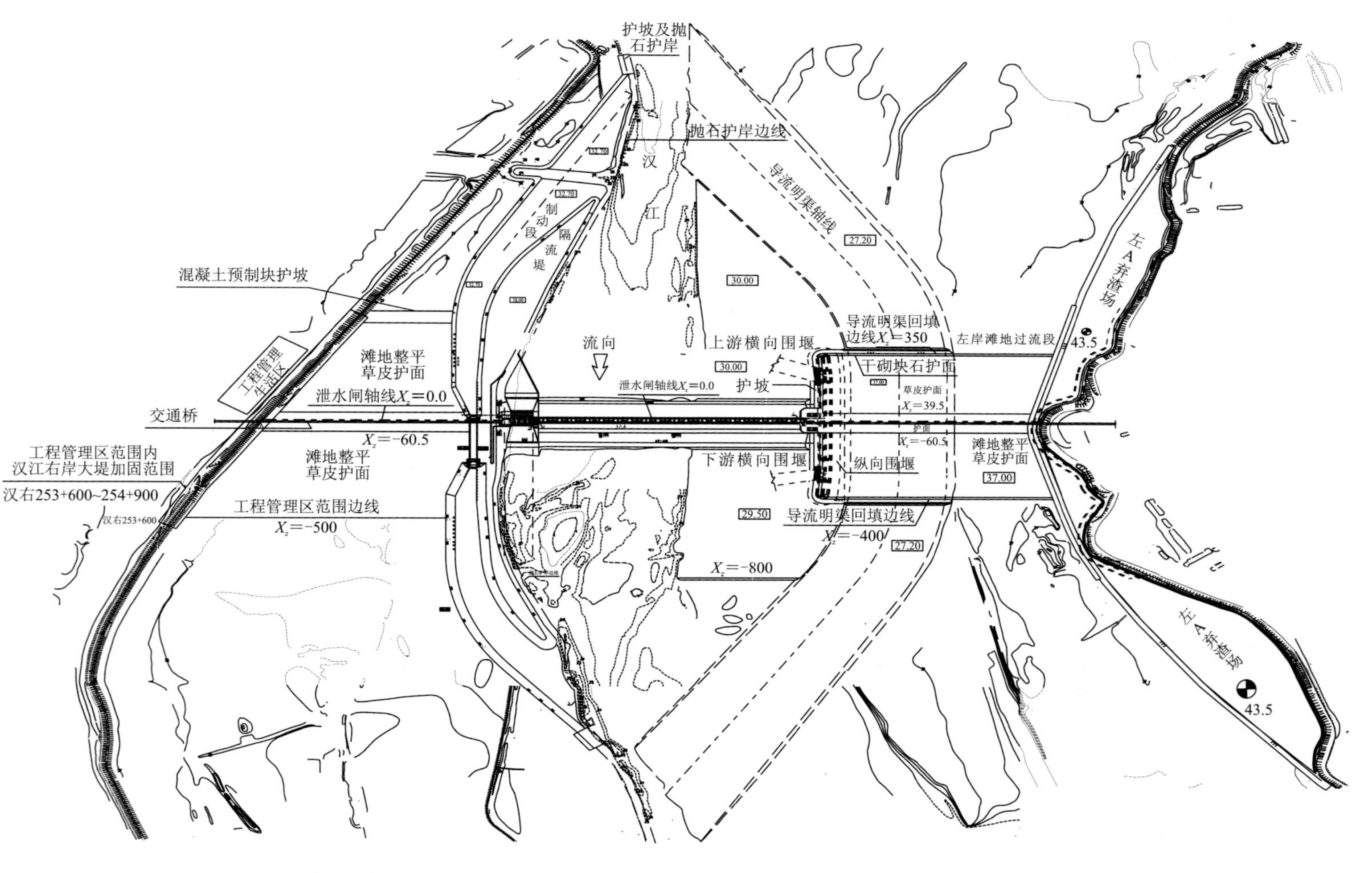

图 2.2.1 右侧布置船闸方案图（方案一）（高程、桩号单位：m）

X_z表示桩号

2. 左侧布置船闸方案（方案二）

船闸布置在左侧滩地，坝轴线自右至左依次为右岸滩地过流段（长 856 m）、电站厂房段（含安装场）（长 112 m）、泄水闸右门库段（长 19 m）、56 孔泄水闸段（长 953 m）、左岸门库段（长 18 m）、船闸段（长 47 m）、左岸滩地过流段（长 825 m）。

泄水闸及电站厂房结构与方案一基本相同。船闸布置在枢纽左侧，船闸线路总长 1 456 m，上、下游引航道采用不对称型布置，过闸方式为曲线进闸、直线出闸。上、下游引航道利用已开挖形成的导流明渠与主航道平顺衔接。

导流明渠布置与方案一基本相同。

方案二的主要特点是在左岸滩地开挖导流明渠，原河槽和低漫滩上布置泄水闸，在下泄洪水时基本上不改变原有天然河床的泄洪条件；船闸布置在左岸低漫滩上，上、下游引航道与连接段可部分利用导流明渠，工程占地和航道开挖工程量较省。

左侧布置船闸方案（方案二）见图 2.2.2。

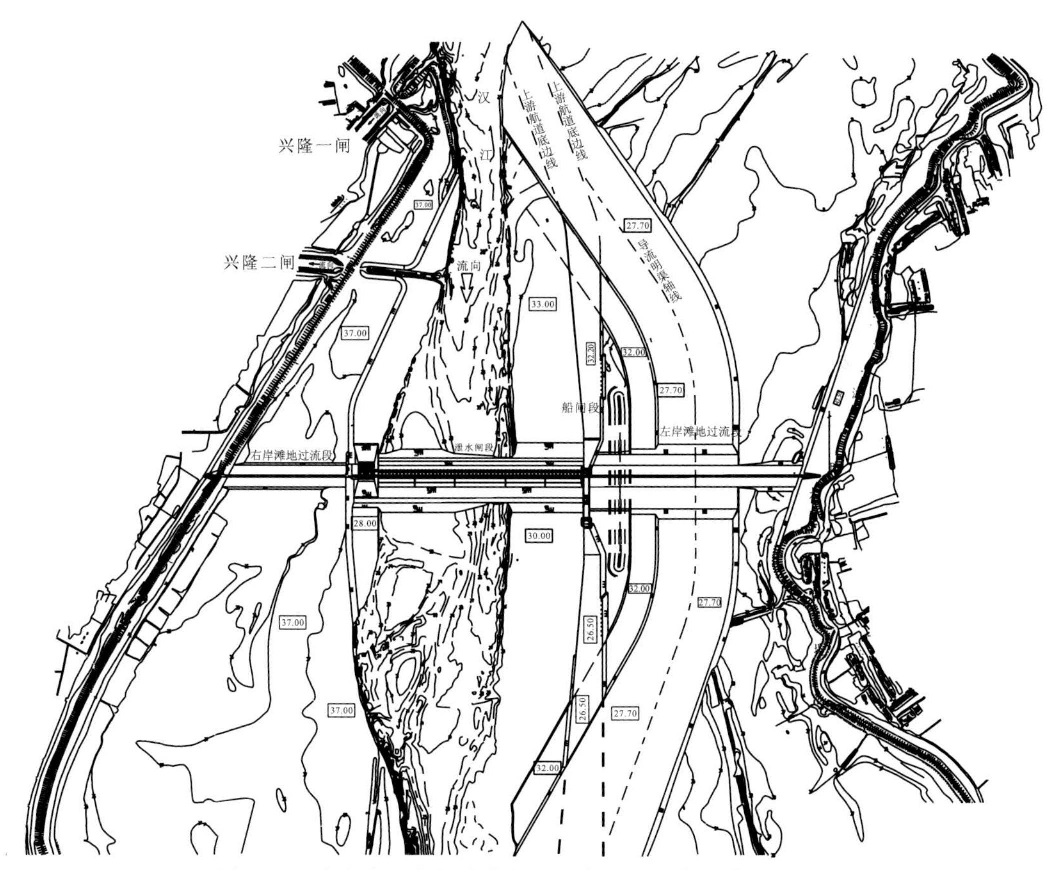

图 2.2.2　左侧布置船闸方案图（方案二）（高程单位：m）

3. 总体布置方案比选结论

在枢纽总体布置方案中，结合左、右岸高漫滩在中、大洪水时参与行洪的特点，两方案均采用“主槽建闸蓄水、闸滩联合行洪”的枢纽布置形式，减少工程运行对原天然河道的改变，有利于稳定河势，同时节省投资。两方案的区别主要是船闸分别布置于河道的右侧和左侧，经比较，枢纽采用右侧布置船闸方案。其主要优点是利用河槽布置泄水闸与电站厂房，在左岸滩地上开挖导流明渠，研究表明，船闸布置在左侧或右侧，引航道口门内的清淤量基本相同，但口门外的清淤量右侧布置船闸方案要远小于左侧布置船闸方案，左侧布置船闸方案的淤积较为严重，后期运行时航道清淤将较为频繁，维护航道费用较高，清淤过程也会给船闸的通过能力带来不利影响。根据兴隆河段水流归槽特点，将船闸与电站厂房同岸布置在泄水闸右侧，利用水电站发电常态过流形成稳定枯期航槽，减轻引航道口门区泥沙淤积，保障枢纽综合效益长期、稳定发挥。

2.3 河工模型试验

2.3.1 试验方案

针对枢纽右侧布置船闸方案和左侧布置船闸方案开展河工模型试验，模拟范围上起多宝湾弯道进口鲤鱼洲，下至聂家场，全长约 22.6 km，河道两岸至大堤，兴隆水利枢纽坝址位于河段中部。模型设计按几何相似、水流运动相似、泥沙运动相似和河床冲淤变形相似准则进行。

2.3.2 试验条件

（1）模型初始地形采用 2005 年 3 月的实测地形，模型沙按 2005 年 3 月实测河床沙级配资料选配铺制。

（2）模型进口水沙条件由一维数值模型计算提供，数值模型计算所用水沙系列年为 1983～1986 年，该系列年中包括了大水大沙年、中水中沙年和小水小沙年，具有较好的代表性。在该系列年径流计算中，考虑了南水北调工程实施后，丹江口水库调水 95 亿 m^3，下泄水量减少的情况。另外，丹江口水库下游河道经过 30 多年的沿程冲刷，襄阳以上河床已趋于冲淤平衡，襄阳—皇庄段河床冲刷量逐年减少，所以大坝加高后，兴隆水利枢纽入库沙量不会较现状增加，选用该系列年对兴隆水利枢纽设计而言偏于安全。

（3）枢纽调度方案为，坝前水位为 36.2 m，当入库流量 $Q\leqslant 1\,000\ m^3/s$ 时，由水电站过流，泄水闸全关，当入库流量 $1\,000\ m^3/s<Q\leqslant 3\,650\ m^3/s$ 时，由水电站和泄水闸控

泄，使下泄流量等丁上游入库流量，当入库流量 3 650 m^3/s<Q≤7 080 m^3/s 时，水电站停止运行，入库流量全部由泄水闸控泄，当入库流量 Q>7 080 m^3/s 时，泄水闸全部开启敞泄，枢纽设计流量为 19 400 m^3/s。

2.3.3　主要试验结论及建议

1. 主要试验结论

（1）枢纽运用后，坝区河段河势未发生大的变化，河道主流位置、断面流速分布与建坝前基本相同。枢纽运用第 8 年末，坝区河段河床基本达到冲淤平衡，坝上游 14 km 范围内，河道累计淤积量为 1 275 万 m^3，坝前 1.8 km 顺直段主流线较建坝前左移 70～120 m，坝下游 7 km 范围内，河道累计冲刷量为 276 万 m^3，坝下游 3 km 的顺直段主流线较建坝前右移 30～90 m。

（2）入库流量大于 1 000 m^3/s 后，水电站前逐渐出现回流区，遇最大发电流量 3 650 m^3/s 时，水电站前最大回流范围为 480 m×160 m（长×宽），最大回流流速为 0.4 m/s，不影响电厂正常进水。水电站前泥沙的运动规律表现为，汛期水电站关机时，产生淤积，汛后水电站重新开机后，产生冲刷，年际未出现明显的累积性淤积，遇大水大沙年汛后，水电站进水口前泥沙最大淤厚 2.0 m，高出水电站进水口底板高程（16.50 m）1.0 m，尽管未出现水电站进水口堵塞现象，但水电站防沙问题仍应引起注意。

（3）右侧布置船闸方案：枢纽运用不同时期，上、下游引航道口门区的流速、流态基本能满足通航水流条件。受泥沙淤积影响，枢纽运用第 2 年末，上游引航道清淤量为 4.43 万 m^3，下游引航道清淤量为 6.5 万 m^3；枢纽运用第 8 年末，上游引航道清淤量为 6.65 万 m^3，下游引航道清淤量为 7.6 万 m^3。

（4）左侧布置船闸方案：枢纽运用不同时期，上、下游引航道口门区的流速、流态能满足通航水流条件。枢纽运用第 2 年末，上游引航道清淤量为 6.01 万 m^3，下游引航道清淤量为 37.8 万 m^3；枢纽运用第 8 年末，上游引航道清淤量为 9.24 万 m^3，下游引航道清淤量为 43.1 万 m^3。

2. 主要建议

（1）船闸布置在右岸，处在兴隆河段弯道凹岸的下游，靠近主河槽，该处河势较左岸稳定，引航道中心线与上、下游主河道衔接也较平顺，同时右侧布置船闸方案下游引航道的清淤量明显小于左侧布置船闸方案。因此，建议将船闸布置在右岸。

（2）枢纽运用期，船闸引航道存在一定的泥沙淤积，船闸布置在右岸，引航道每年的清淤量较小，建议采用机械清淤方法保持航道畅通。

第3章

深厚粉细砂地基处理

3.1 地基物理力学指标特性

泄水闸、电站厂房和船闸等主要建筑物的地基均为深厚的粉细砂和含泥粉细砂层，土层结构松散，局部夹有淤泥质透镜体，地基承载力特征值为120～140 kPa。泄水闸地基沉降量大，不均匀沉降容易导致弧形钢闸门卡阻，止水渗漏；船闸上、下闸首基底应力较大，地基沉降量大，地基不均匀沉降容易导致人字门门轴柱偏斜，影响人字门的正常运行，并会出现止水渗漏；电站厂房基础应力大，地基沉降量大，灯泡式机组对不均匀沉降的要求较为严格，机组运行时的振动存在诱发饱和粉细砂液化的可能。

3.1.1 粉细砂地基承载能力低，沉降量大

兴隆水利枢纽河床粉细砂地层标高范围为8.0～26.5 m，为全新统下段（Q_4^{1al}）粉细砂，颗分曲线见图3.1.1，颗分包线见图3.1.2。

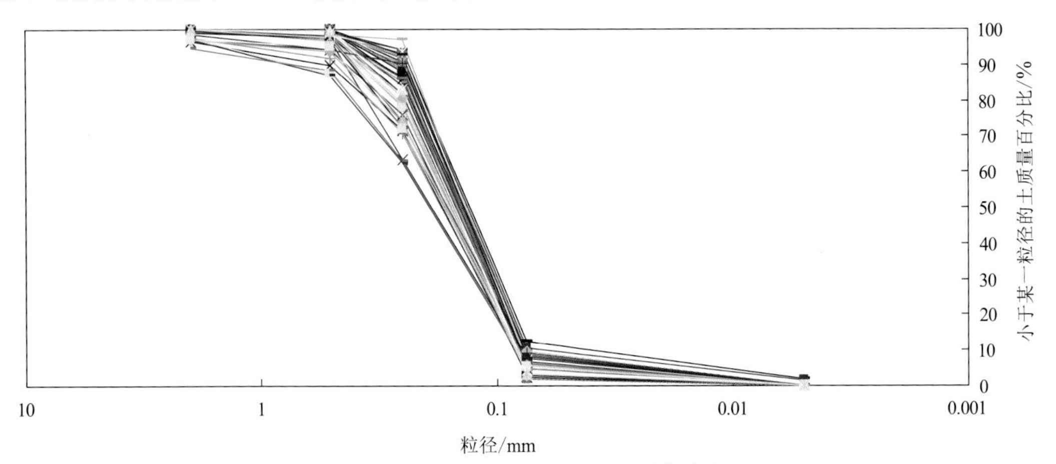

图3.1.1 全新统下段（Q_4^{1al}）的颗分曲线图

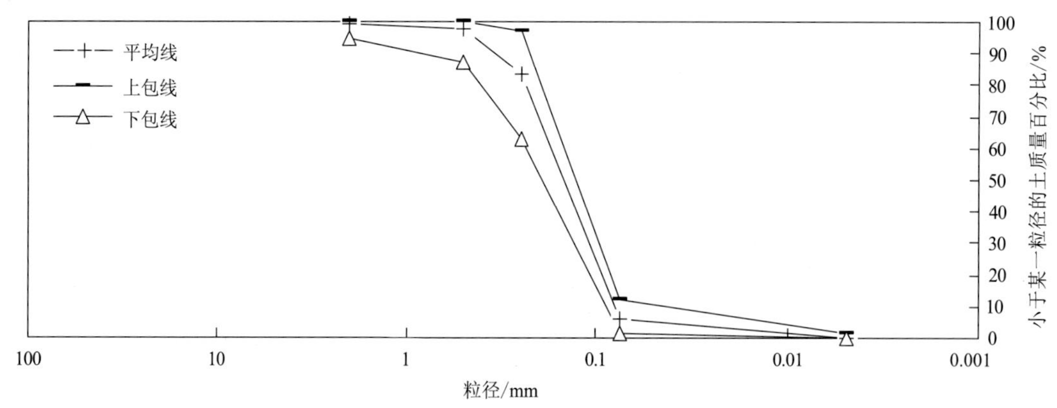

图 3.1.2 全新统下段（Q_4^{1al}）的颗分包线图

对粉细砂地基土典型试样进行不同密度的三轴固结排水试验，试验采用的相对密度分别为 0.55（干密度为 1.47 g/cm^3）、0.64（干密度为 1.51 g/cm^3），属中密。饱和粉细砂三轴固结排水试验得到的邓肯-张（Duncan-Chang）模型的参数见表 3.1.1，典型三轴固结排水试验成果曲线见图 3.1.3、图 3.1.4。

表 3.1.1 地基土三轴固结排水试验成果（邓肯-张模型参数）

编号	干密度 ρ_d /（g/cm^3）	黏聚力 C_{CD}/kPa	内摩擦角 φ_{CD}/（°）	切线模量数 K	切线模量指数 n	体积模量数 K_b	体积模量指数 m	试验常数 F	初始切线泊松比 G	破坏比 R_f	试验常数 D
1#	1.47	10.3	33.3	239.5	0.358	110.0	0.348 0	0.096 6	0.367 1	0.756 1	2.172
2#	1.51	15.3	35.5	293.8	0.398	130.1	0.272 1	0.078 5	0.343 7	0.768 4	3.192
3#	1.47	18.3	33.5	258.5	0.375	123.2	0.388 4	0.020 1	0.346 6	0.832 6	3.080
4#	1.51	24.7	36.3	310.7	0.455	154.7	0.267 3	0.049 7	0.339 5	0.806 2	3.098

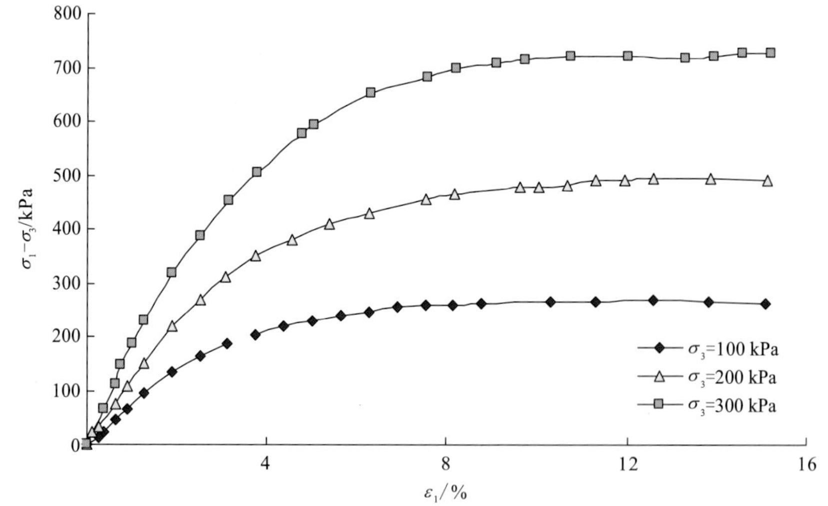

图 3.1.3 地基土偏应力（$\sigma_1-\sigma_3$）-轴应变（ε_1）关系曲线（干密度为 1.47 g/cm^3）

σ_1 为峰值主应力；σ_3 为围压

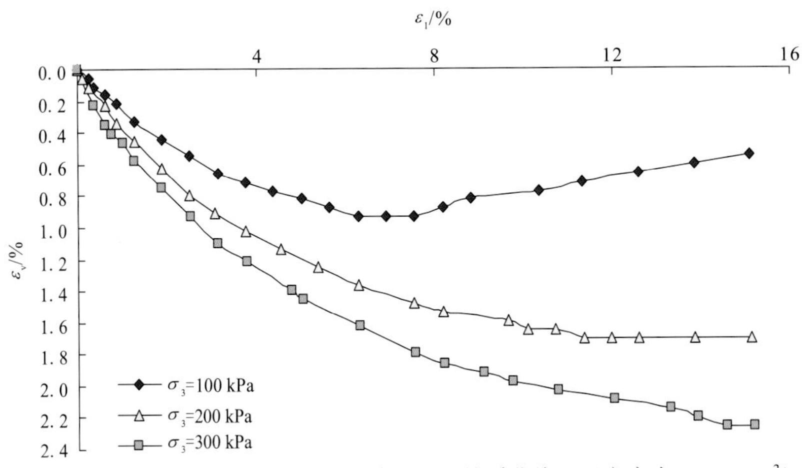

图 3.1.4　地基土体应变（ε_v）-轴应变（ε_1）关系曲线（干密度为 1.51 g/cm^3）

坝区工程地质条件具有以下特性：

（1）饱和中密砂试样应力应变关系均属硬化型，在低围压（100 kPa）下，出现剪胀现象，剪缩与剪胀对应的拐点应变为 4%～6%，中、高围压下（≥200 kPa），未出现剪胀；

（2）饱和中密砂的黏聚力为 10.3～24.7 kPa，在设计中建议用小值进行计算，内摩擦角变化范围很小，为 33.3°～36.3°；

（3）相对密度越大，砂样的强度越高，压缩性越小，砂层埋深不同，其密实度也不尽相同；

（4）钻孔取样位置不同，砂样的力学性质也不尽相同，对于中密砂，其同一密实度的强度变形指标相差不大，表明地基土的力学性质均匀性较好。

通过原位测试和室内试验研究，得到地基土的力学参数，见表 3.1.2。

表 3.1.2　力学参数表

高程/m	承载力基本值 f_0/kPa	变形模量 E_0/MPa	压缩模量 E_s/MPa	饱和固结快剪摩擦角 φ /（°）
26.0	300	14.4	25.0	34.9
25.0	250	14.0	9.5	29.1
24.0	260	15.2	30.0	34.3
23.0	300	17.2	20.1	31.9
22.0	340	19.1	25.0	—

注：参数通过平板载荷试验、螺旋板载荷试验、扁铲侧胀试验、动力触探试验获取，粉细砂的孔隙比一般在 0.75～0.9，平均标准贯入击数为 8 击，结构松散，承载力特征值为 120 kPa，压缩模量为 9 MPa。

3.1.2　粉细砂抗冲刷能力低

兴隆水利枢纽坝址河床粉细砂粒径小，结构松散，无黏性，中值粒径仅为 0.09～0.18 mm。为准确测定粉细砂抗冲流速，专门进行了天然粉细砂的抗冲流速试验。原型沙起动流速试验在小水深（$h \leqslant 60\ \text{cm}$）水槽中进行，观测泥沙个别起动、少量起动、普遍起动时的起动流速，并总结整理有关河道的实测资料和研究成果，得出工程粉细砂的起动流速范围。

水槽中的原型沙都采自兴隆水利枢纽泄水闸所在河段的河滩上，床沙级配曲线见图 3.1.5，其中值粒径 $d_{50} = 0.14\ \text{mm}$。在水槽原型沙起动流速试验中，泥沙起动是指床面泥沙（床沙）由静止进入运动的临界水流条件。泥沙运动状态分为三级，即个别起动、少量起动、普遍起动。个别起动即床面有个别颗粒做间歇性运动；少量起动即单位面积上的运动颗粒数量是可数的；普遍起动即单位面积内运动颗粒是不可数的。

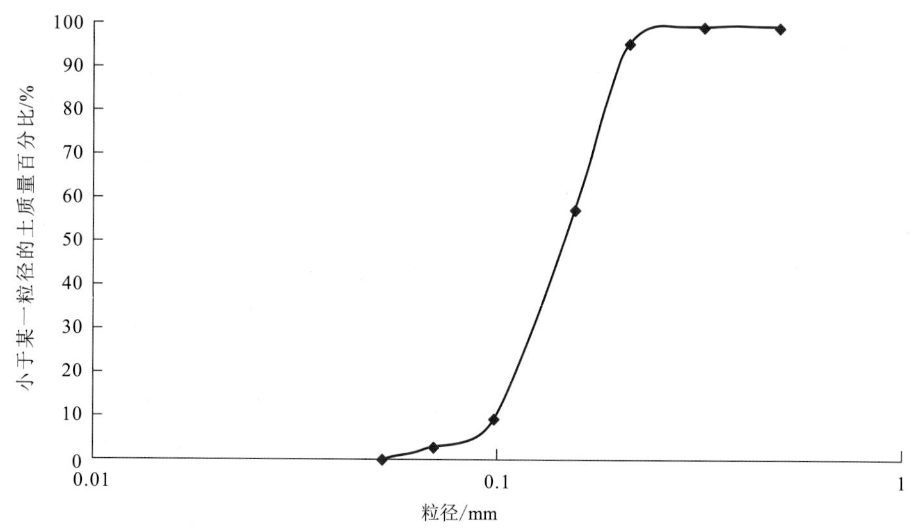

图 3.1.5　泄水闸段床沙级配曲线

依据试验目的，首先在现有水槽中进行小水深（$h \leqslant 60\ \text{cm}$）原型沙起动流速试验，测量得到不同起动状态所对应的水流流速。

试验水槽长 30 m，宽 60 cm，高 80 cm。试验段选取水槽顺水流方向 9～11 m 位置，铺沙厚度为 10 cm，水深由可调尾门控制，流速采用光电式旋桨测速仪测量，水槽设备、铺沙位置及测速断面见图 3.1.6。试验原型水深为 10 cm、20 cm、30 cm 及 59 cm，起动流速为测速仪测定的垂线平均流速，并用断面平均流速校核。

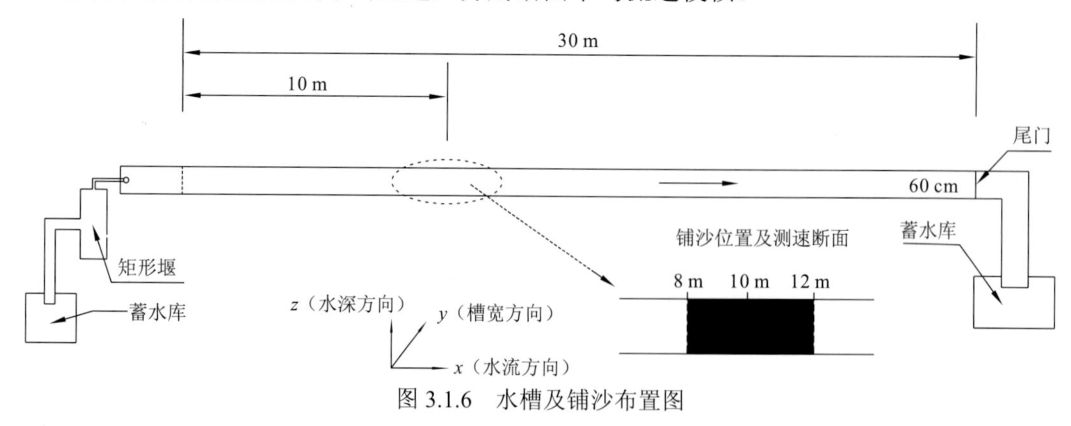

图 3.1.6　水槽及铺沙布置图

对于细颗粒泥沙，粒径级配的变化对起动流速的影响较大。试验前将浸泡数天的原型沙均匀铺在水槽中部，尽量保证均匀平整，然后开始试验。当原型水深 $h \leqslant 60$ cm 时，试验结果见表 3.1.3。

表 3.1.3　小水深（$h\leqslant$60 cm）时原型沙起动流速表

水深/cm	泥沙密度 γ_s/（g/cm^3）	个别起动流速 /（cm/s）	少量起动流速 /（cm/s）	普遍起动流速 /（cm/s）	水温/℃
10	2.65	14.07	20.33	24.55	29.0
20	2.65	16.20	22.60	26.93	28.0
30	2.65	18.07	24.86	27.30	29.0
59	2.65	22.00	26.20	30.10	29.5

注：模型试验材料 0.053 mm≤d（粒径）≤0.450 mm，d_{50} = 0.14 mm。

汉江是长江的一级支流，其泥沙形态与长江下游相似。因此，兴隆水利枢纽泥沙起动流速公式可以根据长江天然沙起动流速公式[式（3.1.1）]进行考虑，即

$$V_0 = K\sqrt{\frac{\gamma_s-\gamma}{\gamma}gd}\left(\frac{h}{d}\right)^{1/6} \tag{3.1.1}$$

式中：γ_s、γ 分别为泥沙和水的密度；g 为重力加速度；d 为泥沙粒径（此处采取中值粒径 d_{50}）；h 为水深；K 为系数。

依据水槽小水深（$h \leqslant 60$ cm）原型沙少量起动流速资料，式（3.1.1）中系数 K 取 1.43，则式（3.1.1）转化为

$$V_0 = 1.43\sqrt{\frac{\gamma_s-\gamma}{\gamma}gd}\left(\frac{h}{d}\right)^{1/6} \tag{3.1.2}$$

当原型水深 h=0.10～0.59 m，d_{50}=0.14 mm 时，根据式（3.1.2）计算出的原型沙少量起动时的流速值与水槽实测值的关系见图 3.1.7。

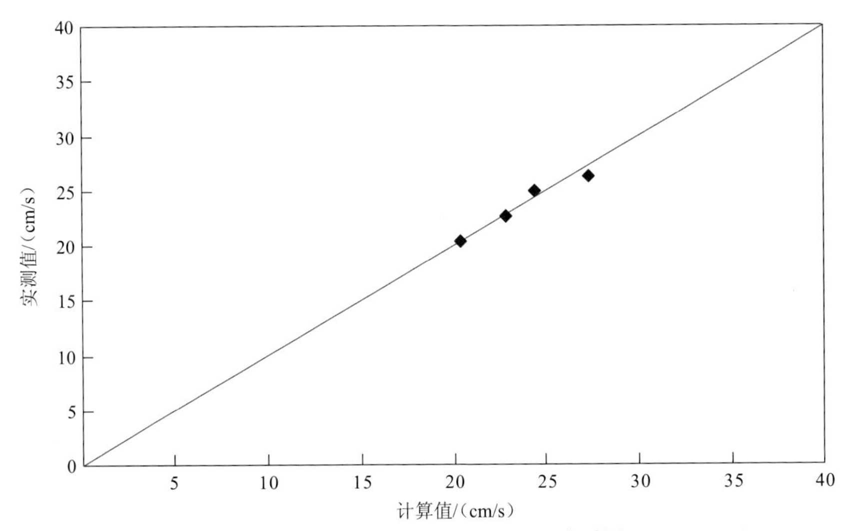

图 3.1.7　原型沙起动流速计算值和实测值的关系图（$h\leqslant$60cm）

由图 3.1.7 可以看出，计算值和实测值比较接近，表明式（3.1.2）的计算结果可信。由式（3.1.2）得到的原型沙少量起动的流速范围如下。

当原型水深 0.10 m≤h≤0.60 m 时，原型沙少量起动的流速范围为 V_0=0.203～0.274 m/s；当原型水深 h=0.60～16.1 m 时，原型沙少量起动的流速范围为 V_0=0.274～0.475 m/s。

可见，水深为 1 m 时的粉细砂抗冲流速为 0.20～0.25 m/s，抗冲能力为所有土类中最低，且一旦发生冲刷，过程发展快、扩散范围广。

3.1.3 饱和砂土振动液化

坝址区广泛分布第四系全新统粉细砂及含泥粉细砂层，除左、右岸高漫滩部位有不等的埋深外，左岸低漫滩及河床部位直接出露地表。

工程区全新统粉细砂、含泥粉细砂、砂壤土等饱和黏性土，其黏粒（粒径＜0.005 mm）含量为 6.3%～7.8%。水库正常运行时处于饱和状态，在 VI 度地震作用下，砂性土层存在砂土振动液化可能，根据《水工建筑物抗震设计规范》（SL 203—97）[10]需要进行抗震稳定性评价和设计，地勘采用了三种方法进行综合判别。

1. 相对密度判别

根据《水利水电工程地质勘察规范》（GB 50487—2008）[11]，在地震动峰值加速度为 0.05 g，饱和无黏性土的液化临界相对密度 $D_{r(cr)}$≤65%时，为可能液化土。

对相对密度试验成果的分析表明：左岸低漫滩及河床段可能液化点约占 36%，其中在泄水闸建基面 27.0 m 高程以下 8 m 深度范围内液化点占 60%，10 m 深度范围内液化点约占 80%，12 m 深度范围内液化点占 100%。

2. 相对含水率或液性指数判别

根据《水利水电工程地质勘察规范》（GB 50487—2008）附录 P[11]，当饱和少黏性土的相对含水率大于或等于 0.90，或者液性指数大于或等于 0.75 时，可判别为可能液化土。

河床与左岸低漫滩部位泄水闸闸基可能液化土按照相对含水率、液性指数法判别，可能液化点分别约占 62%、67%。在建基面下 8 m 深度范围、10 m 深度范围、大于 10 m 深度范围的液化点分别占液化点总数的 61%、68%、100%。

3. 标准贯入成果判别

工程区地震基本烈度为 VI 度时，按《水利水电工程地质勘察规范》（GB 50487—2008）的要求[11]，应进行地震液化判别。但用标准贯入试验成果判别砂土液化尚缺乏 VI 度地震液化判别标准贯入击数基准值。类比距离较近、地质条件相似的已建工程王甫洲水库的相关研究成果，取基准值 N_0=4.5 计算标准贯入击数临界值 N_{cr} 和修正后的标准贯入击数 $N_{63.5}$，当 $N_{63.5}<N_{cr}$ 时，判别为可液化土。对于左、右岸滩地过流段，建筑物按基础置于地表考虑，标准贯入实测击数未修正，直接根据实测击数与临界值进行判别。

枢纽正常运行时，除船闸段外的右岸高漫滩部位上覆黏性土厚度一般大于 15 m，其中的粉细砂与含泥粉细砂透镜体分布范围不大，基本不存在砂土振动液化问题。

河床和左岸低漫滩部位，枢纽建筑物范围存在砂土振动液化可能，可能液化点约占液化判别计算点总数的 38.2%。左岸高漫滩部位可能液化点占判别计算点总数的约 9.5%。液化深度在主要建筑物建基面下的分布见表 3.1.4。液化指数 I_L 为 0.26～15.00。液化等级均为轻微—中等。

表 3.1.4　标准贯入判别法液化深度及液化等级分段统计表

项目		建基面以下深度范围						液化等级		
		8 m	9 m	10 m	11 m	12 m	>12 m	轻微	中等	严重
泄水闸	液化点数	40	44	50	52	54	60	20	20	—
	占该段液化点总数的百分比/%	66.7	73.3	83.3	86.7	90	100	50	50	—
船闸	液化点数	7	11	—	—	—	13	5	4	—
	占该段液化点总数的百分比/%	53.8	84.6	—	—	—	100	55.6	44.4	—

综上所述，在水库正常运行时，粉细砂及含泥粉细砂层将处于饱和状态，在 VI 度地震条件下存在液化可能，需要采取抗液化的工程措施。

深厚粉细砂河床天然边滩见图 3.1.8。

图 3.1.8　深厚粉细砂河床天然边滩

3.2 地基处理方案研究

3.2.1 地基处理原则

兴隆水利枢纽河床深厚粉细砂有存在饱和液化潜势、承载能力低、沉降量大、不均匀沉降等多方面问题，工程建设必须对深厚粉细砂地基进行处理，以达到消除饱和粉细砂液化潜势，提高地基承载能力、抗渗性，控制沉降量，减少不均匀沉降等的目的[12-14]。地基处理应能保证建筑物抗震、承载、变形安全，选择的地基处理方案应技术先进、经济合理，保证工程运行安全。

3.2.2 地基处理方案选择

要改善地基抗液化能力，可采取提高地基的相对密度 D_r 或围封液化土层等措施。提高地基的压缩模量则可有效减少建筑物的沉降量，提高承载能力。针对兴隆水利枢纽地基处理需要达到的目的，结合地基特性和建筑物功能，比较适合的地基处理措施有强夯法、振冲法、水泥土搅拌桩法等。

1. 强夯法

根据动力固结原理，土体强夯过程通过土体压缩、局部液化、孔隙水排出、触变恢复，使土体强度和变形模量得到提高，适用于透水性较好的松砂和软土地基，尤其适用于松砂地基。实践证明，采用这种方法能显著提高地基的抗液化能力，减少地基沉降量，提高地基的承载能力。加固后的地基土层干重度可达 16 kN/m^3 以上，压缩模量可提高 2 倍以上，承载力可提高 1 倍以上。处理深度随夯击能量变化，可根据式（3.2.1）计算：

$$H = K\sqrt{Mh} \tag{3.2.1}$$

式中：H 为地基处理深度，m；M 为锤重，t；h 为落距， m；K 为修正系数，粉细砂地基可取为 0.6。

经计算，地基处理深度为 10 m 时所需锤重为 20 t，落距为 15 m，单击夯击能为 3 000 kN· m。初步选定圆柱加圆台的组合夯锤，按夯锤底面静压力约 37 kPa 考虑，底面直径为 2.6 m，夯锤底部设有通气孔 5 个，孔径为 20 cm。夯点按正方形布置，间距取 5 m，约为 2 倍夯锤底面直径，跳点夯击。按每点夯击 5 遍考虑，最后两夯夯沉量不超过 50 mm，再以小夯击能 1 000 kN·m 满夯两遍，套夯搭接 1/4 锤径。最终的夯击遍数、间距、强夯有效加固深度等应根据现场试夯试验确定。

泄水闸强夯处理范围，向上超出闸室上游边线 5 m，向下超出闸室下游边线 5 m，横流向超出两侧门库 5 m，强夯处理面积约为 3.4 万 m^2。强夯前应进行地面平整，并满铺 0.5～1 m 厚碎石垫层，以便于机械行走和夯击能的传递。强夯后的处理效果可以用标准贯入击数法、相对密度法等进行检验。要求处理后地基深度 10 m 处标准贯入击数 $N \geqslant 10$，相对密度 $D_r \geqslant 0.7$。

按强夯后地基压缩模量提高 1 倍考虑，施工期的地基沉降量约为 15.9 cm，运行期沉降量为 12.2 cm，基本满足规范[6]要求。

2. 振冲法

振冲法在水利工程中的应用也较普遍，适用于处理砂土地基，可提高地基承载能力，减少沉降量，特别是可提高饱和砂土的抗振动液化能力，且具有操作简单、施工进度快、工期短及造价低等优点。

泄水闸地基振冲处理的设计桩径为 1 m，等边三角形布置，桩间距为 1.2 m，置换率为 63%。消除液化所需要的碎石桩应深入可能液化深度的下限，碎石桩的长度应达到 10 m。振冲采用 75 kW 的大功率振冲器进行，振动频率在 25 Hz 左右，密实电流采用 40～50 A，填料采用粒径为 2～10 cm 的碎石或砾石料。振冲时，用 3 排振冲孔加固外围，其顺流向的中排孔位于泄水闸与防渗铺盖、泄水闸与消力池的交接处，横流向的中排孔位于每两孔一联的分缝处，以形成四周近似呈封闭状态的土体，然后在内圈采用隔一排冲一排的方法。

泄水闸地基振冲处理后，计算的复合地基承载力为 255 kPa，复合土层的压缩模量达到 20.34 MPa，施工期的地基沉降量约为 15.2 cm，运行期沉降量为 11.7 cm，基本满足规范[6]要求。

3. 水泥土搅拌桩法

水泥土搅拌桩法适用于处理正常固结的淤泥与淤泥质土、粉土、饱和黄土、黏性土及无地下水流动的饱和松散砂土等地基，在工业与民用建筑领域使用较多，后来在水利工程中有所推广。水泥搅拌形成的水泥土加固体，可作为竖向承载的复合地基（水泥土搅拌桩）。加固体形状可为格栅状，围封液化砂土，提高地基的抗液化能力。格栅状布置的水泥土搅拌桩抗液化的机理是约束地震时地基的剪切变形，从而提高地基抗液化能力。日本用此方法处理河堤工程的松砂地基，经受住了阪神大地震的考验，而相邻未进行格栅处理的部位则发生垮塌和沉陷。

根据水泥土搅拌桩室内试验及现场承载试验资料，推荐采用 15%的水泥掺量、8～12 m 长的水泥土搅拌桩进行加固处理，在相同水泥掺量时，仍可以改变置换率以满足不同的承载力要求。

4. 综合比较

一般而言，强夯法施工速度快、处理成本低，但是强夯的有效影响深度有限，对于粉细砂地基，10 m 已基本达到其处理的临界深度。施工过程中，为了更有利于夯击能向下传递和便于强夯机械行走，尚需要在起夯地面满铺一层 0.5～1 m 厚的碎石垫层。坝址区石渣料匮乏，石渣料场距坝址约 80 km，运输成本较高，强夯结束后，为避免石渣料在泄水闸底形成渗漏通道，又需要对石渣料予以清除，因此强夯成本远较不需要满铺碎石垫层的常规强夯成本高。同时，强夯施工中也容易出现漏夯、少夯现象，施工质量不易有效控制。

振冲法具有操作简单、施工进度快等优点，但对于粉细砂地基，为提高处理效果，需要在振冲孔中添加碎石填料，因此处理后的地基竖直方向的抗渗性能降低，使得泄水闸基础底部的扬压力分布变得较为复杂。振冲法需要的石渣料的运距也约为 80 km，增大了处理成本。

水泥土搅拌桩可以根据需要布置成各种形状，布桩间距可灵活适应基础上部结构，水泥土搅拌桩可大幅度提高复合地基的压缩模量，显著减小地基沉降。水泥土搅拌桩布置成格栅形式，可以降低格栅内的剪切变形，提高砂土抗液化能力，同时对泄水闸基础防渗能力的提高也起到了一定的作用。水泥土搅拌桩法的处理成效与施工工艺有密切关系。

三种地基处理方法，以强夯法造价最低，振冲法造价最高，水泥土搅拌桩法造价居中。以地基承载力和沉降量为指标，水泥土搅拌桩法效果最好，振冲法次之，强夯法则较差。推荐泄水闸地基处理采用水泥土搅拌桩法。

3.3 粉细砂地基处理试验

3.3.1 试验目的和内容

兴隆水利枢纽坝址区的主要处理地层为饱和粉细砂层，通过室内模拟试验确定坝址区地层条件下的水泥土搅拌桩成桩可行性、最佳配合比及强度、变形参数，再结合现场深层水泥土搅拌桩试验桩，进行桩体抽芯强度试验、试验桩承载能力试验，验证设计参数，确定施工工艺。

1. 水泥土搅拌桩室内材料配合比及强度参数研究

模拟坝址区的地质条件和水力条件，进行成桩可行性研究，开展各种水泥掺量的水泥土搅拌桩成型试验，优化水泥掺量及外加剂；并通过固化体的强度、变形试验及渗透试验，确定固化体的强度、变形特性，以及抗渗特性与水泥和外加剂掺量的关系。

2. 水泥土搅拌桩施工参数及桩体强度试验

结合室内确定的最佳水泥和外加剂掺量，通过在现场进行不同桩径、桩长的水泥土搅拌桩施工，寻求施工参数及施工工艺，研究可搅拌深度、施工中容易出现的问题及解决措施等；对试验桩桩体抽芯取样，进行强度、变形及钻孔压水试验，确定实际强度、变形、抗渗指标，并建立其与室内相应指标的关系。

3. 水泥土搅拌桩载荷试验研究

通过载荷试验，比较不同桩径、桩长的水泥土搅拌桩的单桩承载能力，并确定设计参数。

3.3.2　室内材料配合比及强度参数

1. 水泥掺量、外加剂对水泥土无侧限抗压强度、弹性模量及渗透系数的影响

1）水泥掺量与无侧限抗压强度、弹性模量、渗透系数的关系

室内水泥土搅拌桩成型试验按表 3.3.1 中所列出的配合比参数形成水泥土搅拌桩成型试样。成型的试样在满足要求的环境中养护，龄期 28 天、60 天、90 天后取芯样测试相关参数。试验成果列于表 3.3.2、表 3.3.3。

表 3.3.1　水泥土搅拌桩成型试样配合比参数表

序号	砂/kg	水泥掺量/%	水灰比	膨润土/kg	木钙
1	1 900	9	1	—	—
2				50	为水泥掺量的 0.3%
3	1 900	12	1	—	—
4				50	为水泥掺量的 0.3%
5	1 900	15	2	—	—
6				50	为水泥掺量的 0.3%

表 3.3.2　室内水泥土搅拌桩无侧限抗压强度及弹性模量试验成果表

水泥掺量/%	成型环境	无外加剂						膨润土、木钙					
		无侧限抗压强度/MPa			弹性模量/MPa			无侧限抗压强度/MPa			弹性模量/MPa		
		28 天	60 天	90 天	28 天	60 天	90 天	28 天	60 天	90 天	28 天	60 天	90 天
9	饱和静水（J=0）	0.94	1.35	1.65	82.4	113.0	139.7	0.85	1.10	1.47	64.0	106.9	124.1
12		1.68	2.07	2.64	248.9	261.4	278.7	1.59	1.96	2.46	228.7	258.5	270.5
15		2.02	2.59	3.12	543.6	555.3	567.2	1.98	2.38	2.94	489.7	512.8	524.8
9	水力梯度（J=0.1）	0.90	1.08	1.29	86.1	112.4	129.8	0.85	1.01	1.28	73.6	101.2	135.2
12		1.64	2.04	2.37	234.8	297.6	318.5	1.68	1.98	2.28	212.1	287.9	301.5
15		2.10	2.47	2.76	496.0	508.1	519.4	2.14	2.32	2.62	375.1	444.0	467.2

表 3.3.3 室内水泥土搅拌桩渗透试验成果表

水泥掺量/%	成型环境	无外加剂下渗透系数/（cm/s）			膨润土、木钙下渗透系数/（cm/s）		
		28 天	60 天	90 天	28 天	60 天	90 天
9	饱和静水（J=0）	4.08×10^{-5}	8.13×10^{-6}	6.37×10^{-6}	1.16×10^{-5}	6.35×10^{-6}	4.09×10^{-6}
12		5.52×10^{-6}	1.21×10^{-6}	7.54×10^{-7}	1.69×10^{-6}	7.08×10^{-7}	5.32×10^{-7}
15		8.20×10^{-8}	4.20×10^{-8}	2.14×10^{-8}	9.78×10^{-8}	4.61×10^{-8}	1.83×10^{-8}
9	水力梯度（J=0.1）	2.71×10^{-5}	7.45×10^{-6}	6.58×10^{-6}	9.48×10^{-6}	4.28×10^{-6}	3.96×10^{-6}
12		6.59×10^{-6}	1.08×10^{-6}	6.26×10^{-7}	1.54×10^{-6}	9.72×10^{-7}	4.75×10^{-7}
15		1.47×10^{-7}	8.17×10^{-8}	5.77×10^{-8}	9.69×10^{-8}	7.54×10^{-8}	4.28×10^{-8}

水泥土无侧限抗压强度与水泥掺量的关系曲线见图 3.3.1，水泥土弹性模量与水泥掺量的关系曲线见图 3.3.2，水泥土渗透系数与水泥掺量的关系曲线见图 3.3.3。

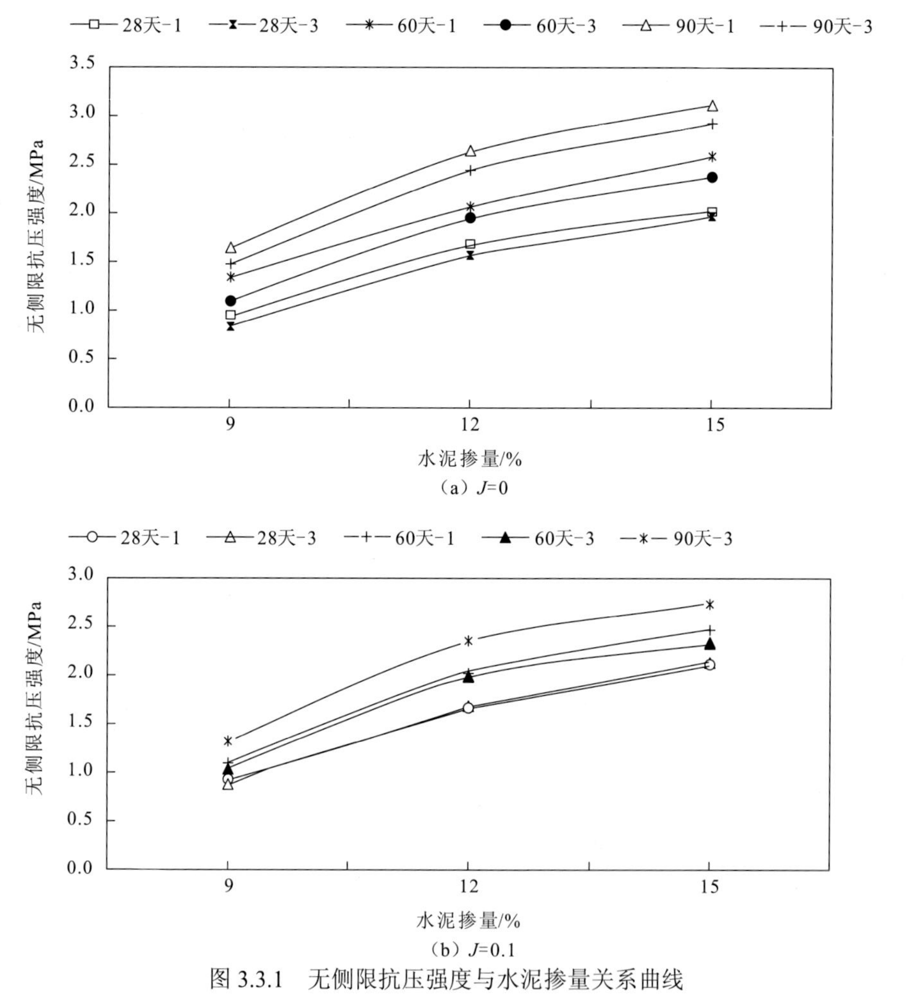

图 3.3.1 无侧限抗压强度与水泥掺量关系曲线

1 表示无外加剂，3 表示掺入膨润土和木钙；J = 0.1 时，缺少 90 天龄期无外加剂的试验数据

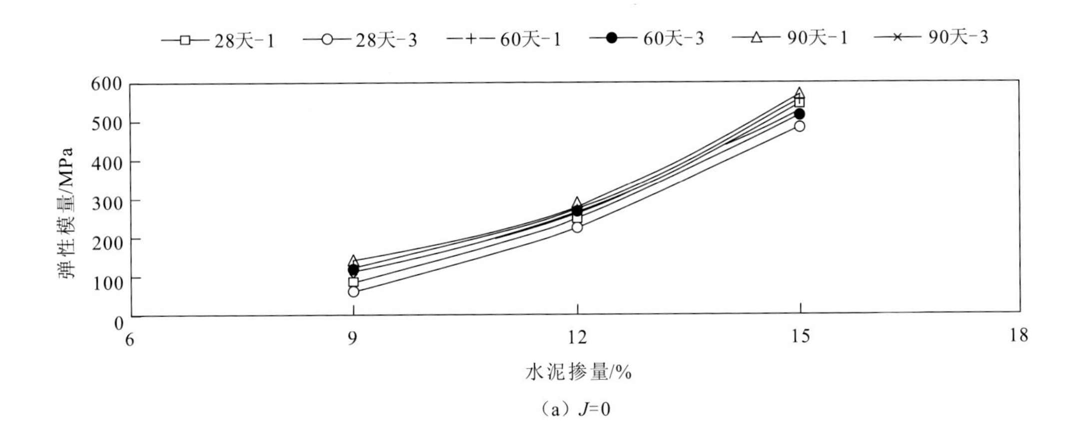

（a）J=0

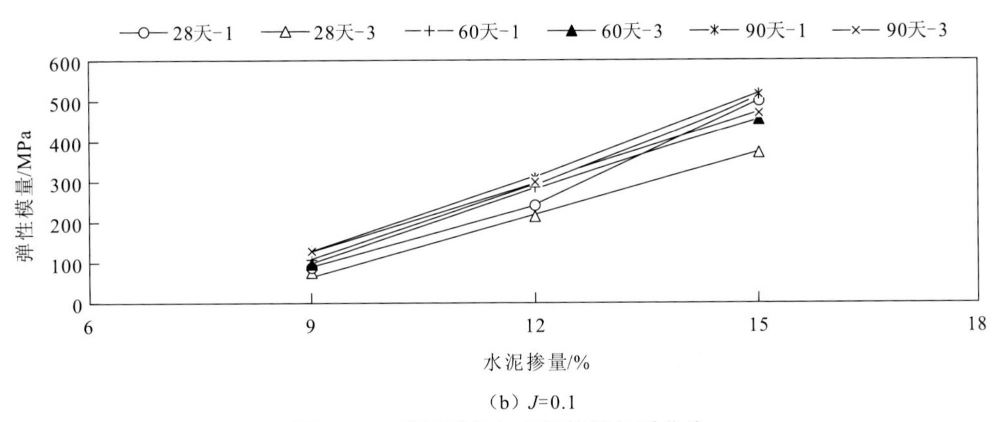

（b）J=0.1

图 3.3.2　弹性模量与水泥掺量关系曲线

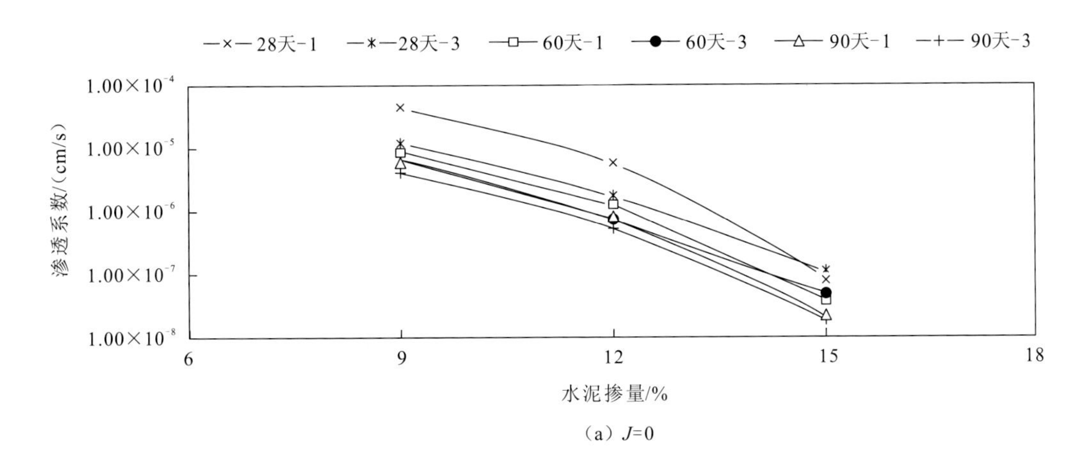

（a）J=0

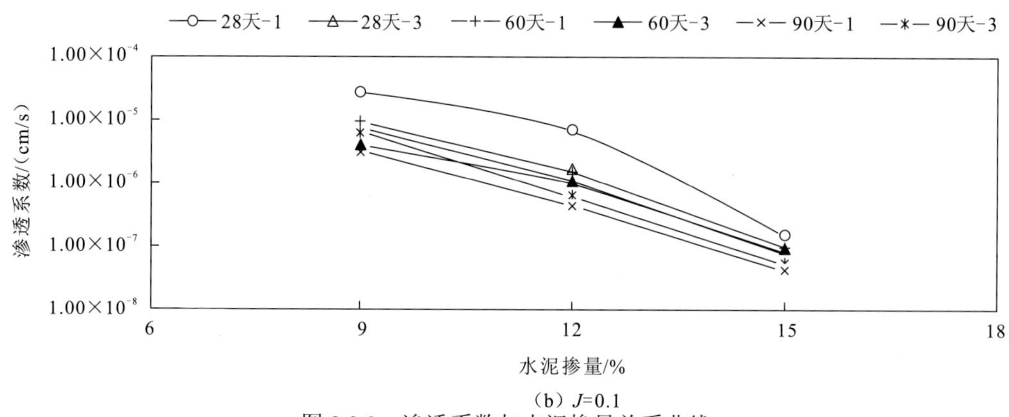

（b）J=0.1

图 3.3.3　渗透系数与水泥掺量关系曲线

由试验得到的水泥土力学特性与水泥掺量的关系曲线表明，两种成型环境及养护条件下，水泥土表现出无侧限抗压强度、弹性模量均随水泥掺量增大而增长的特性；渗透系数随着水泥掺量的增大而减小。

2）外加剂与无侧限抗压强度、弹性模量、渗透系数的关系

在同一水泥掺量条件下，掺入膨润土和木钙的水泥土的无侧限抗压强度、弹性模量、渗透系数较未掺入膨润土和木钙的水泥土的无侧限抗压强度、弹性模量、渗透系数一般略低。

3）水泥土无侧限抗压强度、弹性模量、渗透系数与龄期的关系

水泥土无侧限抗压强度与龄期的关系曲线见图 3.3.4，弹性模量与龄期的关系曲线见图 3.3.5，渗透系数与龄期的关系曲线见图 3.3.6。从关系曲线可以看出：两种成型环境及养护条件下，水泥土呈现出无侧限抗压强度、弹性模量均随龄期增长而增大的规律；渗透系数随着龄期增长而减小。

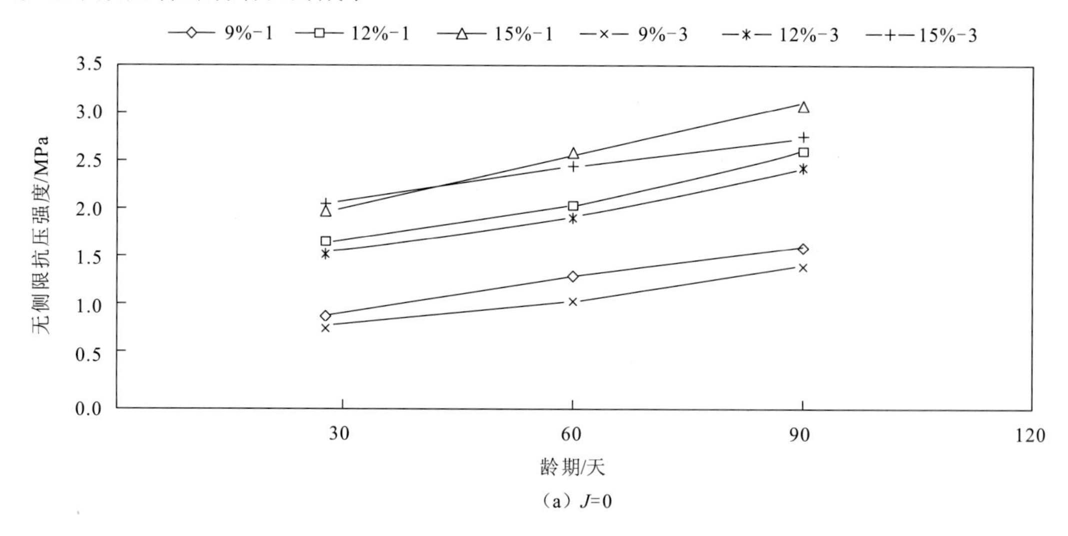

（a）J=0

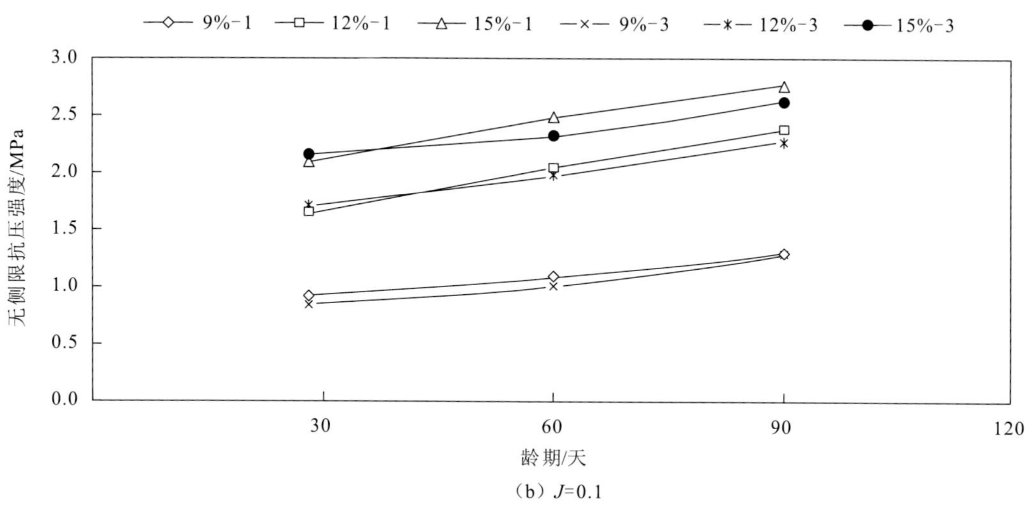

（b）J=0.1

图 3.3.4　无侧限抗压强度与龄期的关系曲线

1 表示无外加剂，3 表示掺入膨润土和木钙

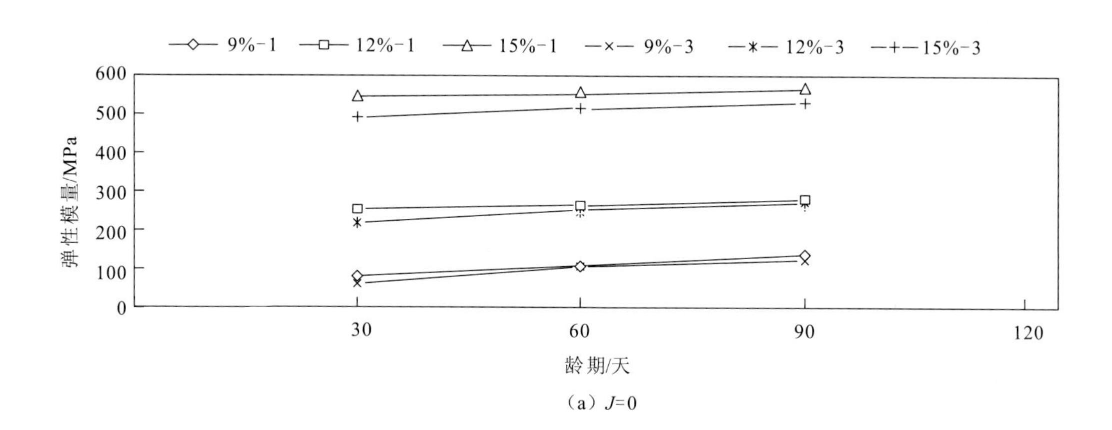

（a）J=0

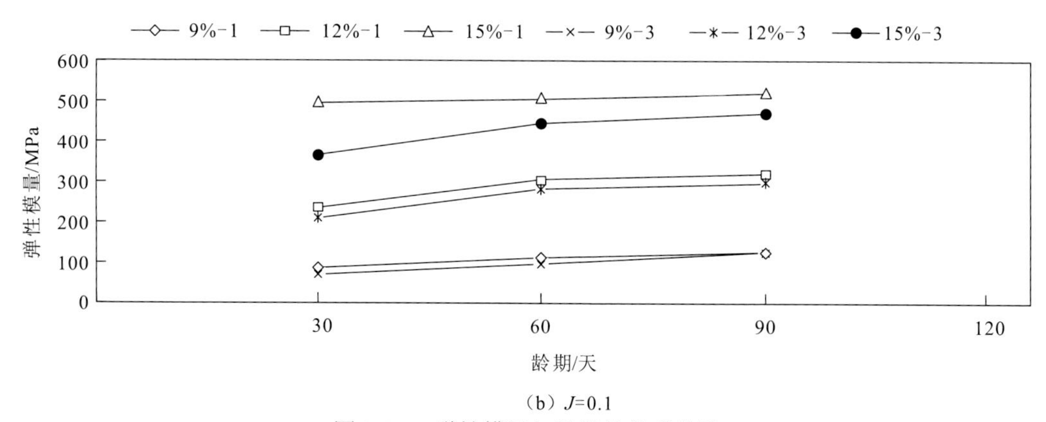

（b）J=0.1

图 3.3.5　弹性模量与龄期的关系曲线

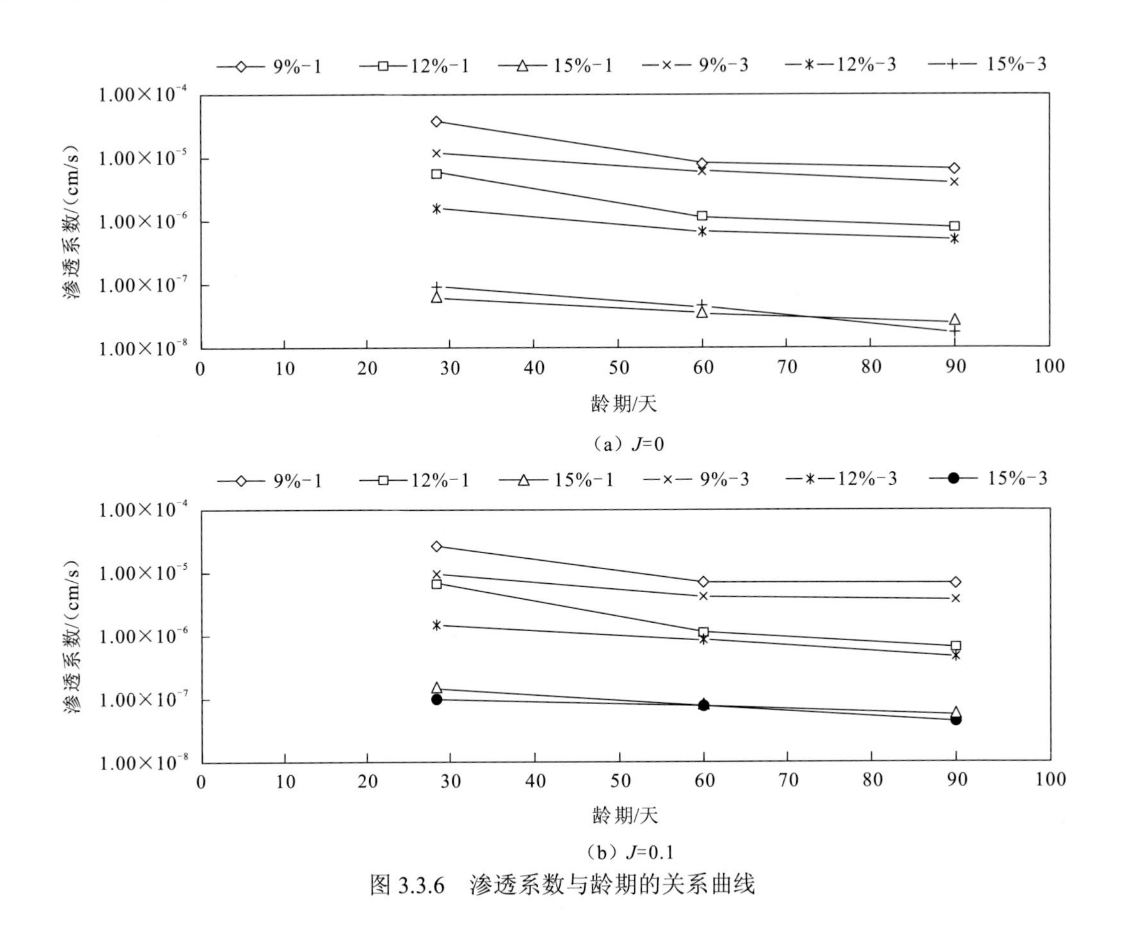

（a）J=0

（b）J=0.1

图 3.3.6　渗透系数与龄期的关系曲线

2. 水泥土单轴压缩应力应变关系曲线

室内水泥土搅拌桩成型试验水泥土应力应变关系曲线见图 3.3.7，从图 3.3.7 可以看

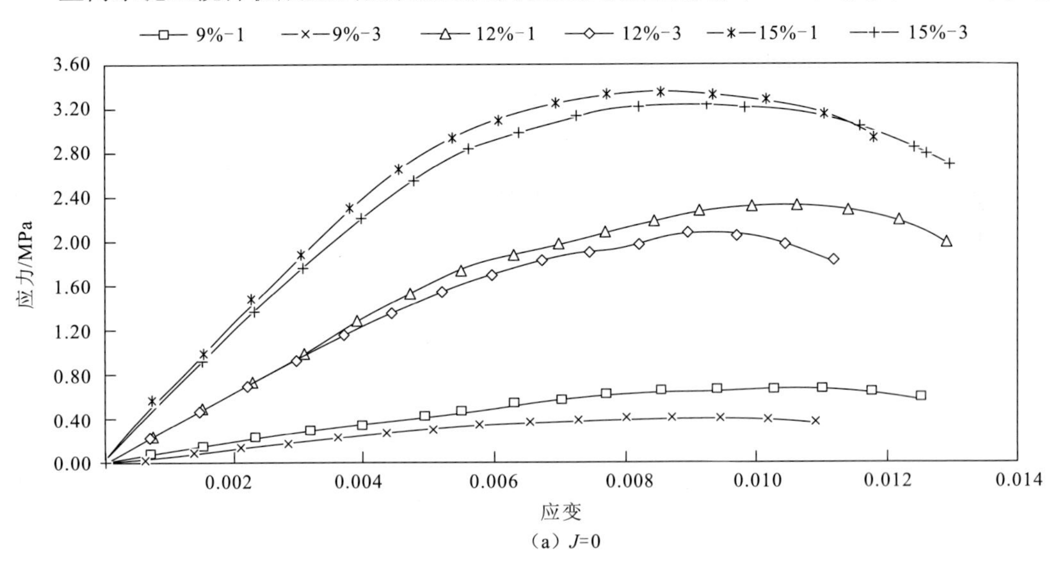

（a）J=0

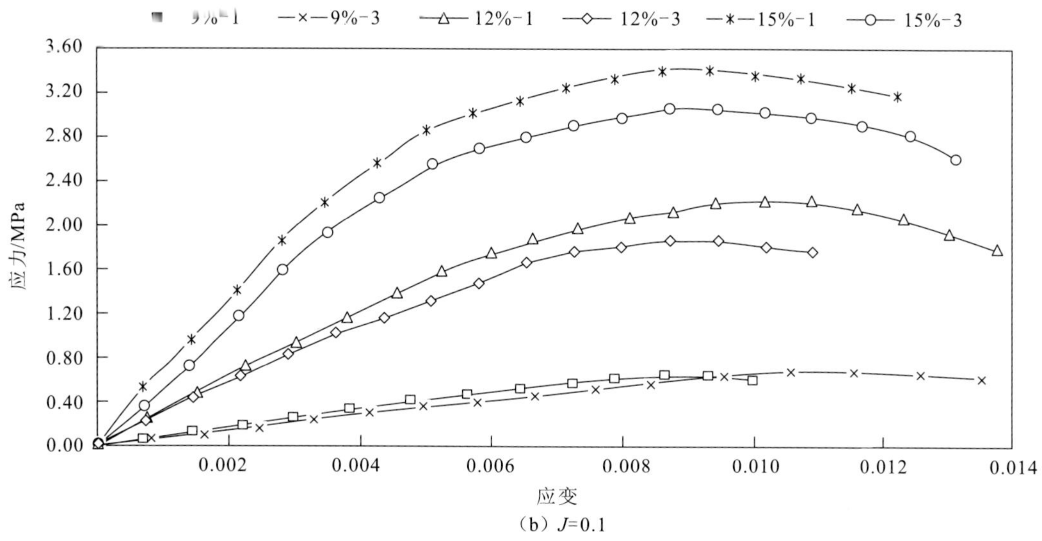

（b）J=0.1

图 3.3.7　室内水泥土搅拌桩成型试验水泥土应力应变关系曲线

出以下规律：①两种成型条件下水泥土弹性模量均随水泥掺量的增加而增大；②相同水泥掺量条件下，未掺外加剂的水泥土弹性模量比掺入外加剂的水泥土弹性模量一般略高；③试件在饱和静水状态下成型及养护的水泥土弹性模量比在水力梯度 J=0.1 状态下成型及养护的水泥土弹性模量一般略高。

分析应力应变关系曲线发现，曲线分为三个阶段。第一阶段为直线段，即弹性变形阶段，这个阶段的屈服应力（或称弹性极限应力）为峰值强度的 50%～80%，与水泥掺量及外加剂有关。第二阶段为塑性变形阶段，在这个阶段水泥土内的缺陷、孔隙引起局部应力集中，从而导致裂纹的稳定扩展，变形加快，当应力达到峰值强度以后就进入第三阶段，即软化阶段。软化阶段变形随应力下降而增长，水泥土内产生大量微裂隙，不稳定扩展，最后导致完全破坏。软化阶段应力下降的多少与水泥掺量有关。从应力应变关系曲线分析得出，随水泥掺量的增加，破坏由塑性向脆性过渡。

3. 水灰比对水泥土力学特性的影响

试验在不同水泥掺量、不同水灰比、两种成型环境条件下，对水泥土龄期 28 天的无侧限抗压强度、弹性模量、渗透系数进行了对比，水泥配合比参数列于表 3.3.4，水灰比对无侧限抗压强度、弹性模量及渗透系数的影响结果列于表 3.3.5，典型的单轴压缩应力应变关系曲线见图 3.3.8。

表 3.3.4　水泥配合比参数表

序号	砂/kg	水泥掺量/%	水灰比	膨润土/kg	木钙
1	1 900	12	1.0	—	—
2				50	为水泥掺量的 0.3%

续表

序号	砂/kg	水泥掺量/%	水灰比	膨润土/kg	木钙
3	1 900	12	0.8	—	—
4			1.3	—	—
5	1 900	15	1.0	—	—
6				50	为水泥掺量的 0.3%
7			1.3	—	—

表 3.3.5　水灰比对无侧限抗压强度、弹性模量及渗透系数的影响

水泥掺量/%	成型环境	水灰比								
		0.8			1.0			1.3		
		无侧限抗压强度/MPa	弹性模量/MPa	渗透系数/（cm/s）	无侧限抗压强度/MPa	弹性模量/MPa	渗透系数/（cm/s）	无侧限抗压强度/MPa	弹性模量/MPa	渗透系数/（cm/s）
12	饱和静水（J=0）	—	—	—	1.68	248.9	5.52×10^{-6}	1.29	186.2	8.70×10^{-6}
15		—	—	—	2.02	543.6	8.20×10^{-8}	1.96	339.7	5.25×10^{-7}
12	水力梯度（J=0.1）	1.42	228.1	7.23×10^{-6}	1.64	235.8	6.59×10^{-6}	1.23	192.2	9.15×10^{-6}
15		—	—	—	2.10	496.0	1.47×10^{-7}	1.83	354.6	7.39×10^{-7}

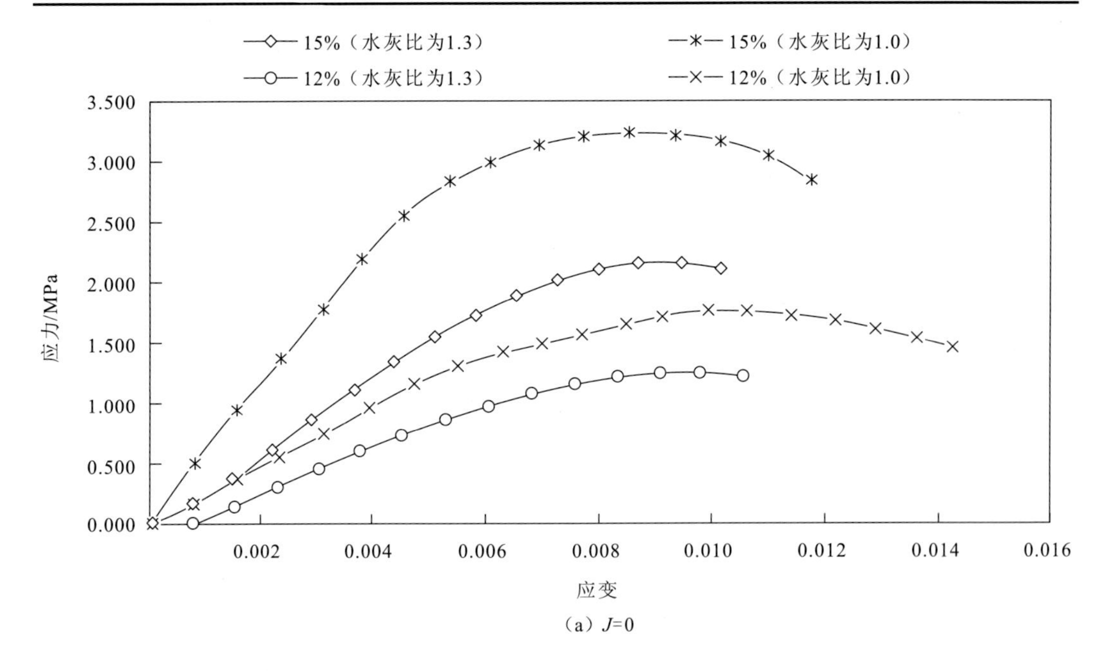

（a）J=0

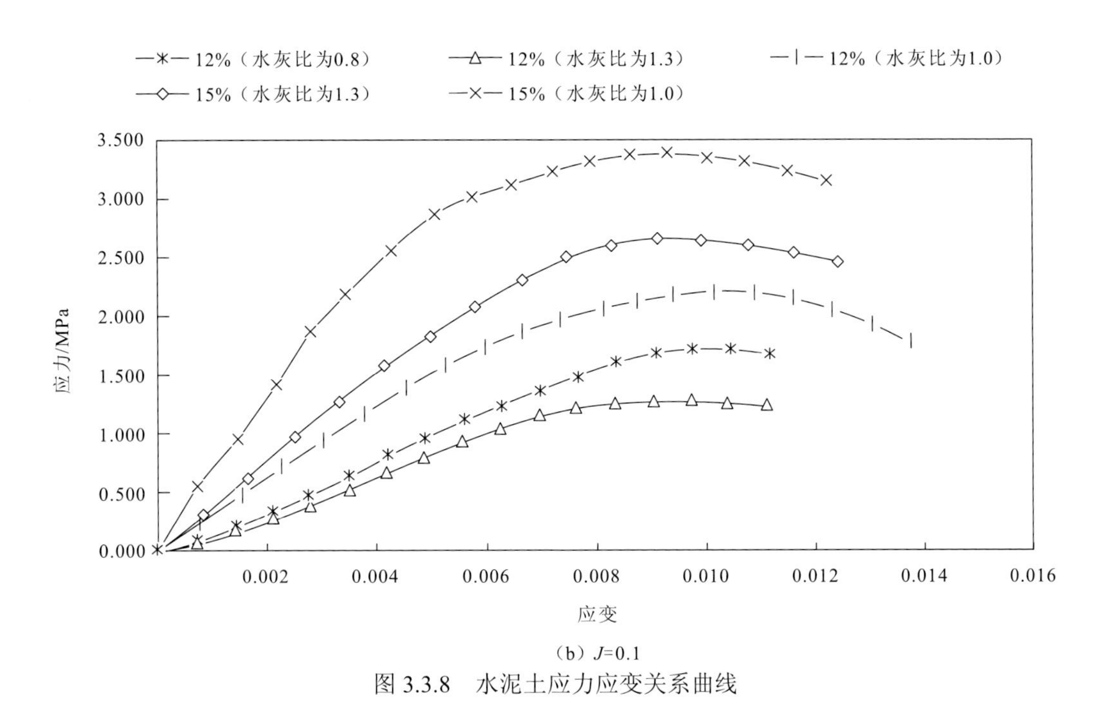

（b）J=0.1

图 3.3.8　水泥土应力应变关系曲线

由表 3.3.5 及图 3.3.8 可知：①在成型环境为饱和静水状态，同一水泥掺量条件下，水灰比为 1.0 较水灰比为 1.3 所成型的水泥土无侧限抗压强度、弹性模量高，渗透系数低；②在成型环境为水力梯度（J=0.1）状态，水泥掺量为 15%条件下，水灰比为 1.0 较水灰比为 1.3 得到的水泥土无侧限抗压强度、弹性模量高，渗透系数低。为了确定最佳水灰比，选用水泥掺量 12%，进行三种水灰比的比较试验，得出水灰比为 1.0 的水泥土无侧限抗压强度、弹性模量较水灰比为 1.3、0.8 的高，其渗透系数水灰比为 1.0 的最低。

3.3.3　现场水泥土搅拌桩试验桩施工配合比的确定

根据水泥土搅拌桩施工的具体情况，对水泥土的配合比进行优化，主要目的是针对不同砂层及其天然含水率状态，找出适应于不同砂层天然状态搅拌均匀的水灰比，以及满足施工要求的水泥掺量。根据室内试验结果的分析，推荐现场水泥土搅拌桩试验桩按水灰比为 1.0、水泥掺量为 15%进行施工。

3.3.4　水泥土搅拌桩施工参数及桩体强度、压水试验

1. 主要工艺及技术要求

1）技术参数指标

根据室内配合比试验确定的最佳水泥掺量，在坝址下游左岸滩地上进行水泥土搅

拌桩承载能力试验、成桩工艺试验，以确定合理的施工工艺，包括可搅拌深度、施工中容易出现的问题及措施等。对部分试验桩抽芯取样，进行强度、变形及承载能力试验，提出了实际强度、变形与室内相应指标的关系。

现场实施了两种桩径（60 cm、80 cm）、三种桩长（8 m、12 m、15 m），共 35 根水泥土搅拌桩，平面布置见图 3.3.9。

（1）水泥掺量为 15%（以处理土体重量为准），水泥采用 33.5#硅酸盐水泥，灰浆的水灰比为 1.0。

（2）桩身垂直偏差不大于 1%；桩位偏差不大于 50 mm；桩径偏差不大于 4%；桩顶标高应超过 500 mm。

（3）拌制水泥浆：按有关参数确定水泥土搅拌桩的水、水泥用量。严格控制好水泥浆的相对密度，每次拌制的浆量要求大于 200 L。供浆必须连续输送，一旦中断，应将旋喷管下沉于停供点以下 0.2 m，待恢复供浆时再搅拌提升，当因故停机超过 0.5 h 时，将钻头提出地面，并应妥善清洗本体和输浆管路及钻杆。

（4）下钻及喷浆：下沉钻进时，启动灰浆泵及时喷浆至设计深度后稍停数秒再提升，至设计高度时再提升移位。在喷浆过程中，若孔口不返浆，适当加大注浆压力，若孔口返浆过大，再次调整注浆压力。

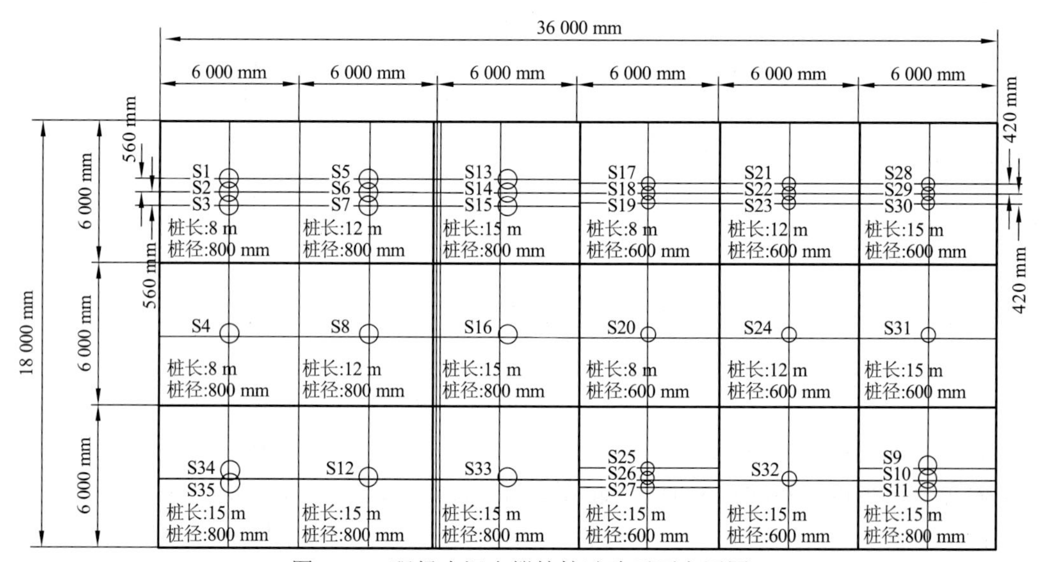

图 3.3.9　现场水泥土搅拌桩试验平面布置图

S1 等为水泥土搅拌桩编号

（5）施工记录：严格按实际情况记录，严禁做“回忆录”式的记录，每完成一根水泥土搅拌桩时，施工人员在记录上签字，并将其交给技术人员。

（6）水泥浆的配合比要准确，禁止在拌制完毕的浆液中加水或水泥，过滤网不得有破洞。

（7）喷浆的均匀性：严格控制钻杆下沉及提升的速度，喷浆前检查喷浆是否畅通，避免漏喷的现象发生。应注意储浆桶内浆液的均匀性和连续性，喷浆搅拌时不允许出现输浆管道堵塞或爆裂现象。

2）施工质量的控制

为了保证水泥土搅拌桩的施工质量，在施工中严禁使用结块、过期水泥，不同品种水泥不可混用，每批水泥应有出厂质保单；水泥数量较大时，应按一定比例抽样自检。应严格控制水灰比，采用比重计法现场测定水泥浆浓度，散装水泥应过磅，不能目估。

除严格控制水泥和水泥浆的质量外，在施工过程中还应采取以下措施，以确保桩体的施工质量。

（1）随时查看吊锤是否在桩机的中心，以保证成桩垂直度的误差不大于 1.5%。

（2）经常测量钻头的直径，确保钻头直径满足成桩要求，保证桩之间的有效搭接厚度。

（3）避免常规泥浆泵进出浆阀体关闭不严造成假送浆，确保浆液正常、有效输送。

（4）当地层出现不均匀现象、喷浆压力衰减较大或孔口不返浆时，减慢或停止提升、静压回灌，或者增大泵的排量。

（5）喷浆压力增大时，检查喷管有无堵塞。

3）施工工艺分析及建议参数

桩身内力随着深度增加而减小，所受到的侧向应力随着深度增加而增大，而水泥土搅拌桩的强度随水泥掺量的增加而增大，因此，理想的水泥掺量应沿桩身逐渐减小，以使全桩长范围内桩身强度达到基本相同的发挥程度。考虑到施工的可能性，在近地表的一定深度范围内进行复喷搅，提高水泥掺量和强度是合理的。

根据摩擦桩应力沿桩身表面的分布规律，在施工中可采用变水泥掺量的方法（特别是桩长大于 10 m 的情况），上段桩（1/2 桩长）水泥掺量可增加 2%～4%，下段桩水泥掺量可减少 3%～5%，这样既能保证桩体强度，又可节省工程的总造价。

大量的研究资料表明，对于一定的水泥掺量，搅拌次数及其均匀性是影响桩身质量、加固土体强度的关键。除了机具设备等的影响之外，施工工艺是影响均匀性的一个最重要的因素。全程喷浆比单程喷浆的均匀性好。在机械转速恒定的情况下，升降速度小则意味着单位桩长内搅拌次数增加，因此其均匀性较好。复搅对水泥土搅拌桩的强度提高起到了很大的作用，复搅的作用在于通过充分搅拌，水泥浆与被加固土体得到比较完全的混合，促使桩体的充分形成。同时，钻头喷出的水泥浆往往呈脉冲状，如不进行充分搅拌，水泥浆在桩中呈层状，形成一种“夹层”，对桩体的强度极为不利。考虑到施工工效，在实际施工中建议采用 50～70 cm/min 升降速度、全程喷浆、全程复搅的施工工艺。

保证水泥土搅拌桩质量的关键，除了设计计算正确以外，主要在于施工中合理的工艺流程，均匀注浆和充分搅拌，保证桩体均匀密实，以使加固后的复合地基承载力和沉降量满足设计要求。

结合已有的施工经验，建议复合地基搅拌成桩施工采用的升降速度为 0.5～0.7 m/min，水泥浆压力为 1.2～1.6 MPa，空压机压力为 0.5～1.3 MPa，水泥掺量为 13%～

15%，全程喷浆。

在施工过程中应注意水泥土搅拌桩在施工到顶端 0.3～0.5 m 范围时，因上覆土压力较小，搅拌质量较差的问题，其场地平整面高程应比设计确定的基底高程高出 0.3～0.5 m，桩体施工到平整面高程、待开挖基坑时，再将上部 0.3～0.5 m 桩身质量较差的桩段挖去。基础埋深较大时，取下限；反之，则取上限。宜用流量泵控制输浆速度，使注浆泵出口压力保持在 0.4～0.6 MPa，并应使搅拌提升速度与输浆速度同步。目前我国的深层水泥土搅拌桩施工监控系统比较落后，钻头升降与供料系统为非联动操作，加上堵管等影响，单位桩长的供浆量不准确，常常造成沿桩长方向的水泥掺量发生较大的变化，易出现夹泥、缩颈甚至断桩现象。

2. 试验桩抽芯强度及压水试验

1）水泥土物理力学参数

采用工程勘察钻机定位、钻孔、取芯，对芯样进行固化体的强度、变形参数试验和渗透试验（28 天龄期、90 天龄期各 1 组）。试验发现抗压强度、变形模量与取芯深度之间不存在线性或其他相关关系，数值的离散性比较大，试验桩存在不均匀性，出现这种现象有多方面的原因，包括水泥的实际掺量、搅拌的均匀程度、不同部位土层性状的差异等，其主要原因是搅拌提升速度与输浆速度的非同步性。

在理论上普遍把 3 个月龄期的强度作为水泥土检验的标准强度，虽然水泥土的强度增长与混凝土有共性之处，但在实际工程中，在自然环境下，特别是在桩身处于较深软土层的情况下，抽芯试验常产生偏差，有些桩段甚至难以取芯。其主要原因是在施工过程中，在各种技术参数（包括提升速度、搅拌速度、浆液流量等）基本一致的情况下，仍存在上、下段的不一致，甚至出现相差较大的情况。应当说，自然环境条件（土层、埋深、含水率、地温等因素）的不同对水泥土达到同等强度的时间有较大的影响，也就是说，龄期强度难以真正描述整根桩水泥土强度的增长情况。

水泥土的防渗性能良好，龄期 28 天除个别芯样的渗透系数为 2.99×10^{-6} cm/s，属微透水外，其他芯样的渗透系数均在 10^{-8}～10^{-7} cm/s，属不透水。龄期 90 天的渗透系数均 $<10^{-7}$ cm/s，属不透水。

现场抽芯抗压强度的试验结果主要分布在 2～6 MPa，变形模量的试验结果分布在 200～800 MPa；但是在抽芯过程中，存在局部桩段取不上芯样的现象，即存在夹泥等薄弱环节，制约水泥土搅拌桩承载力的发挥。因此，考虑到桩体强度的离散性及抗压强度与变形模量之间的对应关系，建议抗压强度、变形模量分别采用 2～2.5 MPa、200～250 MPa。

2）芯样三轴强度试验

对芯样进行了三轴固结排水试验，试验在 SY250 型三轴压缩仪上进行，试样分别在 0.1 MPa、0.4 MPa、0.7 MPa 围压下固结排水，试验剪切速率为 0.048 mm/min。

由于水泥土的渗透系数很小，且孔隙不连通，测定其固结剪切过程中体积的变化时，仅仅考虑试样排出的水的体积是不够的，还应考虑其孔隙的压缩量。为了能够较准确地测得试样体积的变化，试验采用传感器测定了试样在剪切过程中的体积变化。试验成果及试验参数见表 3.3.6、表 3.3.7。

表 3.3.6　三轴固结排水试验成果表

密度γ/（g/cm^3）	围压 σ_3/MPa	峰值主应力 σ_1/MPa	初始切线模量 E_i/MPa	黏聚力 C_{CD}/MPa	内摩擦角 φ_{CD}/（°）	非线性强度初始摩擦角 φ_0/（°）	非线性强度增量摩擦角 $\Delta\varphi$/（°）
1.81	0	4.444	2 190.0	1.041	44.1	74.5	18.6
1.91	0.1	5.429	2 633.0				
1.89	0.4	6.925	5 111.2				
1.97	0.7	9.077	6 460.1				

表 3.3.7　三轴固结排水试验参数表

参数	切线模量数 K	切线模量指数 n	体积模量数 K_b	体积模量指数 m	试验常数 F	初始切线泊松比 G	破坏比 R_f	试验常数 D
值	2 643.1	0.465	1 670.0	0.001	0.015	0.116	0.413	32.0

应力应变特性如图 3.3.10 所示，由应力应变、轴向应变体应变关系曲线可以看出，水泥土芯样的应力应变特性具有以下两个特点：①随着轴向应变的增加，剪应力 q 的增长量减小；应力应变关系一开始虽具有近似于线弹性性质，但随着围压的加大，其切线斜率增大，峰值强度有明显的提高，其破坏轴向应变也相应增大。②随着轴向应变的增加，体应变开始增加，表现了水泥土在剪切过程中的剪缩性。当轴向应变增加到一定程

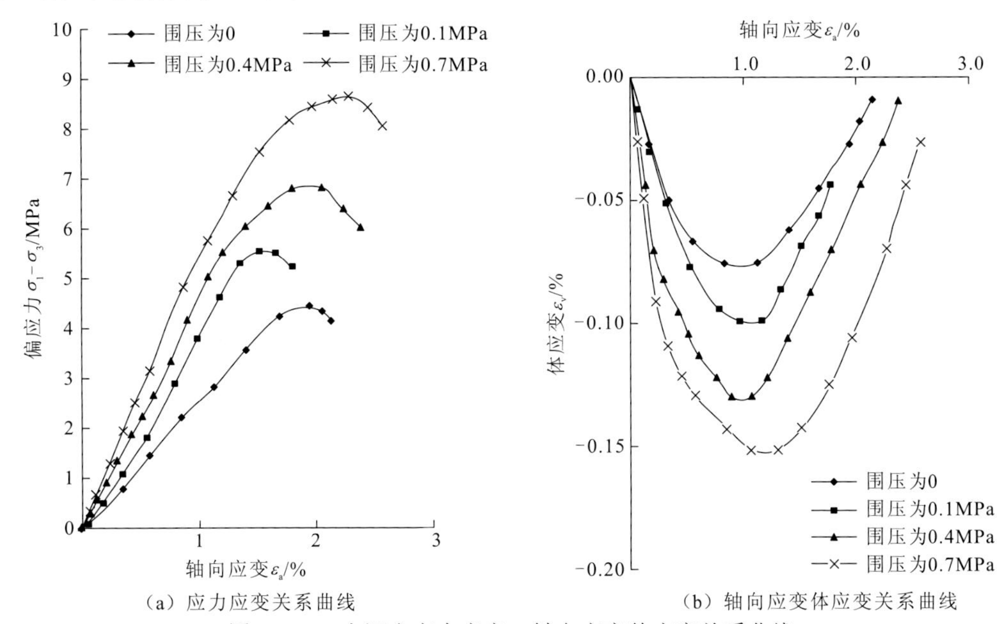

图 3.3.10　水泥土应力应变、轴向应变体应变关系曲线

度后，无论围压高低，水泥土的应力应变特性均呈现明显的剪胀性，但随着围压的增加，其剪胀性明显减弱。

对于强度特性，水泥土具有较高的抗剪强度。根据莫尔-库仑（Mohr-Coulomb）强度准则，整理抗剪强度指标可得内摩擦角φ'和黏聚力 C'，但应注意到强度包线以直线表示有很大的近似性，实际强度包线有明显的弯曲现象。对于同一组水泥土试样，随着围压的增高，其黏聚力 C'增大，而内摩擦角φ'减小，具有非线性特性。强度包线如图 3.3.11 所示。

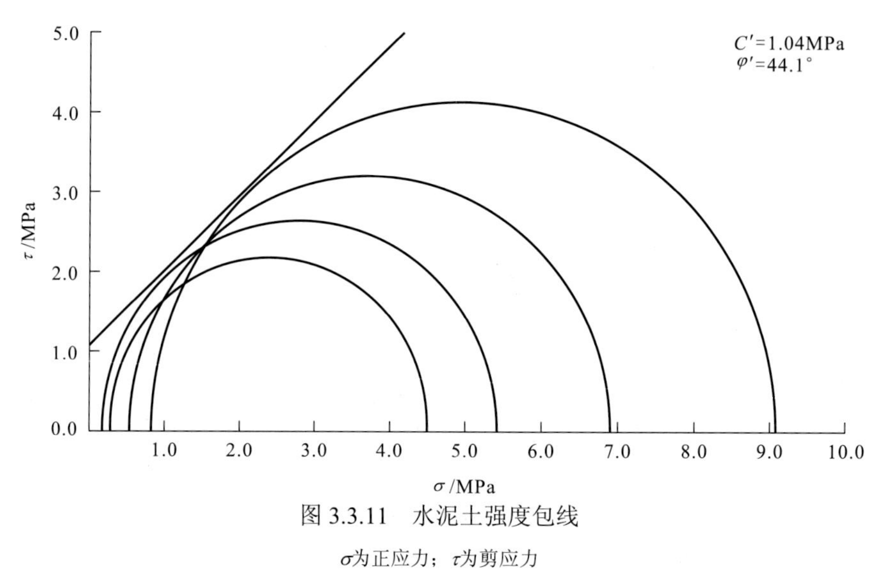

图 3.3.11　水泥土强度包线

σ为正应力；τ为剪应力

3）水泥土搅拌桩钻孔压水

水泥土搅拌桩压水试验，主要测定水泥土搅拌桩的透水性。选择试验部位主要从两方面考虑：①选择连体桩，检测两桩体搭接部位的透水性；②选择连体桩，检测桩体透水性。试验主要选择了三连体桩 S13、S14、S15 和 S9、S10、S11 进行压水试验。

钻孔压水试验随钻孔的加深自上而下用单塞分段进行，压水试验长度定为每段 2 m。

水泥土的渗透系数主要取决于原状土的性能、水泥掺量、搅拌均匀度、初始含水量等因素。在试验条件下，水泥土的渗透系数在 10^{-7}～10^{-5} cm/s，基本属于不透水，说明坝址区粉细砂层的水泥土具有较好的隔水性能，桩身的渗透性比较均匀，桩身搭接处的渗透系数均小于桩身的渗透系数，搭接效果较好。

3.3.5　水泥土搅拌桩载荷试验

1. 试验方法

对于承受垂直荷载的水泥土搅拌桩，静载试验是最可靠的质量检验方法。水泥土搅拌桩复合地基，进行竖向静载试验，包括单桩试验和单桩复合地基试验。针对地基处理拟采用的格栅状深层水泥土搅拌桩处理方法，试验桩桩型采用单桩和连体桩两种，每种桩型分别选用两种桩径、三种桩长进行水泥土搅拌桩载荷试验，共 13 组，见表 3.3.8。

表 3.3.8　试验桩竖向载荷试验统计表

桩型	试验桩编号	桩径/mm	桩长/ m	水泥掺量/%
三连体桩	S17、S18、S19	600	8	15
	S21、S22、S23		12	
	S28、S29、S30		15	
	S1、S2、S3	800	8	
	S5、S6、S7		12	
	S13、S14、S15		15	
单桩	S20	600	8	15
	S24		12	
	S31		15	
	S4	800	8	
	S8		12	
	S16		15	
二连体桩	S34、S35	800	15	12

由于水泥土搅拌桩的单桩承载力较低，根据试验荷载和现场条件，试验采用压重平台反力装置。

加载装置选用油压千斤顶，试验桩顶铺垫 1～2 cm 的薄层细砂以达到找平的目的，然后在桩顶与油压千斤顶之间放置一块承压垫板，其形状、大小与试验桩一致。采用油压千斤顶的压力表测定油压，再根据油压千斤顶率定曲线换算成荷载。沉降量采用百分表测量。

试验要点如下。

（1）承压板尺寸：对应于 800 mm、600 mm 桩径的三连体桩，分别为 800 mm×2 000 mm、600 mm×1 500 mm，对应于 800 mm、600 mm 桩径的单桩，分别为ϕ800 mm、ϕ600 mm，板厚度为 25 mm。

（2）试验桩制作：试验桩顶部 30～50 cm 桩帽凿除，并用高标号砂浆将桩顶抹平。

（3）载荷试验的桩体强度宜在成桩 28 天后进行测量。

（4）荷载平台自重应为估算最大加荷量的 1.2 倍。

（5）安放 2～3 个位移测试仪表。

（6）试验加载方式：采用慢速维持荷载法，按一定要求将荷载分级加到试验桩上，每级荷载维持不变直到桩顶下沉量的增量达到某一规定的相对稳定标准，然后再继续加下一级荷载。当达到规定的终止试验条件时，停止加荷载，再分级卸荷直至零载。

2. 试验成果

根据试验成果分别绘制不同桩径、桩长的三连体桩、单桩、二连体桩的 P（荷载）-S（沉降量）曲线、S-lg$P$ 曲线，见图 3.3.12～图 3.3.14。各试验桩型极限承载力、容许承载力见表 3.3.9。

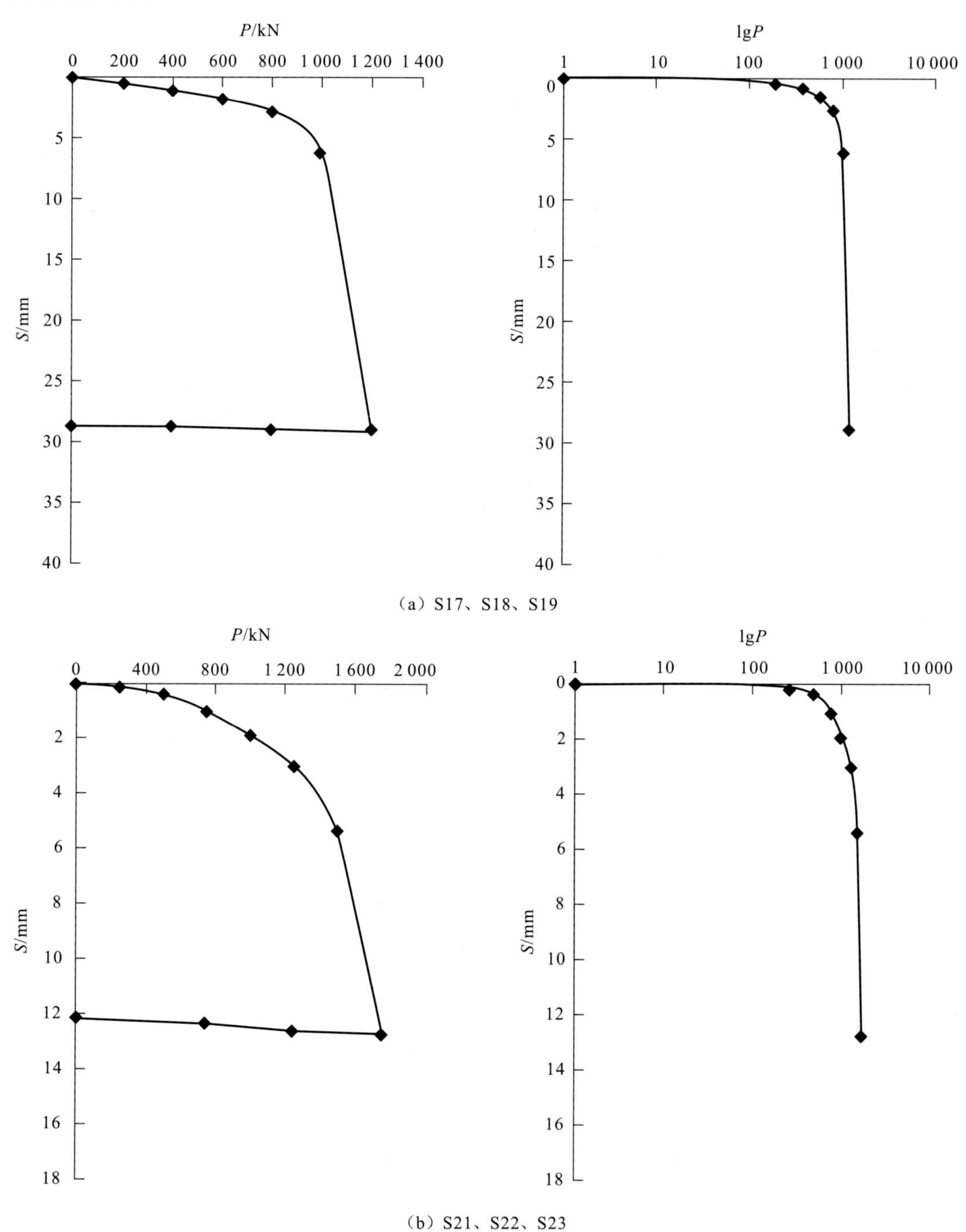

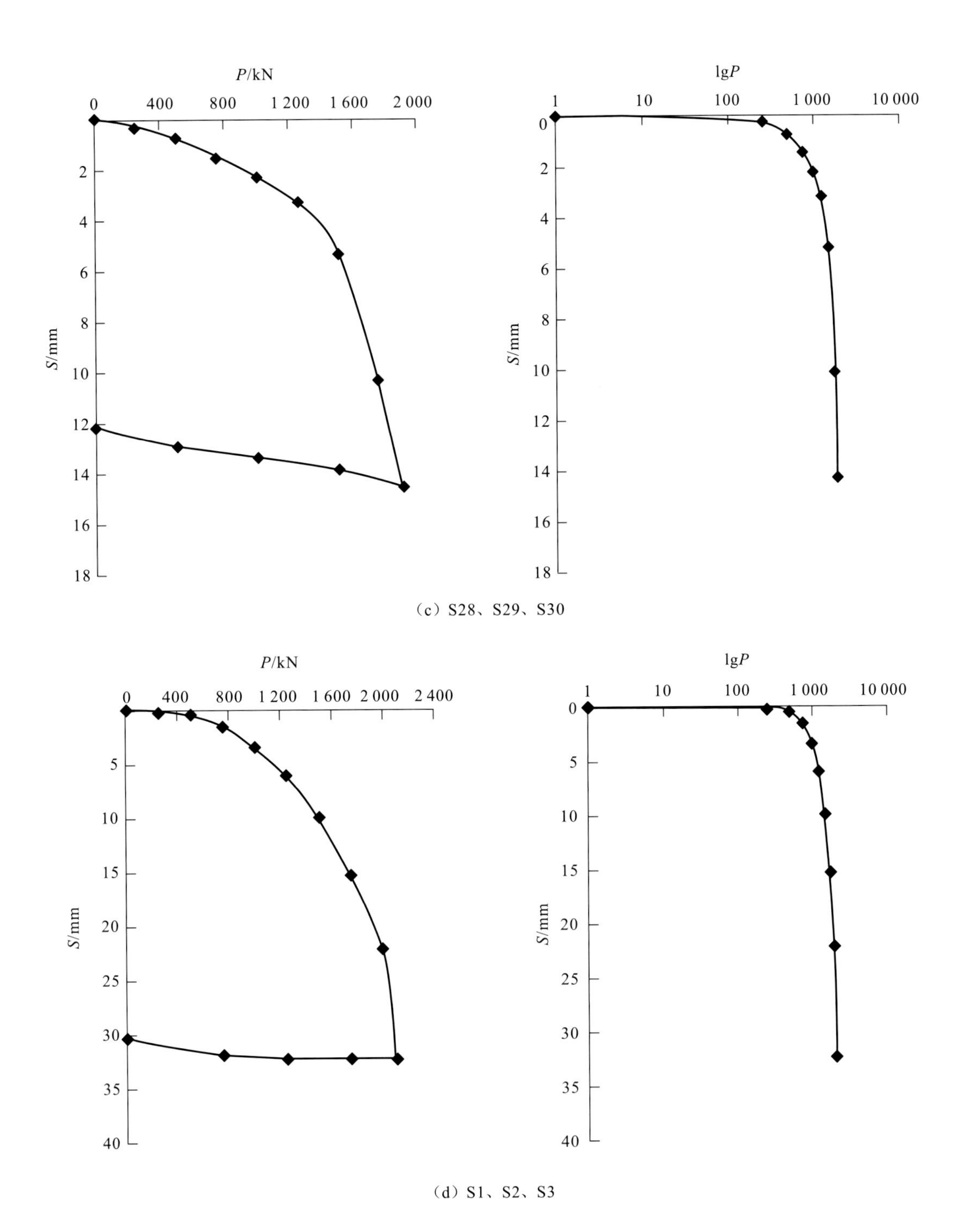

（c）S28、S29、S30

（d）S1、S2、S3

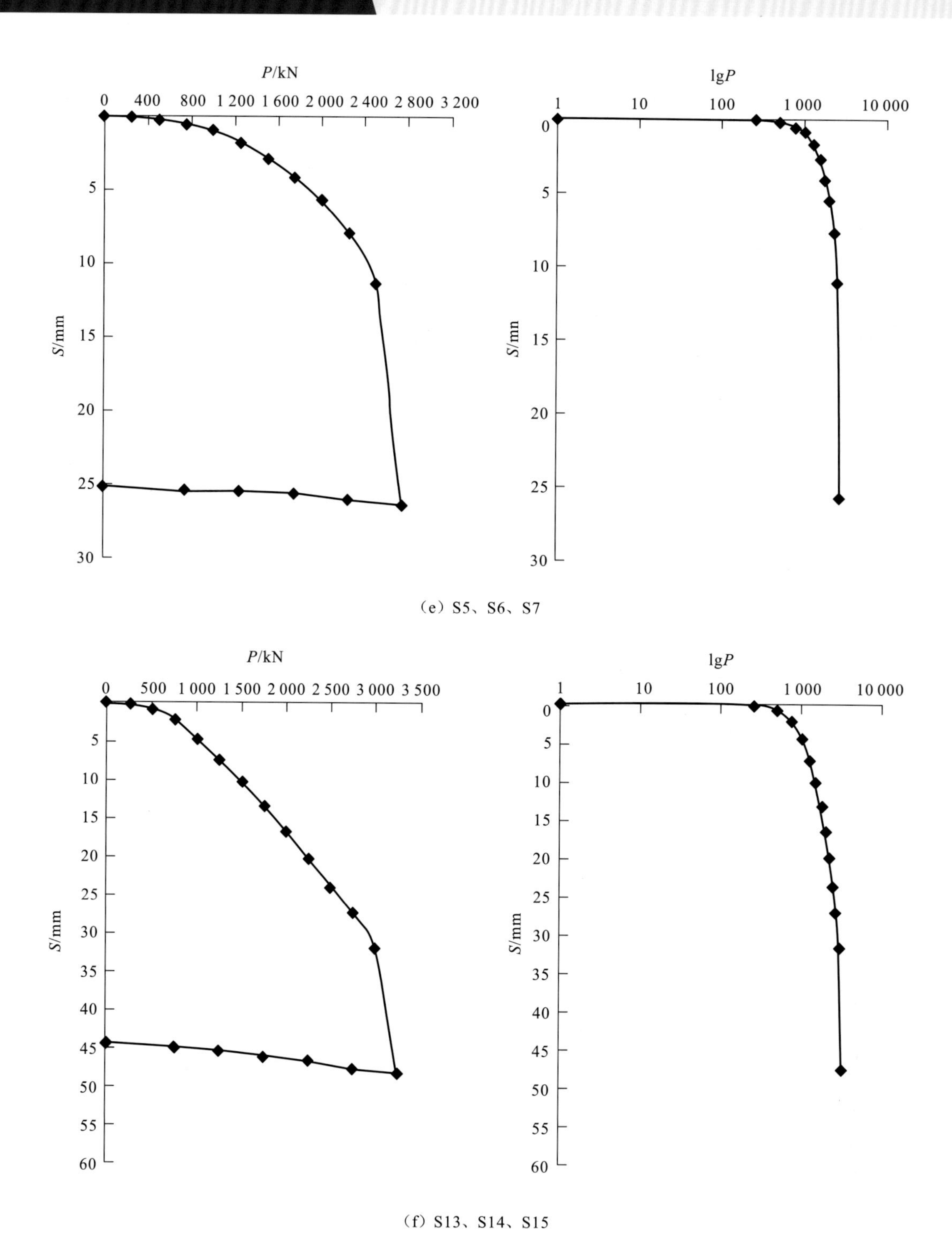

图 3.3.12　三连体桩的 *P*-*S* 曲线、*S*-lg*P* 曲线

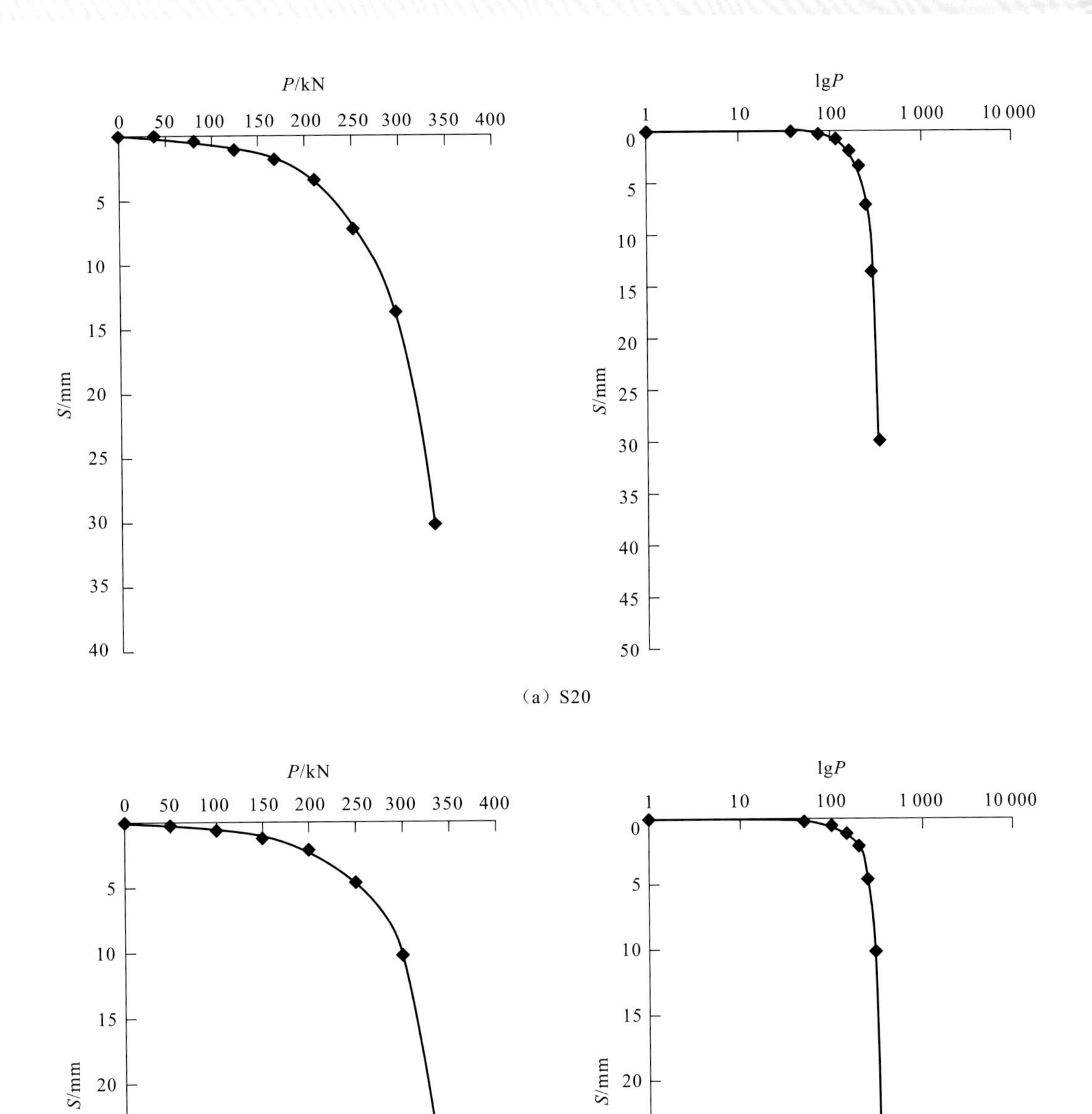
P/kN
0 50 100 150 200 250 300 350 400
S/mm
5 10 15 20 25 30 35 40
lgP
1 10 100 1 000 10 000
0 5 10 15 20 25 30 35 40 45 50

（a）S20

P/kN
0 50 100 150 200 250 300 350 400
S/mm
5 10 15 20 25 30 35 40
lgP
1 10 100 1 000 10 000
0 5 10 15 20 25 30 35 40

（b）S24

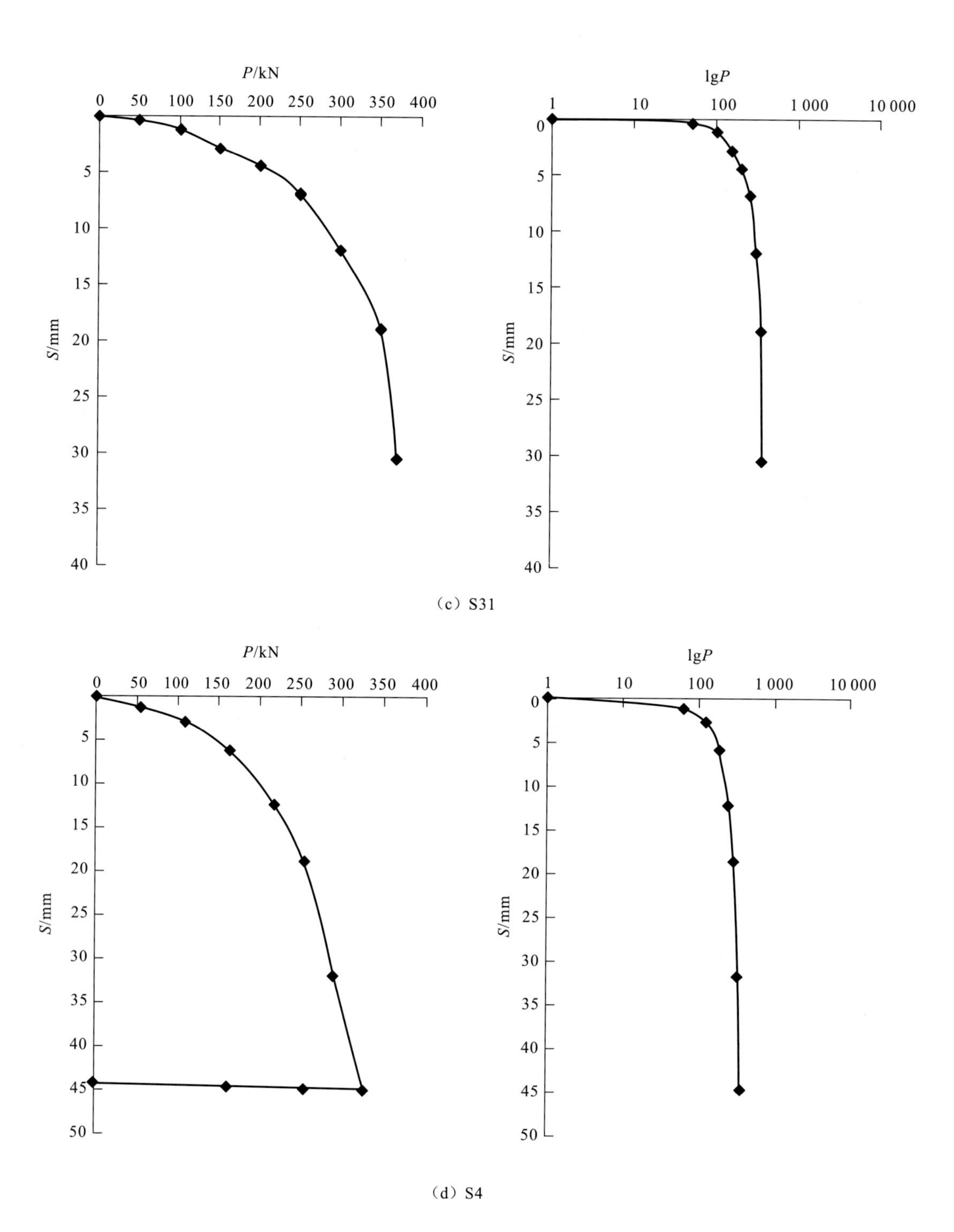
P/kN
0
50
100
150
200
250
300
350
400
S/mm
5
10
15
20
25
30
35
40
lgP
1
10
100
1 000
10 000
0
5
10
15
20
25
30
35
40
45
50

（c）S31

（d）S4

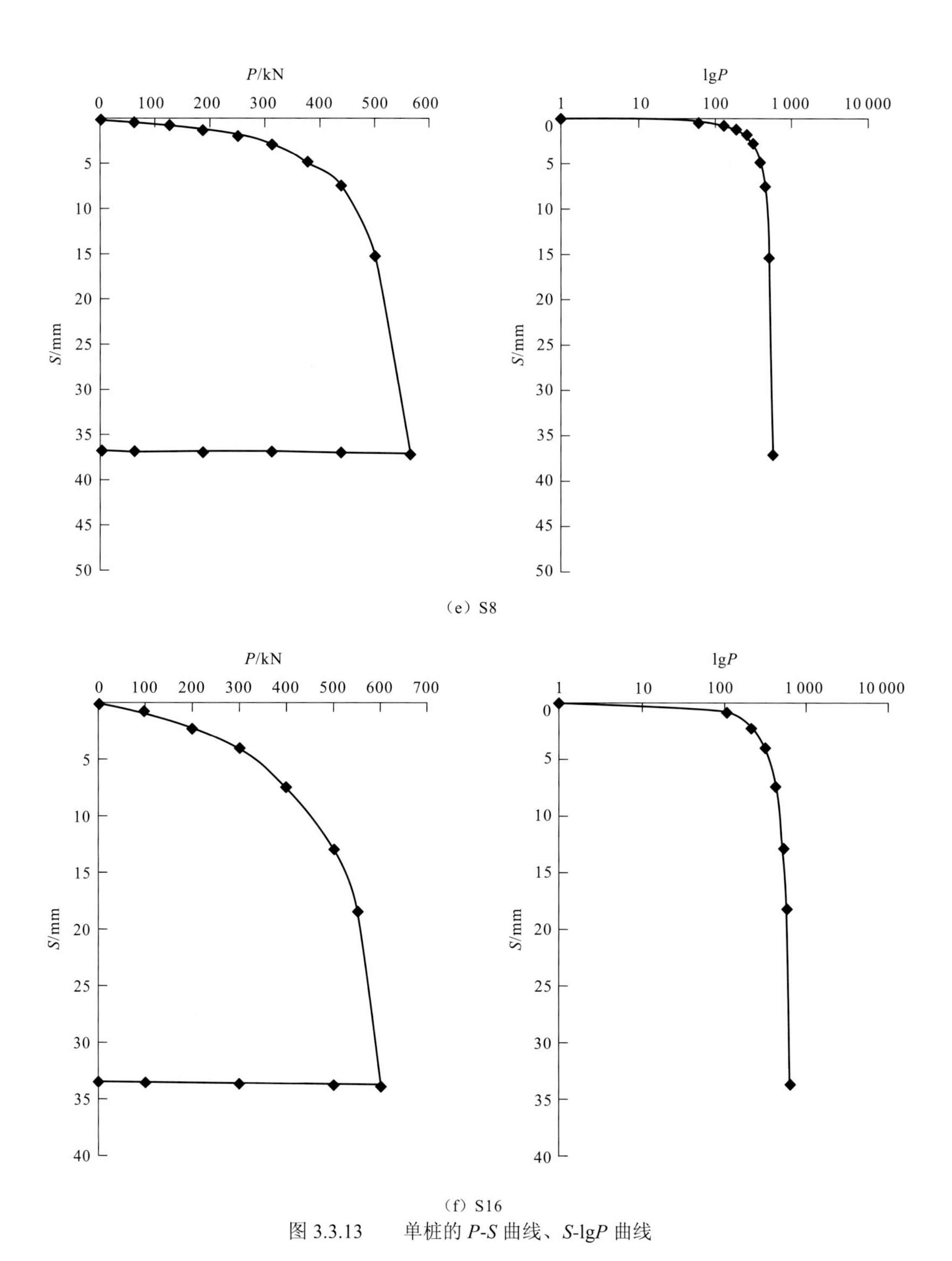

(f) S16

图 3.3.13　单桩的 P-S 曲线、S-lg$P$ 曲线

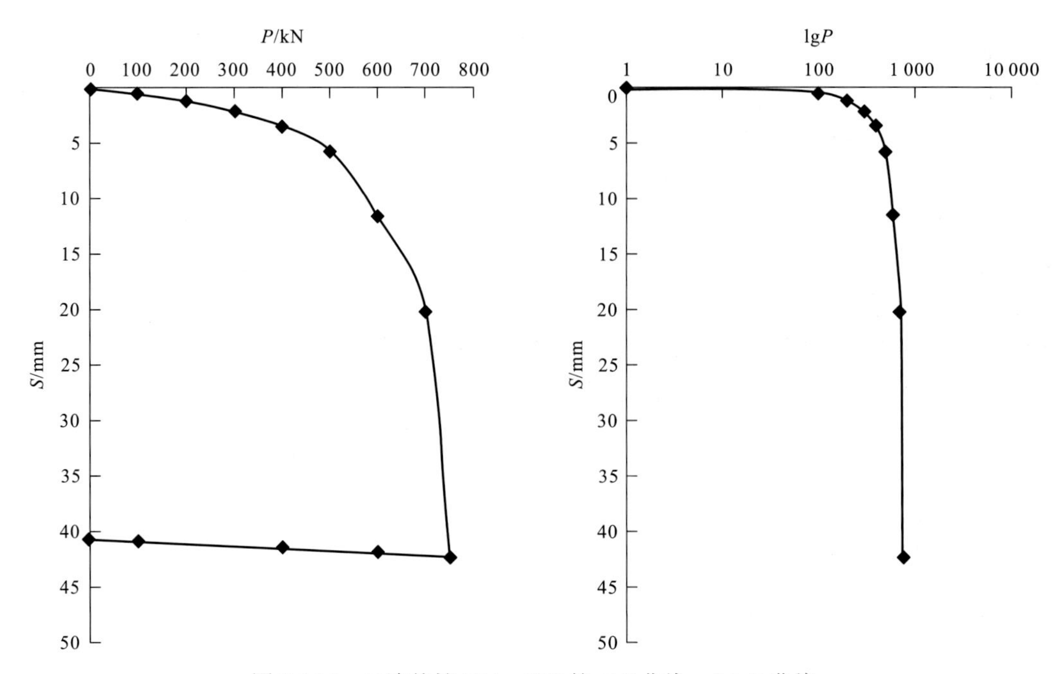

图 3.3.14　二连体桩 S34、S35 的 *P*-*S* 曲线、*S*-lg*P* 曲线

表 3.3.9　各试验桩型极限承载力、容许承载力一览表

桩型	试验桩编号	桩径/mm	桩长/m	极限承载力/kN	容许承载力/kN	极限承载力的相应沉降量/mm	水泥掺量/%
三连体桩	S17、S18、S19	600	8	1 000	500	6.29	15
	S21、S22、S23		12	1 250	625	5.34	
	S28、S29、S30		15	1 500	750	7.03	
	S1、S2、S3	800	8	2 000	1 000	22.16	
	S5、S6、S7		12	2 500	1 250	11.34	
	S13、S14、S15		15	2 750	1 375	31.86	
单桩	S20	600	8	290	145	10	15
	S24		12	300	150	10.1	
	S31		15	350	175	18.9	
	S4	800	8	320	160	31.91	
	S8		12	500	250	10	
	S16		15	550	275	15	
二连体桩	S34、S35	800	15	700	350	20.07	12

1）形式

水泥土搅拌桩由于其桩身强度较低，承载力一般由水泥土强度和土对桩的支承力这两个因素决定。这与混凝土桩的承载力表征不一样，一般混凝土桩的承载力是由土对桩

的支承力决定的，桩身强度往往不能充分发挥，因此水泥土搅拌桩没有表现出高于灌注桩的承载力，其主要原因是桩身强度低，水泥土弹性模量也较低，试桩时容易出现材料破坏或桩身压缩量大的现象，从而导致桩顶沉降超过标准。

水泥土搅拌桩有两种破坏形式，即桩身破坏和地基破坏。当桩身水泥掺量较低时，一般发生桩身破坏，具体表现为桩身压缩量较大，沉降稳定时间较长，荷载与沉降关系曲线为渐变型，无明显拐点，桩身强度提供的承载力小于土对桩的支承力。当桩身水泥掺量较高时，桩身强度较高，一般均发生地基破坏，具体表现为桩身压缩量较小，在荷载较低时沉降很容易稳定，荷载与沉降关系曲线上的破坏点比较明显，桩身强度提供的承载力大于土对桩的支承力，破坏时桩身刺入土体。

试验成果图 3.3.12～图 3.3.14 表明，兴隆水利枢纽坝址区位于深厚饱和粉细砂层，在此地基条件下进行的水泥土搅拌桩试验很难确定其属于哪种破坏形式，但从 *P-S* 曲线的形状来看，其更接近于第二种破坏形式，破坏时，其 *P-S* 曲线多呈急进破坏的陡降型，破坏时的特征点明显，可确定单桩极限承载力。

2）桩长与承载力的相互关系

水泥土搅拌桩桩体抗压强度较低，当桩的断面和土性一定时，其单桩承载力随桩长的增加而提高，当单桩承载力增加到某一值时，单桩承载力与桩体强度相等，单桩承载力就达到极限值，此时的桩长称为有效桩长。桩体的变形、轴力及侧摩阻力主要集中在有效桩长的深度范围内，有效桩长以下的部分主要起减少地基沉降的作用。

从表 3.3.9、图 3.3.15 可见，桩长与极限承载力有很好的相关关系，如 800 mm 桩径三连体桩，随着桩长增加，其极限承载力相应增加，线性关系为 $y=108.11x+1\ 155.4$。600 mm 桩径三连体桩和 800 mm、600 mm 桩径单桩都具有相似的规律，其线性关系分别为 $y=70.946x+422.3$、$y=33.514x+65.676$、$y=8.243\ 2x+217.16$。

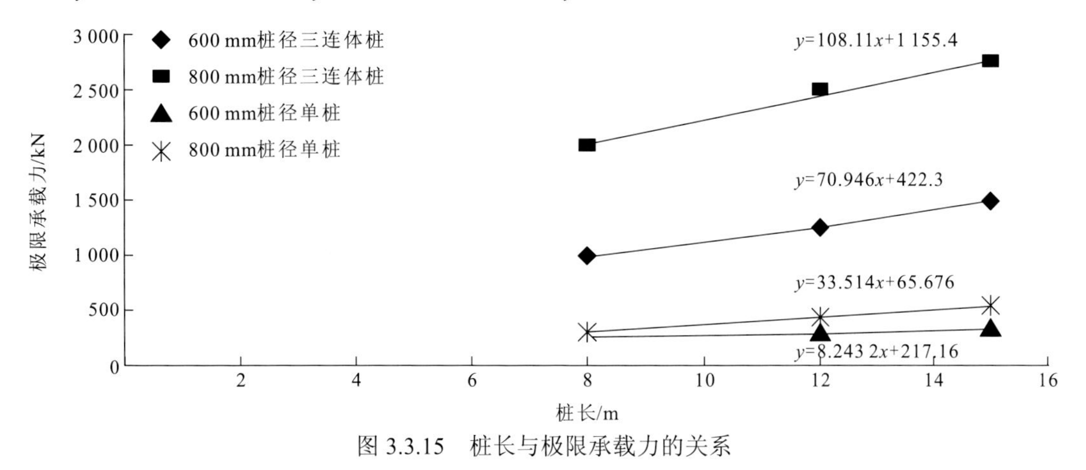

图 3.3.15 桩长与极限承载力的关系

通常认为，桩越长，对控制变形越有利，但根据汤建南和郭正崔[12]的计算分析结果，对水泥土搅拌桩来说，桩长小于 13 m 时，这一规律较为明显，桩长大于此值时，作用会显著减小，并建议对于水泥掺量为15%的水泥土搅拌桩（见图3.3.16，荷载$P=210$ kN，承压板尺寸为100 cm×100 cm，桩间土压缩模量$E_s=2.5$ MPa，桩体压缩模量$E_p=78.1$ MPa），考虑其对变形控制的贡献大小，桩长宜控制在13 m以内。

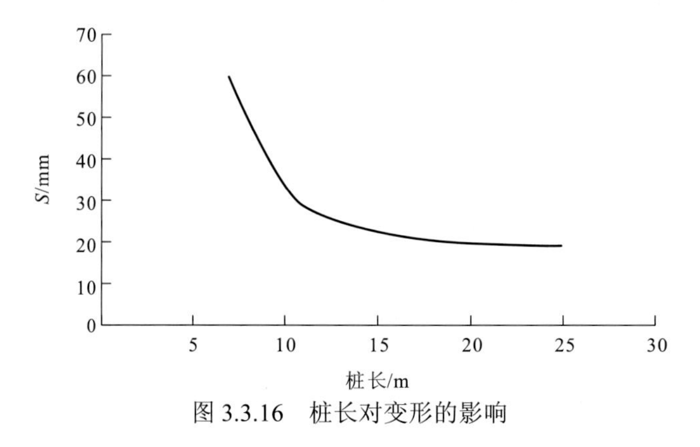

图3.3.16　桩长对变形的影响

结合试验桩结果可知，桩长小于15 m时，其极限承载力基本线性增加，对于兴隆水利枢纽坝址区饱和粉细砂层，建议采用12～15 m的桩长。

3）水泥土搅拌桩承载力

水泥土搅拌桩的承载力受桩身加固土强度和地基土对桩的支持力的双重控制。桩身强度低于某一值时，发生桩身破坏，桩身强度足够大时，发生地基破坏。也就是说，当桩身强度大于$R_a=\eta f_{cu}A_p$（R_a为单桩竖向承载力标准值，kN；f_{cu}为水泥土试块在90天龄期的抗压强度，kPa；A_p为桩的截面积，m^2；η为桩身强度折减系数，通常取0.3～0.4）所得出的强度值时，相同桩长的承载力相近，而不同桩长的承载力明显不同。此时，桩的承载力由地基土支持力控制，增加桩长可提高水泥土搅拌桩承载力。当桩身强度低于$R_a=\eta f_{cu}A_p$所给值时，承载力受桩身强度控制，此时增加桩身强度可以提高水泥土搅拌桩承载力。

水泥土搅拌桩载荷试验结果表明，在桩径、桩长相同的条件下，三连体桩的承载力远大于三根单桩的承载力（如800 mm桩径、15 m桩长的三连体桩和单桩的极限承载力分别为2 750 kN、550 kN）。其机理主要是由于搭接部位的存在，后施工的桩体的水泥掺量实际大于15%，桩身强度较大，从而能调动更深范围的桩身摩阻力，提高桩体极限承载力；再者是三连体桩对施工中存在的薄弱桩段具有一定的错位互补作用，因此三连体桩表现出的承载力大于三根单桩的承载力。这说明试验桩的极限承载力由水泥土强度和土对桩的支承力这两个因素共同决定。

图3.3.17中二连体桩的水泥掺量为12%，其极限承载力仅是水泥掺量为15%的单桩极限承载力的1.27倍，进一步说明在试验条件下，水泥土搅拌桩的承载力受桩身加固土强度和地基土对桩的支持力的双重控制。

水泥土搅拌桩必须有周围土体提供侧向约束才能承受荷载，水泥土搅拌桩在任一受荷阶段，都处于桩体中应力和桩周土体对它的约束之间的一种平衡状态，一旦这种平衡

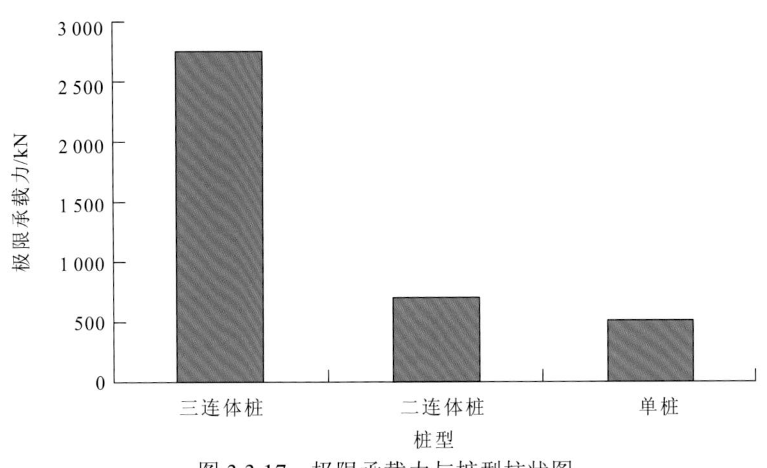

图 3.3.17　极限承载力与桩型柱状图

800 mm 桩径、15 m 桩长

达到极限，水泥土搅拌桩也就达到了极限状态。很明显，桩体强度一定时，桩周土体的强度越高，水泥土搅拌桩所能承担的荷载也就越大。水泥土搅拌桩从力学性能上讲是不均匀的，在上部结构的荷载作用下，地基很容易产生不均匀沉降，从而影响上部结构的安全性，因此水泥土搅拌桩上部结构的基础应采用刚度较大、整体性较好的形式，上部结构尤其是刚度较大的超静定结构也应采取有效的措施，提高其适应不均匀变形的能力，如设置沉降缝、采用简单的结构体型等。

3.4 地基处理设计

3.4.1　水泥土搅拌桩专题科研试验

散点状水泥土搅拌桩常用于淤泥、淤泥质土等承载力不大于 120 kPa 的软黏土或粉土等地基，以解决承载力、稳定性和变形问题为主；而格栅状水泥土搅拌桩用于以上地层，更易满足荷载水平高、沉降要求严、地基性质差等情况对地基的要求；国内外还经常将格栅状水泥土搅拌桩用于松散—稍密砂土或粉土地基，以解决液化、防渗问题等[15]；在同时解决承载力、稳定性、变形、砂土液化、软土震陷、防渗等问题上，格栅状水泥土搅拌桩复合地基更有综合优势。

格栅状水泥土搅拌桩复合地基中，水泥土搅拌桩纵横相互搭接形成格栅墙，因搭接处重复搅拌与喷浆或喷粉，与散点状水泥土搅拌桩复合地基相比，相同的施工机械、施工工艺及固化材料形成的格栅墙的强度更高，同时因格栅墙提供侧向约束，墙间土实际发挥的承载力更大，因此，复合地基刚度大。从桩体缺陷对桩体强度的影响来看，格栅状水泥土搅拌桩复合地基较散点状水泥土搅拌桩复合地基也有较大优越性，对中长桩而言更为突出。

散点状水泥土搅拌桩复合地基的破坏模式一般可以分为桩间土先破坏和桩体先破坏两种情况，在实际工程中桩间土与桩体同时达到极限状态的概率很小。对于刚性基础下的破坏模式，桩体首先破坏，进而引发复合地基全面破坏的可能性较大；对于柔性基础下的破坏模式，桩间土先破坏的可能性较大。格栅状水泥土搅拌桩复合地基的破坏模式则较复杂。对于刚性基础下的破坏模式，格栅墙首先破坏的可能性较大；当基础是柔性时，若格栅墙间距较大，土拱效应较弱，墙间土受荷较大，超过格栅墙侧限承载能力时，墙与墙间土同时破坏，若格栅墙间距较小，土拱效应较强，则格栅墙首先破坏的可能性较大。

目前，国内外对于散点状水泥土搅拌桩复合地基的工作性状已经开展了大量的研究工作，通过采用室内试验、理论分析和现场测试等方法对复合地基的承载力、变形、桩土应力比、荷载传递规律、垫层效应、动力特性及可靠度等方面进行了研究，但关于格栅状水泥土搅拌桩复合地基工作性状的研究工作却较少，针对兴隆水利枢纽建筑物基础特别是电站厂房基础应力较大，置换率要求高的特点，在现场开展格栅状水泥土搅拌桩复合地基生产性试验，以验证前期成果，研究施工工艺，提出施工技术要求。

1. 施工工艺与配合比成型

1）水泥土搅拌桩布置及参数

结合室内配合比试验和现场试验，在大规模开展地基处理前，进一步开展了现场生产性工艺试验。试验分别按设计置换率 39.6%（模拟试验置换率 56.8%，下同）、47.9%（模拟试验置换率 64.4%）、60.4%（模拟试验置换率 73.6%）施工桩群，桩群构型与平面尺寸见图 3.4.1，现场试验各布置参数见表 3.4.1、表 3.4.2。每种置换率安排两组平行试验，并进行三种桩长的单桩（共 9 根）静载试验。

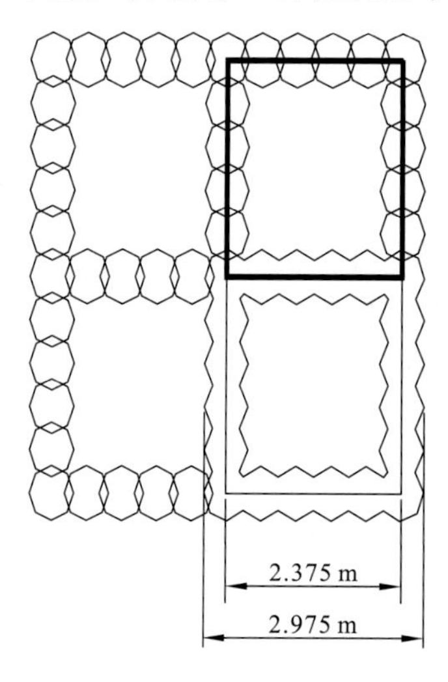

（a）置换率39.6%

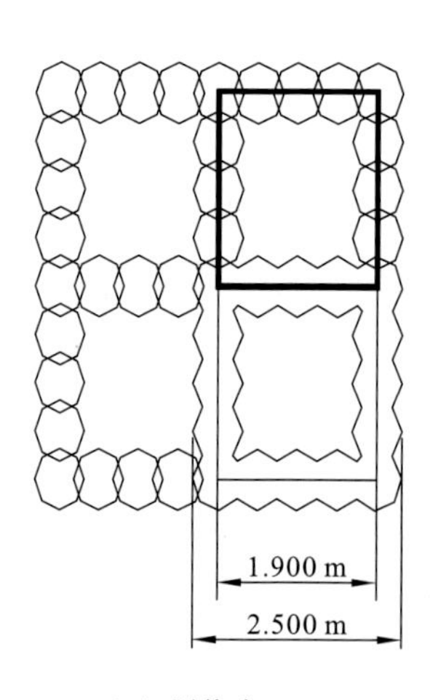

（b）置换率47.9%

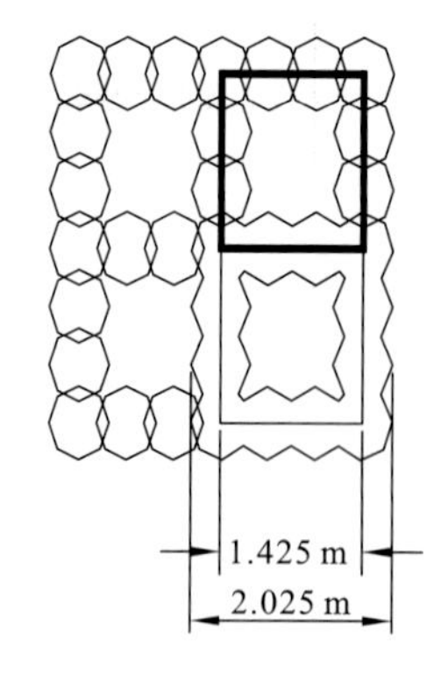

（c）置换率60.4%

图 3.4.1　桩群构型与平面尺寸图

表 3.4.1　桩群格构试验参数与设计对照表

格构试验参数	试验采用构型			试验构型对应设计单元		
构型边长/m	2.025	2.500	2.975	1.425	1.900	2.375
外域面积/m^2	3.822	5.905	8.438	2.030	3.610	5.640
内域面积/m^2	0.804	1.881	3.408	0.804	1.881	3.408
桩体面积/m^2	3.018	4.024	5.030	1.226	1.729	2.232
置换率/%	73.6	64.4	56.8	60.4	47.9	39.6

表 3.4.2　水泥土搅拌桩复合地基现场静载试验布置参数表

序号	平面构型	试验编号	试验面积	试验桩数	模拟试验置换率/%	对应设计置换率/%	桩长/m	桩径/m
1	口字形桩群	A1.1	2.0 m×2.0 m	12	73.6	60.4	19	0.6
2		A1.2	2.0 m×2.0 m	12	73.6	60.4		
3		A2.1	2.5 m×2.5 m	16	64.4	47.9		
4		A2.2	2.5 m×2.5 m	16	64.4	47.9		
5		A3.1	3.0 m×3.0 m	20	56.8	39.6		
6		A3.2	3.0 m×3.0 m	20	56.8	39.6		
7	独立单桩	D1～D3	0.283 m^2	3			11	0.6
8		D4～D6	0.283 m^2	3			14	
9		D7～D9	0.283 m^2	3			19	

各试验桩的施工参数见表 3.4.3～表 3.4.5（重度取 18.5 kN/m^3）。

表 3.4.3　工艺与现场配合比成型试验桩参数一览表（按每立方米控制）

序号	试验类别	编号	工艺	掺灰比	水灰比	胶凝/（kg/m^3）		减水剂/（kg/m^3）	水/（kg/m^3）
						膨润土	水泥		
1	工艺性试验桩	S1	2 搅 2 喷（2J2P）	0.16	0.8	50	246	1.722	237.8
2		S2			0.9				266.4
3		S3	4 搅 2 喷（4J2P）	0.16	0.8	50	246	1.722	237.8
4		S4			1.1				325.6
5		S5	4 搅 4 喷（4J4P）	0.16	0.9	50	246	1.722	266.4
6		S6			1.1				325.6
7	现场配合比成型试验桩	T1	4 搅 2 喷（4J2P）	0.13	0.8	50	190.5	1.334	192.4
8		T2			0.9				216.5
9		T3			1.1				264.6
10		T4		0.16	0.8	50	246	1.722	237.8
11		T5			0.9				266.4
12		T6			1.1				325.6

续表

序号	试验类别	编号	工艺	掺灰比	水灰比	胶凝/（kg/m^3）		减水剂/（kg/m^3）	水/（kg/m^3）
						膨润土	水泥		
13	现场配合比成型试验桩	T7	4搅2喷（4J2P）	0.19	0.8	50	301.5	2.111	281.2
14		T8			0.9				316.4
15		T9-1			1.1				386.7
16		T9	2搅2喷（2J2P）	0.19	1.1	50	301.5	2.111	386.7
17	正交配合试验桩	B1	4搅4喷（4J4P）	0.13	0.8	50	190.5	1.334	192.4
18		B2			0.9				216.5
19		B3		0.19	0.9	50	301.5	2.111	316.4
20		B4			1.1				386.7
21		B5	2搅2喷（2J2P）	0.13	0.8	50	190.5	1.334	192.4
22		B6			1.1				264.6
23		B7		0.19	0.8	50	301.5	2.111	281.2
24		B8			0.9				316.4

表 3.4.4　水泥土搅拌桩施工控制参数表（按每立方米控制）

掺灰比	胶凝总量/（kg/m^3）	减水剂/（kg/m^3）	水泥/（kg/m^3）	膨润土/（kg/m^3）	水灰比	水/（kg/m^3）
0.13	240.5	1.334	190.5	50	0.8	192.4
					0.9	216.5
					1.1	264.6
0.16	296.0	1.722	246.0	50	0.8	237.8
					0.9	266.4
					1.1	325.6
0.19	351.5	2.111	301.5	50	0.8	281.2
					0.9	316.4
					1.1	386.7

表 3.4.5　水泥土搅拌桩施工控制参数表（按每延米控制）

掺灰比	胶凝总量/（kg/m^3）	减水剂/（kg/m^3）	水泥/（kg/m^3）	膨润土/（kg/m^3）	水灰比	水/（kg/m^3）
0.13	68.0	0.38	53.9	14.1	0.8	54.5
					0.9	61.2
					1.1	74.8

续表

掺灰比	胶凝总量/（kg/m³）	减水剂/（kg/m³）	水泥/（kg/m³）	膨润土/（kg/m³）	水灰比	水/（kg/m³）
0.16	83.7	0.49	69.6	14.1	0.8	67.0
					0.9	75.3
					1.1	92.1
0.19	99.3	0.60	85.2	14.1	0.8	79.5
					0.9	89.4
					1.1	109.3

2）相邻桩搭接施工间隔时间

在工艺性试验桩 S1～S6 中做了三种搭接施工间隔时间试验，分别是 S1 和 S2 间隔 3 h、S3 和 S4 间隔 12 h、S5 和 S6 间隔 18 h。从施工情况看，在试验间隔时间内，相邻后续桩都可以顺利施工。因细砂与水泥胶结体强度较高，建议相邻桩搭接施工最长间隔时间不超过 18 h。

3）芯样试验结果分析

在试验桩养护 28 天后，开挖桩头，检验桩头水泥土质量，定好钻孔位置，采用 108 mm 直径合金钻头、正循环钻进工艺即可正常取得水泥土全桩长芯样。

各抽芯回次进尺所得芯样总长除以本回次进尺为本回次进尺的取芯率，各回次进尺的长度加权均值为本抽芯孔的取芯率。根据养护天数将强度统一换算到 28 天无侧限抗压强度。各试验桩的取芯率与换算的 28 天无侧限抗压强度详见表 3.4.6，无侧限抗压强度与取芯率统计分析见表 3.4.7。

表 3.4.6　不同条件试验桩取芯率与无侧限抗压强度成果表

序号	编号	试验类别	工艺	掺灰比	水灰比	取芯率/%	无侧限抗压强度/MPa
1	S1	工艺性试验桩	2 搅 2 喷（2J2P）	0.16	0.8	72.0	1.30
2	S2				0.9	76.1	1.27
3	S3		4 搅 2 喷（4J2P）	0.16	0.8	57.9	3.48
4	S4				1.1	90.0	3.00
5	S5		4 搅 4 喷（4J4P）	0.16	0.9	88.9	3.18
6	S6				1.1	80.9	3.85
7	T1	现场配合比成型试验桩	4 搅 2 喷（4J2P）	0.13	0.8	71.4	1.61
8	T2				0.9	72.0	2.27
9	T3				1.1	72.6	2.70
10	T4			0.16	0.8	73.0	4.24
11	T5				0.9	75.0	3.00

续表

序号	编号	试验类别	工艺	掺灰比	水灰比	取芯率/%	无侧限抗压强度/MPa
12	T6	现场配合比成型试验桩	4 搅 2 喷（4J2P）	0.16	1.1	86.0	2.14
13	T7			0.19	0.8	96.3	2.97
14	T8				0.9	91.1	3.47
15	T9-1				1.1	88.9	3.12
16	B1	正交配合试验桩	4 搅 4 喷（4J4P）	0.13	0.8	79.3	3.56
17	B2				0.9	64.6	2.16
18	B3			0.19	0.9	66.1	4.47
19	B4				1.1	94.3	3.98
20	B5		2 搅 2 喷（2J2P）	0.13	0.8	43.8	1.58
21	B6				1.1	81.9	2.43
22	B7			0.19	0.8	68.8	4.53
23	B8				0.9	72.5	4.29

表 3.4.7　不同条件无侧限抗压强度与取芯率统计分析表

指标	工艺对应的指标均值	掺灰比对应的指标均值	水灰比对应的指标均值	备注
无侧限抗压强度均值/MPa	2.57（2J2P）	2.33（0.13）	3.08（0.8）	水平 1
	2.91（4J2P）	2.83（0.16）	2.81（0.9）	水平 2
	3.44（4J4P）	3.83（0.19）	3.03（1.1）	水平 3
无侧限抗压强度均值的极差/MPa	0.87	1.50	0.27	
取芯率均值/%	69.08（2J2P）	69.37（0.13）	69.78（0.8）	水平 1
	79.47（4J2P）	77.76（0.16）	77.17（0.9）	水平 2
	78.98（4J4P）	82.46（0.19）	84.91（1.1）	水平 3
取芯率均值的极差/%	10.39	13.09	15.13	

（1）以无侧限抗压强度为指标的正交分析结果。

试验所得无侧限抗压强度范围为 1.27～4.53 MPa，均值为 2.98 MPa，标准差为 1.01 MPa，变异系数为 0.339。在正交试验中，无侧限抗压强度变化明显。从表 3.4.7 中可知，对无侧限抗压强度影响由大到小的顺序是掺灰比、工艺、水灰比；掺灰比 0.13、0.16、0.19 对应的 28 天无侧限抗压强度均值分别为 2.33 MPa、2.83 MPa、3.83 MPa；2J2P、4J2P、4J4P 对应的 28 天无侧限抗压强度均值分别为 2.57 MPa、2.91 MPa、3.44 MPa；水灰比 0.8、0.9、1.1 对应的 28 天无侧限抗压强度均值分别为 3.08 MPa、2.81 MPa、3.03 MPa；采用 0.13 掺灰比或 2J2P 工艺时，无侧限抗压强度很可能会低于 2.5 MPa。无侧限抗压强度随着搅拌次数的增加，逐步升高；随掺灰比的升高，逐步升高；随着水灰比从 0.8 升高到 1.1，变化不大，之所以出现先降低后升高现象，可能与试验因素多、干扰多、施工控制不稳定有关。分析表明，采用 0.16～0.19 掺灰比、4J2P 或 4J4P 施工工艺、1.0 左右水灰比时无侧限抗压强度会较高。与 4J2P 相比，4J4P 在无侧限抗压强度上有较大提高。

（2）以取芯率为指标的正交分析结果。

试验所得取芯率范围为 0.438～0.963，均值为 0.77，标准差为 0.124，变异系数为 0.162。在正交试验中，取芯率的变化较为明显。从表 3.4.7 中可知，对取芯率影响从大到小的顺序是水灰比、掺灰比、工艺；水灰比 0.8、0.9、1.1 对应的取芯率均值分别为 69.78%、77.17%、84.91%；掺灰比 0.13、0.16、0.19 对应的取芯率均值分别为 69.37%、77.76%、82.46%；2J2P、4J2P、4J4P 对应的取芯率均值分别为 69.08%、79.47%、78.98%。取芯率随着水灰比的增大而升高，且差别较为显著，在保证掺灰比的前提下，砂层中使用较高的水灰比有利于提高桩身连续性和完整性；取芯率随着掺灰比的增加而升高，但掺灰比达到一定值后无侧限抗压强度的增幅变小，中小掺灰比对取芯率影响较大，较大掺灰比时曲线则较为平缓。取芯率随着复搅次数的增加而升高，2J2P 工艺取芯率较 4J2P 与 4J4P 工艺取芯率低，而 4J2P 与 4J4P 在取芯率上相差不大，这与两者搅拌次数（质点切割次数）近似有关。

（3）芯样试验结论。

按照 2J2P、4J2P、4J4P 顺序，从试验结果中分析得出，无侧限抗压强度逐步增大，取芯率逐步升高，桩身完整性、连续性、均匀性逐步升高，采用复搅工艺是必要的；4J2P 与 4J4P 工效接近，虽在取芯率上相差不大，但采用 4J4P 施工工艺，桩身无侧限抗压强度较 4J2P 高 18%，全程喷浆（即复喷）是有必要的；采用 2J2P 工艺时，无侧限抗压强度很可能会低于 2.5 MPa，桩的完整性差，工程中不宜使用；推荐使用 4J4P，即复搅复喷，全程喷浆施工工艺。随着掺灰比的升高，取芯率与无侧限抗压强度都升高，但掺灰比达到一定值后增幅变小，中小掺灰比对取芯率和无侧限抗压强度影响较大，较大掺灰比时曲线则较为平缓，推荐使用 0.15～0.19 掺灰比；采用 0.13 掺灰比时，无侧限抗压强度很可能会低于 2.5 MPa。在砂层中，水灰比的变化对无侧限抗压强度影响很小，对取芯率却有较大影响，且水灰比越大，取芯率越高。因此，为了提高桩身完整性、施工效率，建议控制水灰比在 1.0～1.2。

2. 桩群静载试验

1）静载试验水泥土搅拌桩及抽芯孔布置

采用 20%的掺灰量、1.0 水灰比，按 4J4P 工艺施工了 6 组口字形静载试验水泥土搅拌桩，在施工后养护 60～90 天，即可开挖土方、清理桩头，并进行静载试验，试验后进行了取芯，以检测其强度和完整性。在同一个口字形桩群中任选 2～3 个抽芯孔，具体孔位见图 3.4.2。每孔对抽芯获取率做好描述，约每 3 m 取一组水泥土芯样，送检获得无侧限抗压强度和渗透系数。

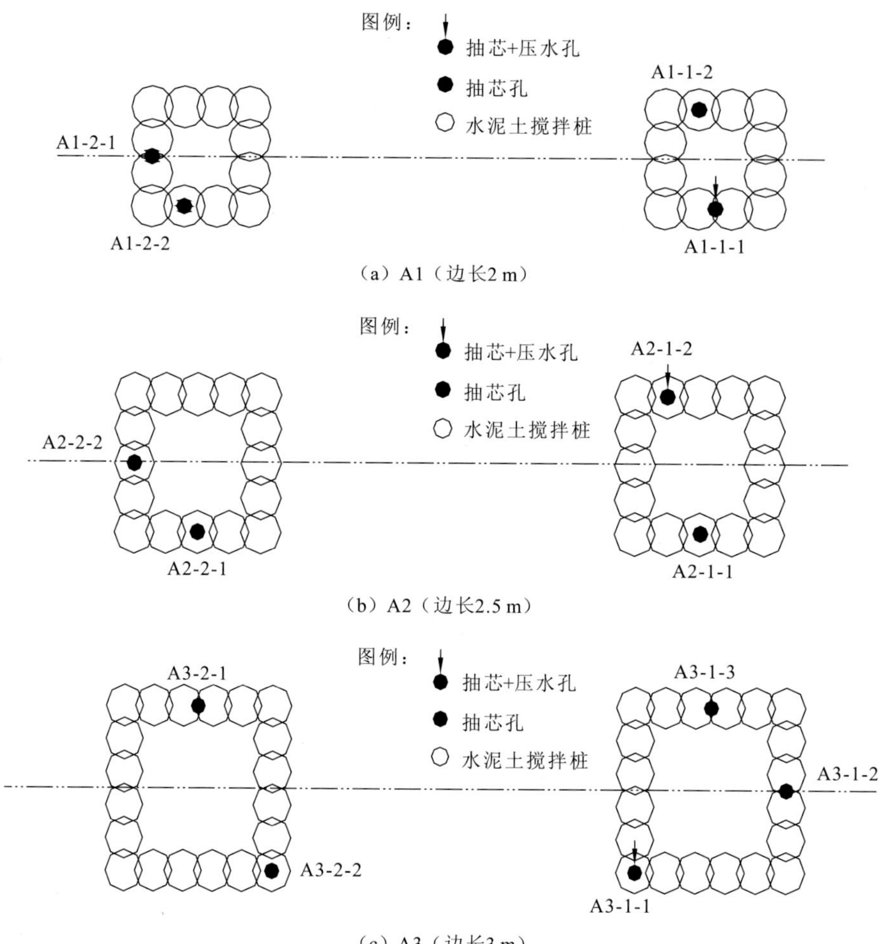

（a）A1（边长2 m）

（b）A2（边长2.5 m）

（c）A3（边长3 m）

图 3.4.2　检测孔位布置图

2）芯样的无侧限抗压强度检测

采用 20%的掺灰量、1.0 水灰比，按 4J4P 工艺施工，90 天龄期芯样无侧限抗压强度最大值为 16.5 MPa，最小值为 2.6 MPa，均值为 7.058 MPa，标准差为 2.326 MPa，变异系数为 0.330，修正系数为 0.953，标准值为 6.724 MPa ，基本能满足 28 天无侧限抗压强度不低于 2.5 MPa 的设计要求。

3）静载试验桩钻孔压水试验

水泥土的渗透系数主要取决于原状土性能、水泥掺量、搅拌均匀度、初始含水量等因素；在试验条件下，水泥土渗透系数在 6.0×10^{-7}～1.0×10^{-6} cm/s，基本属于不透水，说明兴隆水利枢纽坝址区粉细砂层的水泥土具有较好的隔水性能，桩身的渗透性比较均匀，桩身搭接处的渗透系数均小于桩身的渗透系数，搭接效果较好。

从现场抽芯情况看，芯样获取率较低时，桩身完整性和连续性不佳，此时压水试验渗漏量较大，试验精度过低；芯样获取率较高时，桩身完整性和连续性好，此时压水试验渗漏量较小，试验结果与室内试验近似。从本次现场压水试验结果看，完整性和连续性好的桩体其渗透系数很小，防渗性能较好。

从静载试验情况看，口字形桩群桩身局部存在不完整现象，缺陷可能存在于连续墙体上，通过桩群桥架跨越作用仍能调动缺陷以下部位桩体的承载能力，因此桩身局部缺陷对格栅状水泥土搅拌桩的承载力影响不大，但对防渗的影响较大。

4）格栅状水泥土搅拌桩对地基土的改良效果检测

地基处理后通常其承载力会与天然地基不同，如石灰桩、夯实水泥土桩等因化学反应会引起桩间土的膨胀挤密或物理夯实挤密，地基承载力提高；再如在含水量较高的软黏土地基中施工振动沉管桩，则会使得地基承载力降低。

A2.1 桩身中下部的提高系数为 1.32～1.54，平均为 1.44，且提高系数变化不大，显而易见的是，越接近地表，气压、浆压影响范围越广，而围箍效应也是浅部明显大于深部，因此，桩身中上部的提高系数会大于 1.5，全桩长约为 1.55。

A3.1 桩身中上部的提高系数均值为 1.395，变异系数为 0.294，修正后的标准值为 1.155，显而易见的是，越接近地表，气压、浆压影响范围越广，而围箍效应也是浅部明显大于深部，因此，桩身中下部的提高系数会小些，全桩长可取 1.1。

格栅状水泥土搅拌桩对地基土有致密的改良效果，反映在动探击数的提高上。根据改良后的动探击数，即可得到高置换率格栅状水泥土搅拌桩处理后桩间土的承载力，见表 3.4.8。

表 3.4.8　高置换率格栅状水泥土搅拌桩处理后桩间土承载力（根据动探击数）

试验编号	模拟试验置换率/%	对应设计置换率/%	天然动探击数/击	天然承载力/kPa	动探提高系数	处理后动探击数/击	处理后承载力/kPa
A2.1	64.4	47.9	3～4	120～180	1.55	4.5～6.0	175～240
A3.1	56.8	39.6	3～4	120～180	1.10	3.3～4.4	130～170

5）桩群静载试验结果分析

（1）桩群的两种模式。

可将口字形布置的水泥土搅拌桩群视为一个桩墙与墙内土协同工作、整体受力的桶状搅拌桩基，其受力状态可以认为与单桩有一定程度的相似性，其各种试验曲线的形态势必与单桩也有一定程度的形似。此时，协同工作、整体受力的桶状搅拌桩基主要承受外侧摩阻力、桩端处水泥土端阻力和桩端处土芯端阻力的作用，也可将后两者简化成一种综合端阻力。这两种处理模式分别对应桶状搅拌桩基模式和深基础模式。

（2）桩群桩身强度的两个保证。

口字形布置的水泥土搅拌桩群在承压板受力后，桩墙和墙内（或腔内）地基土一开始便通过承压板下的砂垫层协同工作，共同承担承压板传来的压力，与不设置柔性砂垫层相比，其桩土应力比不至于过大，从而能降低桩头处的应力集中，减小桩体缺陷或强度低导致的过早破坏的可能。口字形布置的水泥土搅拌桩群中的桩，利用桥架跨越作用使得个别桩身缺陷部位以下的侧阻力、端阻力仍能被调动，从而消除桩身局部缺陷，使得桩与桩协同工作、共同承担荷载。从这个角度看，格栅状水泥土搅拌桩布置方式对消除水泥土搅拌桩局部缺陷有重要意义，这也是桩群承载力要高于同数量深层搅拌单桩承载力之和的一个重要原因。

（3）桩群荷载传递过程简析。

口字形布置的水泥土搅拌桩群在承压板受力后，桩墙和墙内（或腔内）地基土通过柔性砂垫层协同工作，共同承担承压板传来的压力，此时桩头和桩身上段便开始产生压缩变形，桩与桩周土会因此产生侧壁摩阻力，使得桩身轴力减小直到为零，则轴力零点以下桩侧摩阻力不发挥，此时桩的沉降是稳步增加的，也就是 P-S 曲线、P-$\Delta S/\Delta P$ 曲线（$\Delta S/\Delta P$ 为沉降率）直线段，且相邻级沉降差不显著；随着承压板受荷加大，如果个别桩中上部尤其是桩头部位存在缺陷或强度较低，使得外荷超过水泥土强度，桩头会压碎或压裂，但整个口字形布置的桶状搅拌桩基不会呈现脆性破坏；而如果缺陷同时出现在一组三根桩的相同深度，则其影响要较个别单桩大，此时该部位承压板一侧会出现较大沉降，从而使得承压板不均匀沉降，导致承压板下压力分布不均匀，但此时整个口字形布置的桶状搅拌桩基仍不会呈现脆性破坏；而若缺陷出现在整个桶状搅拌桩基相同深度或相近深度，如果该深度较浅，可能出现脆性破坏，若较深，脆性破坏会削弱，此时整个曲线会在某级荷载下出现明显转折，通常这样的整体同深度缺陷的出现概率很小。因此，对于格栅状水泥土搅拌桩而言，基本不会出现单桩中很明显的两段线式脆性破坏。

如果桩体质量较好且强度足够，随着外荷增加，桩身轴力便会继续往下传递，此时桩侧摩阻力全部发挥，P-S 曲线、P-$\Delta S / \Delta P$ 曲线直线段结束。实际上，因为水泥土材料强度与变形模量不是很高，受力后会产生一定的塑性变形，使得试验 P-S 曲线出现偏离直线现象，而桩群对桩身局部缺陷的消除也会引起较单桩更为明显的前段、中段或末段的偏离直线现象。因此，桶状搅拌桩基曲线中的直线段会有一定程度的波状起伏，只有桩身完整性较好的情况，才能出现线性度较好的直线段。

与单桩类似，桶状搅拌桩基侧阻力全桩长发挥后，再增加的荷载中的绝大部分将由桩端阻力承担，桩的工作性态开始受到桩端土的影响。显而易见的是，随着桩身应力的向下传递，桩身缺陷会逐步显现，桩的工作性态也会同时受到桩身缺陷的影响；试验桩群的桩端持力层为稍密状态砂砾石层，受压后很显然会变得密实而增强其承载力，并会随外荷提高而呈现多个调整阶段，最终在密实状态下破坏后，由残余强度控制极限承载力。在整个过程中，曲线呈缓降型，无陡降段，而在砂砾石层压密、增强过程中会出现沉降缓慢发展（变缓）或降低（反转）现象，曲线会有多个平展台阶（变缓）或尖突（反转），整个曲线以此阶段为主体。

因桩群协同工作、整体受力，其强度有较好的保证，因此基本能保证荷载传递到桩底，也就是说，桶状搅拌桩基主要是由桩侧细砂和桩端砂砾石层抗力控制其承载力。受工期和地下水限制，试验桩桩长为 19 m，因此，2.5 m 和 3 m 边长的口字形布置桩群承载力较高，不容易破坏。

根据生产性试验最终确定水泥标号为 P.O 42.5，水泥掺量为 18%，水灰比为 1∶1，浆液密度为 1.51 g/cm^3，施工工艺为 4 搅 4 喷即两沉两升，下沉和提升最大速度不超过 0.67 m/s，首次下沉和提升喷浆量为总量的 60%，第二次循环为总量的 40%，水泥浆压力不小于 0.5 MPa。

3.4.2　泄水闸地基

泄水闸为 1 级建筑物，最大下泄流量约为 15 000 m^3/s，最大挡水水头为 7.15 m。泄水闸共 56 孔，单孔净宽 14 m，泄水闸前缘总宽度为 953 m，总过流宽度为 784 m，闸室采用两孔一联整体式结构，中墩厚 2.5 m，缝墩厚 1.75 m，闸段宽 34 m。闸底板高程为 29.5 m，厚度为 2.5 m，顺流向长度为 25 m，建基面高程为 27 m。

泄水闸布置在汉江主河槽和左岸低漫滩上，闸基为第四系深厚覆盖层，自上而下分为两层，上层为粉细砂层，局部含泥或夹有淤泥质透镜体，平均厚度约为 25 m；下层为砂砾石层，平均厚度为 30 m。覆盖层下为古近系荆河镇组（E*jh*）含砂泥岩和极薄层泥晶灰岩，埋深约为 55 m。粉细砂平均标准贯入击数为 8 击，孔隙比 e 一般在 0.75～0.9，承载力特征值为 120 kPa，内摩擦角为 26°。泄水闸闸基典型地质剖面见图 3.4.3。

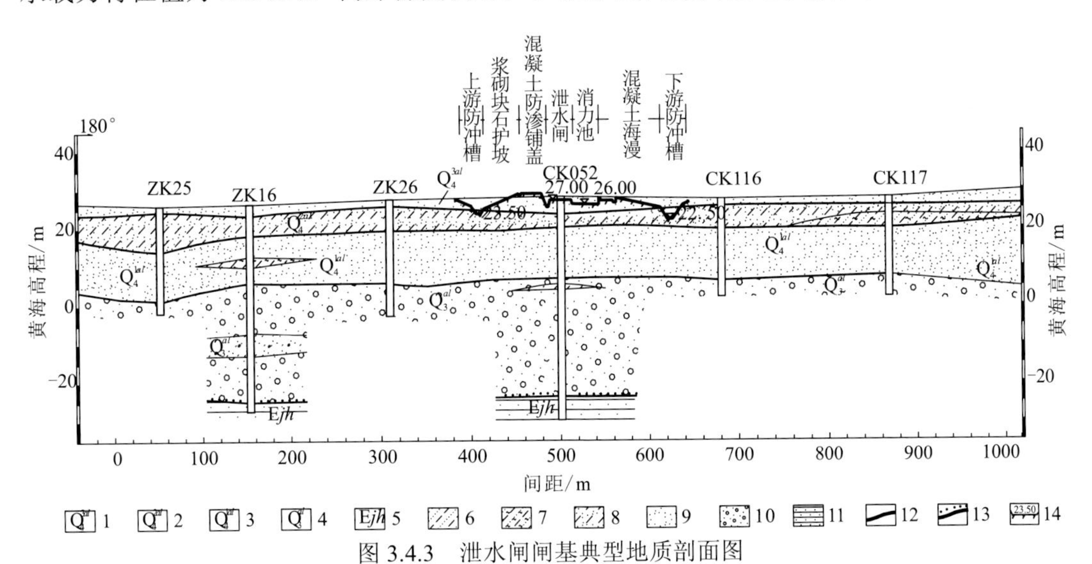

图 3.4.3　泄水闸闸基典型地质剖面图

1 为全新统上段冲积层；2 为全新统中段冲积层；3 为全新统下段冲积层；4 为上更新统冲积层；5 为古近系荆河镇组基岩；6 为粉质壤土；7 为淤泥质粉质壤土；8 为含泥粉细砂；9 为粉细砂；10 为含砾细砂；11 为砂岩；12 为地层界线；13 为不整合界线；14 为建基面；ZK16、CK052 等表示钻孔编号

泄水闸粉细砂地基不做处理的沉降量完建工况为 24.5 cm，设计挡水工况为 19.0 cm，不满足当时的执行规范《水闸设计规范》（SL 265—2001）[6]中控制沉降量不超过 15 cm 的要求。同时，泄水闸闸基粉细砂黏粒含量较少，仅为 6.3%～7.8%，地震条件下液化可能性大。通过采用相对密度法、相对含水率或液性指数法及标准贯入击数法三种判据综合判断，其在 VI 度地震条件下存在液化可能，液化深度主要在建基面以下 12 m 以内，泄水闸粉细砂地基必须进行处理。

根据水泥土搅拌桩室内和现场试验研究成果，确定泄水闸水泥土搅拌桩桩径采用 600 mm，桩长采用 12 m，能满足消除液化潜势和控制沉降要求。桩体 28 天无侧限抗压强度不小于 2.5 MPa，渗透系数不大于 $i\times10^{-6}$ cm/s（i 为 1～9 内任意数），单桩承载力特征值取为三连体桩试验值的 1/3，即 208 kN。

泄水闸水泥土搅拌桩格栅间距在 600 cm 左右。格栅布置兼顾了闸室底板受力特点，与两孔一联结构相对应，分块尺寸为 2 500 cm×3 400 cm（顺流向×横流向），每个分块内顺流向布置五排桩，最上游一排的轴线距离防渗墙轴线 110 cm，排间距分别为 500～600 cm；横流向布置六排桩，其中在中墩对应位置布置两排，在边墩对应位置布置一排，在闸孔中间部位布置一排，排间距分别为 7.65 m。每个格栅内散点状布置的 4 根水泥土搅拌桩，能大幅改善格栅内地基的均匀性。此外，格栅内散点状水泥土搅拌桩创新布置形式还有利于减小水闸底板闸孔中部的负弯矩。格栅状布置的水泥土搅拌桩置换率约为 20%，桩总长约为 28 万 m[13]。

泄水闸复合地基水泥土搅拌桩布置见图 3.4.4，复合地基现场照片见图 3.4.5。

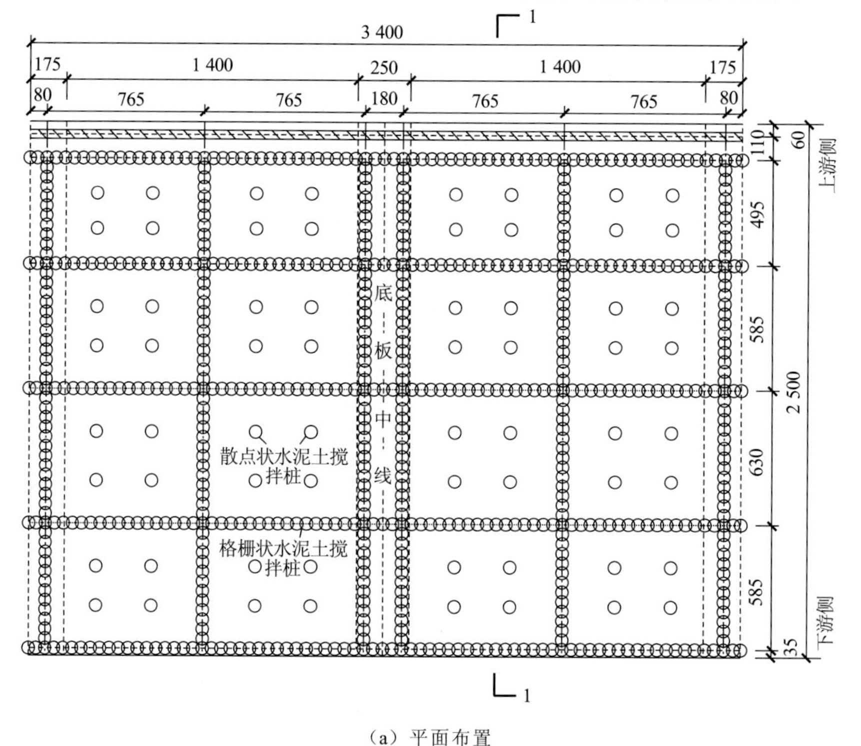

（a）平面布置

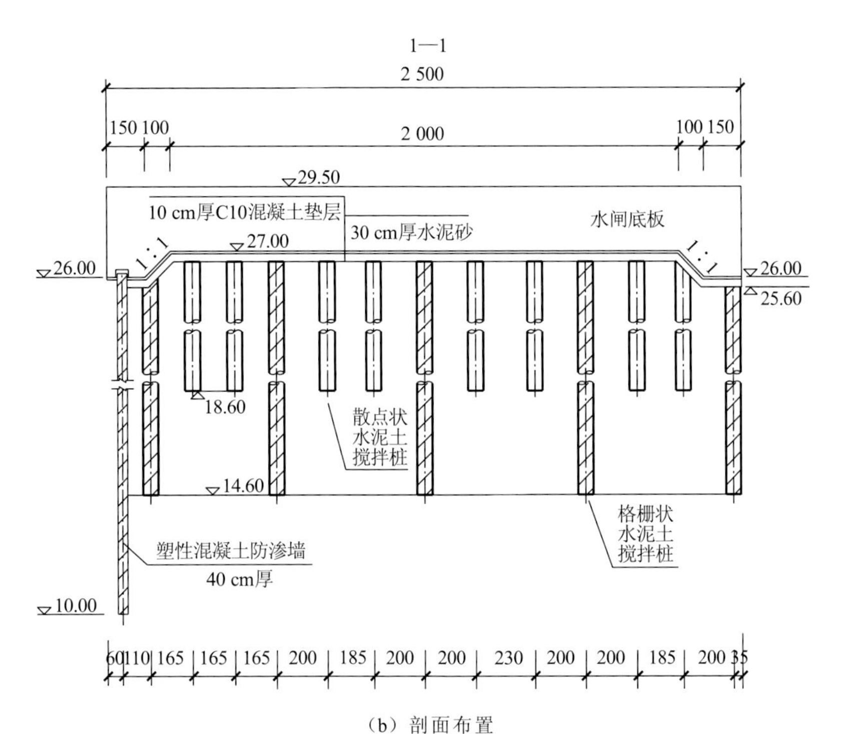

（b）剖面布置

图 3.4.4　泄水闸复合地基水泥土搅拌桩布置图（高程单位：m；尺寸单位：cm）

图 3.4.5　复合地基现场照片

泄水闸施工中选用了 SPM-5III 型深搅机，对深搅设备钻头进行了创新式改进，由平面搅拌叶片改进成 30° 左右的倾斜叶片，并加焊了搅拌叶片，以减小在粉细砂层中的阻力。现场试验证明，对设备钻头的改进能克服粉细砂地基遇浆时自密性较强、容易产生板结、阻力较大的障碍，从而将水泥土搅拌桩拓展应用到了大规模粉细砂地基处理中。

经过施工初期的摸索、适应后，工效大幅提高，高峰期投入 12 台深搅机，日进度突破 3 000 m[14]。

3.4.3 船闸地基

1. 天然地基承载能力验算

船闸上闸首建基面高程为 18.00 m，建基面主要位于全新统下段（Q_4^{1al}）粉细砂层上；闸室建基面高程为 20.6 m，建基面主要位于全新统中下段（Q_4^{2al}、Q_4^{1al}）粉细砂层上；下闸首建基面高程为 15.5 m，建基面主要位于全新统下段（Q_4^{1al}）粉细砂层上。船闸闸基粉细砂和含泥粉细砂层平均标准贯入击数约为 8 击。与水闸地基相同，粉细砂层存在液化可能。

由于船闸各部位均有一定埋置深度，根据汉森（Hanson）公式，各种工况条件下船闸各部位地基承载能力满足要求。采用分层总和法计算了船闸地基沉降量，计算沉降的地层深度取至砂砾石层顶面。计算表明，施工完建期的地基沉降量上闸首为 59.1 cm，闸室为 34.4 cm，下闸首为 61.7 cm。参考当时执行的规范《水闸设计规范》（SL 265—2001）中规定的“天然土质地基上水闸地基最大沉降量不宜超过 15 cm”[6]，显然船闸各部分沉降量很大，且不同部位的沉降量差异过大，需要进行地基处理。

地基处理要达到的目的主要是提高其抗液化能力，控制沉降量，同时提高地基承载能力。根据当时执行的规范《建筑地基处理技术规范》（JGJ 79—2002）的要求[15]，处理后地基的承载力不做宽度修正，故其承载能力可能不及天然状态下的承载能力，经宽度和深度修正的承载能力高，因此，在确定如置换率等参数时仍需考虑承载能力[16]。

2. 地基处理方法

针对兴隆水利枢纽地基处理需要达到的目的，结合地基特性和建筑物功能，船闸地基处理采用水泥土搅拌桩法。根据水泥土搅拌桩载荷试验成果，水泥土搅拌桩桩径为 800 mm，桩长为 8 m、12 m 和 15 m 的三连体桩，承载能力特征值的建议值分别为 1 000 kN、1 250 kN 和 1 375 kN，相应的单桩承载能力特征值取为 333 kN、415 kN 和 450 kN。通过验算承载能力和沉降量，判断采用水泥土搅拌桩法处理的船闸地基能否满足设计要求，抗液化要求则通过调整格栅布置的间距予以满足。

通过分析上、下闸首及闸室建基面与下伏砂砾石层顶面相对距离的大小，同时结合上、下闸首和闸室的地基应力大小，对不同部位水泥土搅拌桩的长度取值如下：上闸首防渗水泥土搅拌桩长 12.0 m，其余水泥土搅拌桩长 9.7 m；闸室水泥土搅拌桩长 10.0 m；下闸首水泥土搅拌桩长 8.6 m。水泥土搅拌桩桩径为 800 mm，单轴抗压强度 $R \geqslant 2.5$ MPa，渗透系数 $k \leqslant i \times 10^{-6}$ cm/s，渗透破坏比降［J］$\geqslant 50$。水泥土搅拌桩最终桩长根据地质条件由终孔标准确定。

水泥土搅拌桩需要挖除桩顶 40 cm，回填 30 cm 掺量为 6%的水泥砂垫层，结构混凝土浇筑前需浇筑 10 cm 厚的 C10 混凝土垫层，以保证底板混凝土与复合地基的有效接触。根据地基承载力、沉降变形验算结果，水泥土搅拌桩的置换率通过满足承载能力要求确定。水泥土搅拌桩采用封闭格栅形式布置，格栅状水泥土搅拌桩采用套接布置，相邻水泥土搅拌桩搭接厚度为 15 cm。

单排格栅状布置的水泥土搅拌桩示意见图 3.4.6，船闸上闸首地基处理构造见图 3.4.7。

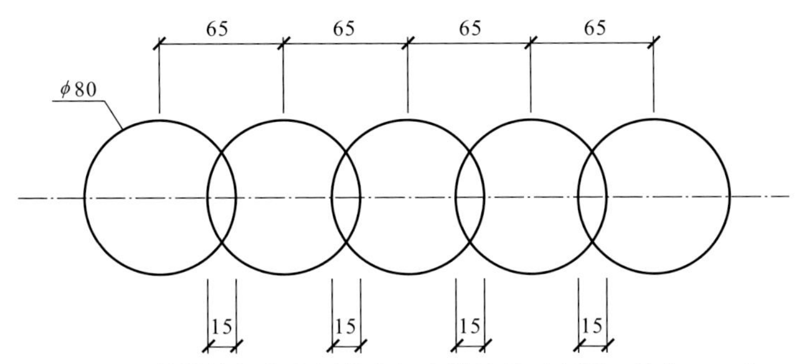

图 3.4.6　单排格栅状布置的水泥土搅拌桩示意图（单位：cm）

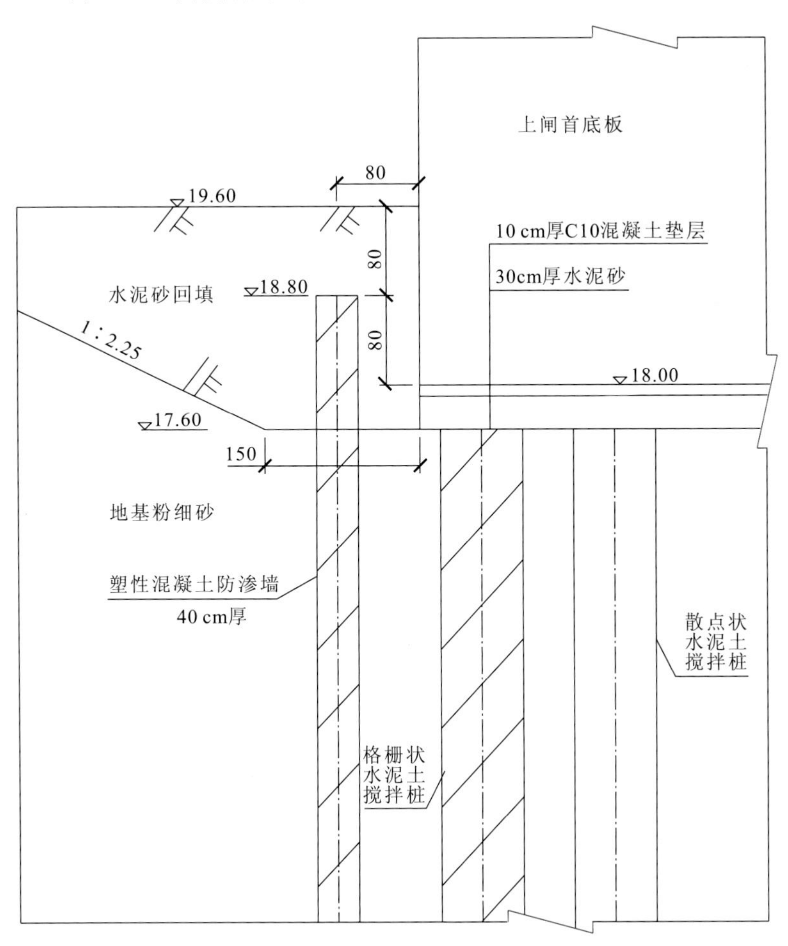

图 3.4.7　船闸上闸首地基处理构造图（高程单位：m；尺寸单位：cm）

1）上闸首

格栅状布置的水泥土搅拌桩垂直水流向的间距除中间三排为 3.9 m 外，其余为 3.25 m，顺流向格栅间距为 3.9 m，格栅内均布 4 根单桩，上闸首置换率为 50%。

2）闸室

格栅状布置的水泥土搅拌桩顺流向间距除靠上闸首的两排为 3.9 m、靠下闸首的三排为 4.55 m 外，其余为 5.2 m。垂直水流向两侧闸墙底部各布置三排，间距为 1.95 m，中间三排间距为 5.85 m。格栅内无单桩，闸室置换率为 30%，桩端至砂砾石层顶面有 4～5 m 厚粉细砂层。在闸室左侧临水泵井区域，局部增加水泥土搅拌桩密度，以满足水泵井垂直开挖要求。也就是说，顺流向布置四排间距为 3.25 m 的格栅状水泥土搅拌桩，最后一排中心线距离闸室末端结构边线 1.35 m，格栅长 3.9 m，垂直水流向不再加密。

3）下闸首

格栅状布置的水泥土搅拌桩顺流向间距除靠闸首上、下游端各两排为 2.6 m 外，其余为 3.9 m；垂直水流向为两侧边墩底部各布置四排，间距为 3.25 m，中间七排间距为 3.9 m，除靠下闸首上、下游端第一排和最后一排格栅内均布 2 根单桩外，其余格栅内均布 4 根单桩。下闸首置换率为 40%。

4）消能段

格栅状布置的水泥土搅拌桩顺流向布置三排，间距依次为 5.2 m 和 5.85 m，垂直水流向两侧边墩底部各布置三排间距为 5.2 m 的格栅状水泥土搅拌桩，中间布置两排间距为 7.8 m 的格栅状水泥土搅拌桩，两侧边墩底部格栅内均布 4 根分布桩（单桩），底板下部格栅内均布 6 根分布桩（单桩），下游消能段置换率为 25%。

船闸地基处理水泥土搅拌桩布置示意见图 3.4.8。

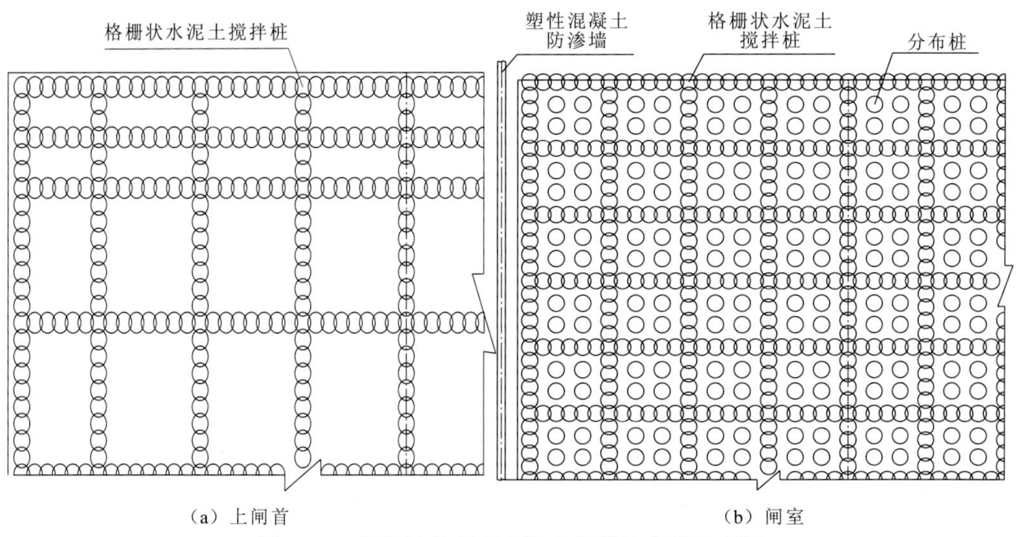

图 3.4.8 船闸地基处理水泥土搅拌桩布置示意图

3.4.4　电站厂房地基

1. 天然地基承载能力研究

电站厂房位于汉江右侧主河床，地基持力层为全新统下段（Q_4^{1al}）粉细砂层，厚度约为 6 m，下伏砂砾石层（Q_3^{al}），厚度约为 30 m，古近系砂质黏土岩厚度约为 50 m。全新统下段粉细砂层呈中密状态，承载力低，沉降量较大，易发生渗透变形，深度修正后的天然地基承载力不满足设计承载力要求，需进行地基处理。

兴隆水利枢纽电站厂房机组段基底平均应力为 457 kPa，最大应力为 498 kPa；安装场段基底平均应力为 504 kPa，最大应力为 535 kPa。机组段与安装场段建基面均位于全新统下段粉细砂层，天然地基承载力的特征值为 170 kPa。工程设计中，对天然地基承载力特征值进行修正的公式主要有当时执行的规范《泵站设计规范》（GB/T 50265—97）中限制塑性变形区开展深度的公式、汉森公式[17]，以及当时执行的规范《建筑地基基础设计规范》（GB 50007—2002）推荐公式[18]等。其中，《泵站设计规范》（GB/T 50265—97）限制塑性变形区开展深度的公式综合考虑了建筑物的安全稳定和充分发挥地基的潜在能力两方面要求，适用于天然土质地基上最大允许沉陷量不宜超过 15 cm、相邻部分的最大沉陷差不宜超过 5 cm 的水闸、泵站类建筑物；汉森公式的主要特点是考虑了基础形状、埋置深度和作用荷载倾斜率的影响，可应用于土质地基上一般水工结构物承载力的修正计算。《建筑地基基础设计规范》（GB 50007—2002）推荐公式对基础宽度做出了限制，反映出对塑性变形区最大开展深度的控制，能满足高层建筑、高速交通等建设项目限制沉陷的要求，对严格控制沉降变形的水工、发电厂房类建筑物是相对适合的。经计算，厂房机组段天然地基沉降变形为 35 cm，安装场段天然地基沉降变形为 49.4 cm，相邻部分的最大沉陷差为 14.4 cm，不满足规范要求。承载力计算中，选用三种公式计算的小值，其修正后的天然地基承载力特征值为 445 kPa，小于机组段基底平均应力 457 kPa 和安装场段基底平均应力 504 kPa，需进行地基处理。

按复合地基承载力特征值公式[式（3.4.1）]计算复合地基置换率：

$$f_{\mathrm{spk}} = m\frac{R_{\mathrm{a}}}{A_{\mathrm{p}}} + \beta(1-m)f_{\mathrm{sk}} \tag{3.4.1}$$

式中：f_{spk} 为复合地基承载力特征值，kPa；m 为面积置换率；R_{a} 为单桩承载力特征值，应通过现场载荷试验确定，初步设计时也可按桩身材料强度能承担的单桩承载力 $R_{\mathrm{a}} = \eta f_{\mathrm{cu}} A_{\mathrm{p}}$ 或桩周土与桩端土的抗力所提供的单桩承载力 $R_{\mathrm{a}} = u_{\mathrm{p}}\sum_{i=1}^{n} q_{si} l_i + \alpha q_{\mathrm{p}} A_{\mathrm{p}}$ 确定，其中，η为桩身强度折减系数，f_{cu} 为与水泥土搅拌桩桩身水泥土配合比相同的室内加固土试块（边长为 70.7 mm 的立方体，也可采用边长为 50 mm 的立方体）在标准养护条件下 90 天龄期的立方体抗压强度平均值，kPa，u_p 为桩的周长，m，n 为桩长范围内所划分的土层数，q_{si} 为桩周第 i 层土的侧阻力特征值，kPa，l_i 为桩长范围内第 i 层土的厚度，m，α为桩端天然地基土的承载力折减系数，q_p 为桩端地基土未经修正的承载力特征值，kPa；A_p 为桩的截面积，m^2；β为桩间土承载力折减系数；f_{sk} 为处理后桩间土承载力特征值，kPa。

电站厂房的基础应力普遍较大，水泥土搅拌桩复合地基置换率需达到 68%以上才能满足承载力要求。因此，从施工可行性及经济性考虑，开展了水泥土搅拌桩复合地基现场原位载荷试验研究，以验证经过水泥土搅拌桩加固处理后的复合地基承载能力和施工工艺要求。同时，结合现场进行的高置换率格栅状水泥土搅拌桩复合地基载荷试验开展数值模拟，进一步优化水泥土搅拌桩复合地基置换率。优化后机组段和安装场段置换率达到 47.9%以上，能满足承载力要求，相应控制工况（完建工况）机组段和安装场段最大沉降变形分别为 8.0 cm 和 8.9 cm，满足规范[7]要求。

2. 地基处理方法

电站厂房水泥土搅拌桩复合地基处理布置形式和主要工艺如下[19]。

1）布桩范围

结构底板下伏粉细砂层地基内，并向上、下游及左、右两侧外延 3 m，布桩平面为矩形，尺寸为 118 m×80 m。

2）桩长、桩径

根据具体地质条件，水泥土搅拌桩由厂房建基面穿过粉细砂层至砂砾石层 0.5 m 深，厂房水泥土搅拌桩复合地基平均桩长约为 6.6 m，桩径为 800 mm。

3）布置形式

机组段采用口字形格栅状布置，连体桩中心距为 3.92 m。每“口”边长由 6 根连体桩组成。安装场段采用矩形格栅状布置，连体桩中心距长边为 3.92 m，短边为 2.8 m。各边十字交点中心设 1 根节点桩。每个格栅内布置有分布桩以均匀网格中间土的承载力。另外，通过在厂房基础上游侧及厂房左侧下游布置塑性混凝土防渗墙，在厂房基础下游布置 5 m 长的混凝土板防渗层，在尾水渠底板底部铺设 50 cm 厚反滤层的综合防渗排水措施，解决厂房地基施工期和运行期的渗透稳定问题。厂房机组段的实际置换率为 51%，安装场段的实际置换率为 55%，均大于通过现场试验并进行优化后计算确定的置换率 47.9%。

电站厂房格栅状水泥土搅拌桩地基处理示意见图 3.4.9。

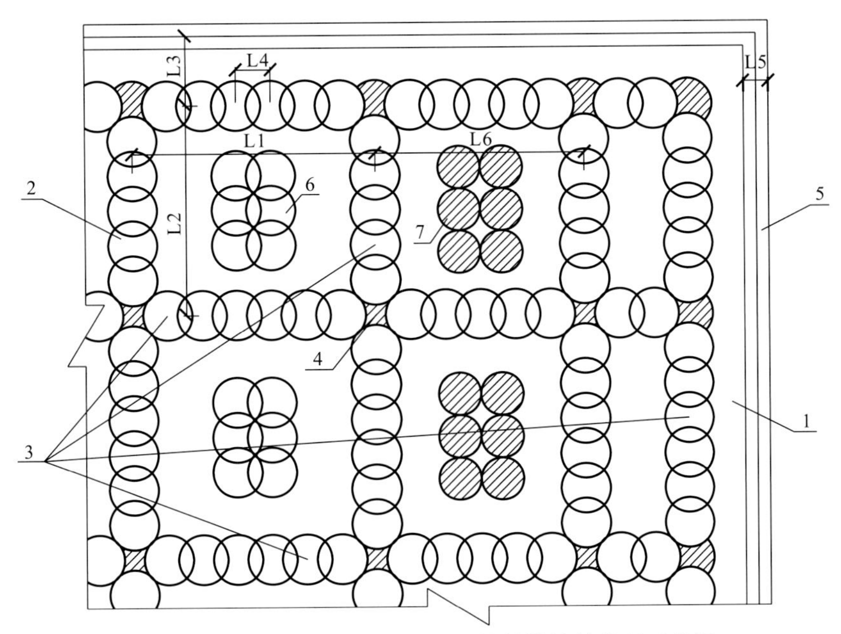

图 3.4.9 电站厂房格栅状水泥土搅拌桩地基处理示意图

1 为砂土；2、3 为由多个水泥土搅拌桩组成的格栅网；4 为高压旋喷节点桩；5 为塑性混凝土防渗墙；6 为水泥土搅拌分布桩；7 为高压旋喷分布桩；L1、L2、L6 为格栅状水泥土搅拌桩格栅间距，L1 = 392 cm，L2 = L6 = 336 cm；L3 为格栅状水泥土搅拌桩与塑性混凝土防渗墙的中心距，L3 = 112 cm；L4 为格栅状水泥土搅拌桩中心距，L4 = 56 cm；L5 为塑性混凝土防渗墙的厚度，L5 = 40 cm

4）施工工艺

采用 4 搅 4 喷施工方法，掺灰比为 0.15～0.19，水灰比为 1.0～1.2。

3. 高置换率格栅状水泥土搅拌桩关键技术研究

水泥土搅拌桩格栅状布置时，桩与桩需要搭接形成连续桩墙，而允许搭接时间较短，约为 18 h。当水泥土搅拌桩施工到格栅交叉节点时，为了保证施工顺利进行，在一个格栅交叉节点处最多需要同时向三个方向进行搅拌施工，不仅施工机械布置困难，而且施工难度较大，当置换率高时此问题更为突出。因此，快速、可靠地进行格栅状布置的水泥土搅拌桩交叉节点部位接头的搭接处理是地基处理施工的重点和难点。

1）组合桩型介绍

高压旋喷桩具备水泥土搅拌桩几乎所有的适应性和效果，施工机械体型小，移位方便，有更好的布置适应性，适合在狭小场地内布桩、补桩，同时可以较好地解决其他桩型易产生的挤土效应问题，避免对已施工格栅状水泥土搅拌桩造成破坏。如果将水泥土搅拌桩和高压旋喷桩两种桩型组合起来使用，充分发挥它们各自的优点，先施工格栅状非节点处的水泥土搅拌桩，至两桩、三桩、四桩等节点相交处时，再用高压旋喷法施工格栅的节点桩，可以在超过水泥土搅拌桩允许搭接时间之后施工，施工机械布置更加灵活，可以将施工机械数量控制在合理的范围内，既解决了水泥土搅拌桩施工允许的搭接时间短的问题，又解决了受厂房基坑场地限制的问题，减少设备投入，节省费用，施工简便易行。

2）组合桩型实施方法

（1）同时进行多个除交叉节点外格栅状水泥土搅拌桩的施工，形成除节点桩以外的格栅网；

（2）每个网格中间进行分布桩的施工，即采用水泥土搅拌桩法或高压旋喷法进行分布桩的施工；

（3）在纵向和横向格栅状水泥土搅拌桩交叉节点部位进行高压旋喷节点桩的施工。

具体实施流程见图 3.4.10。

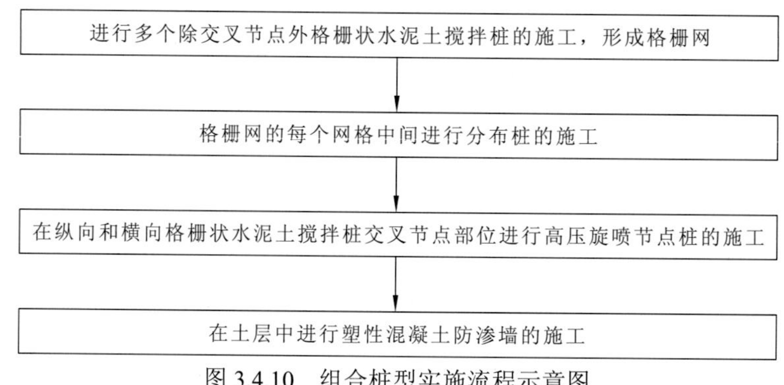

图 3.4.10　组合桩型实施流程示意图

3）组合桩型优点

（1）格栅状水泥土搅拌桩作为改善地基承载力和控制沉降量的措施，具有造价低的特点，其格栅间距、桩径根据要求的地基承载力所需的置换率确定。同时，在格栅网内根据满足地基承载力所需的置换率增设水泥土搅拌分布桩，在格栅网较密的地方则增设高压旋喷分布桩。

（2）格栅状水泥土搅拌桩通过交叉套接可以减少水泥土搅拌桩出现分层、断桩等缺陷时对承载能力的影响，能满足电站厂房地基应力的要求，地基的整体性好。

（3）格栅状水泥土搅拌桩能防止粉细砂等土层的振动液化。

（4）除节点桩以外的格栅状水泥土搅拌桩和分布桩施工完毕后，在纵向和横向格栅状水泥土搅拌桩交叉节点部位进行高压旋喷节点桩的施工，该节点桩可以避免在施工中处理冷接头所带来的施工困难，有利于格栅状水泥土搅拌桩的连续施工和施工机械的灵活布置，加快施工进度。

第 4 章

主要建筑物设计

4.1 泄水闸

4.1.1 概述

1）设计主要参数

枢纽正常蓄水位为 36.20 m，相应静库容为 2.73 亿 m^3；设计、校核洪水流量为 19 400 m^3/s，上游最高防洪水位为 41.75 m，相应下游水位为 41.60 m；最小下泄流量为 44 年长系列的流量最小值 218 m^3/s，相应下游水位为 29.05 m。

2）闸型选择

兴隆水利枢纽为平原区低水头径流式枢纽，主要任务是抬高河道水位以利于灌溉和航运，所形成的河道型水库基本无调节洪水能力，因此应尽可能采用有利于泄洪的方案，减少汛期对洪水的壅高，避免对防洪产生不利影响。泄水建筑物可选择的基本形式为开敞式宽顶堰平底闸和低实用堰。开敞式宽顶堰平底闸构造简单，泄流能力较为稳定，但流量系数较小；低实用堰流量系数稍大，但是构造复杂，工程量较大，施工不如开敞式宽顶堰平底闸方便，特别是当淹没水深增加时，流量系数降低较快[20]。兴隆水利枢纽在下泄设计和校核洪水时，上、下游水位差很小，约为 15 cm，为高淹没度出流，低实用堰流量系数增加很小，设置的堰槛反而减小了过流断面，相同底板高程的泄洪能力不及开敞式宽顶堰平底闸。另外，由于坝址区为深厚粉细砂地基，承载能力较低，采用低实用堰基底应力较大，对地基稳定和沉降变形不利，从有利于提高泄洪能力、减少壅水、降低地基应力和方便施工等方面综合考虑，泄水建筑物形式选用开敞式宽顶堰平底闸。

3）泄水闸布置

兴隆水利枢纽坝址所处河段两堤之间河道总宽约为 2 800 m，河床呈复式断面，主河槽宽约 800 m，主河槽左侧漫滩宽约 1 300 m，右侧漫滩宽约 700 m。兴隆水利枢纽的设计、校核流量为 19 400 m^3/s 时，对应的下游水位约为 41.60 m。天然河床下泄 19 400 m^3/s 流量时，过流面积左岸漫滩部位约为 7 330 m^2，主河槽部位约为 9 740 m^2，右岸漫滩部位约为 4 700 m^2。

根据兴隆水利枢纽总体布置研究，采用了“主槽建闸、滩地分洪”，即在主河槽布置泄水闸，保留两岸滩地的枢纽布置格局。左、右岸滩地基本维持原 37 m、38 m 高程不变，小洪水时由泄水闸控制下泄流量，维持上游正常蓄水位 36.20 m；8 500 m^3/s 流量以上的中、大洪水时，除泄水闸下泄洪水外，两岸滩地也需要参与行洪。“主槽建闸、滩地分洪”的总体布置格局有效遵循天然河道“枯水归槽、洪水漫滩”的过流特性。泄水闸采用开敞式宽顶堰平底闸形式，共设 56 孔，从右至左依次编号为 1#～56#，闸孔总净宽为 784 m，集中布置于主河槽及左岸低漫滩部位。左、右两侧各设有一个门库，左侧门库段与左岸滩地过流段相接，右侧门库段则与电站厂房相接。右侧门库段长 19 m，56 孔泄水闸段长 953 m，左侧门库段长 19 m。1#和 2#闸孔兼起排漂和排沙作用，闸底板高程为 28 m，较其他闸底板高程低 1.5 m。

闸室采用整体式结构，以减小底板内力及不均匀沉降，有利于弧形钢闸门启闭。结合兴隆水利枢纽泄水闸的工程特性，闸室可采用 1 孔或 2 孔作为一个整体的结构。对于闸室一孔一联结构，单孔闸室横流向宽度为 17.5 m，闸墩厚 1.75 m；对于闸室两孔一联结构，闸室横流向宽度为 34 m，边墩厚 1.75 m，中墩厚 2.5 m。两种闸室结构的底板内力相差甚小，所需闸室底板厚度均为 2.5 m。采用一孔一联结构形式，56 孔泄水闸总宽度达 980 m，较两孔一联增加 27 m，顺流向分缝数量多出一倍，对于泄水闸闸基下渗透稳定能力差的粉细砂地基尤为不利。综合考虑，泄水闸采用两孔一联整体式结构。

泄水闸 1#、2#闸孔为第一联段，兼起排漂和排沙作用，段宽 35 m，单孔净宽 14.0 m，中墩厚 3 m，缝墩厚 2 m；3#～56#闸孔为两孔一联闸段，宽 34 m，单孔净宽 14.0 m，中墩厚 2.5 m，缝墩厚 1.75 m，前缘总长 953 m，左、右两端分别与宽为 19 m 的事故检修门门库连接。左、右门库段均布置有配电室，同时设有供车辆调头的回车平台。泄水闸顺流向长 25.0 m，上、下游端分别设 1.5 m 和 1.0 m 深齿槽，3#～56#闸孔闸室底板顶高程为 29.5 m，厚 2.5 m，建基面高程为 27 m；1#、2#闸孔闸室底板顶高程为 28.0 m，厚 2.8 m，建基面高程为 25.2 m。闸顶顺流向总长度为 29.5 m，自上游至下游依次布置有事故检修门门机轨道梁、工作门启闭机房和交通桥。交通桥设计荷载为公路-I 级，桥面总宽 8.0 m，行车道宽 7 m，由 4 片钢筋混凝土预制 T 形梁拼装形成。

泄水闸工作门采用弧形钢闸门，要求局部开启、动水启闭。启闭机形式比较了液压和卷扬式两个方案，由于液压启闭机布置简单，具有体积小、重量轻，容易实现遥控和自动化等优点，推荐采用液压启闭机方案。启闭机按一门一机布置，每两孔设一启闭机房，启闭机房均布置在中墩顶部交通桥上游。工作门上游设事故检修门，共配备 5 套检修平板门，检修平板门平时存放于门库内，由布置在坝顶的 2 台 2×800 kN/100 kN 双向门机操作。闸室下游设浮式检修门，56 孔共用 3 扇闸门，浮式检修门平时系缆于船闸下游靠船墩背侧，需要挡水时，利用推轮将闸门浮运至闸室下游孔口处，辅以缆绳牵引就位后沉于底槛上。

泄水闸上游设 30 m 长水平混凝土防冲板，其兼作防渗铺盖，防冲板顶高程为 29.5 m，厚 50 cm，防冲板上游接长 40 m、厚 30 cm、坡比为 1 : 10 的混凝土板护面，护面末端接抛石防冲槽，防冲槽顶宽 15 m，底宽 4 m，顶面高程为 25.5 m，抛石厚度为 2 m，防冲槽上游以 1 : 3 逆坡与河床地形衔接。泄水闸下游采用底流消能，消力池上游以 1 : 4 斜坡与闸室底板连接，池底高程为 27.5 m，池深 1.0 m，池长 29 m，消力池下游接长 20 m、厚 50 cm 的水平混凝土海漫，再接长 50 m、厚 25 cm、坡比为 1 : 20 的柔性混凝土海漫，海漫末端接抛石防冲槽，防冲槽顶宽 22.5 m，底宽 8 m，顶面高程为 25.5 m，抛石厚度为 3 m，防冲槽下游以 1 : 3 逆坡与河床地形衔接。

泄水闸顺流向布置见图 4.1.1，顺流向工程地质剖面见图 4.1.2～图 4.1.5。

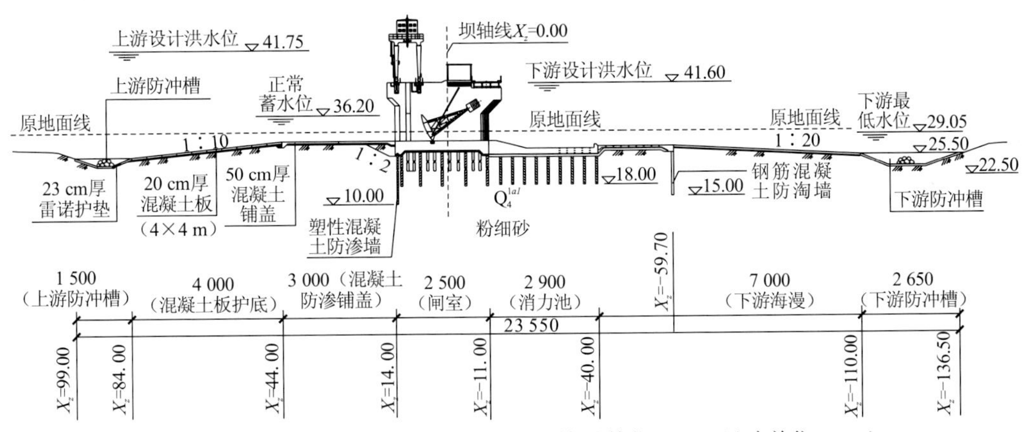

图 4.1.1　泄水闸顺流向布置图（高程、桩号单位：m；尺寸单位：cm）

X_z表示桩号

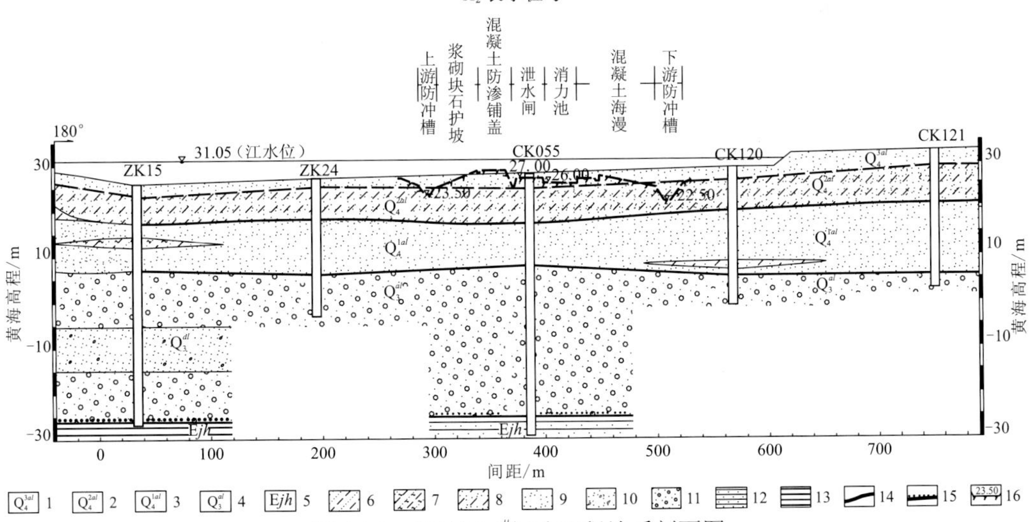

图 4.1.2　坝址区 4#闸孔工程地质剖面图

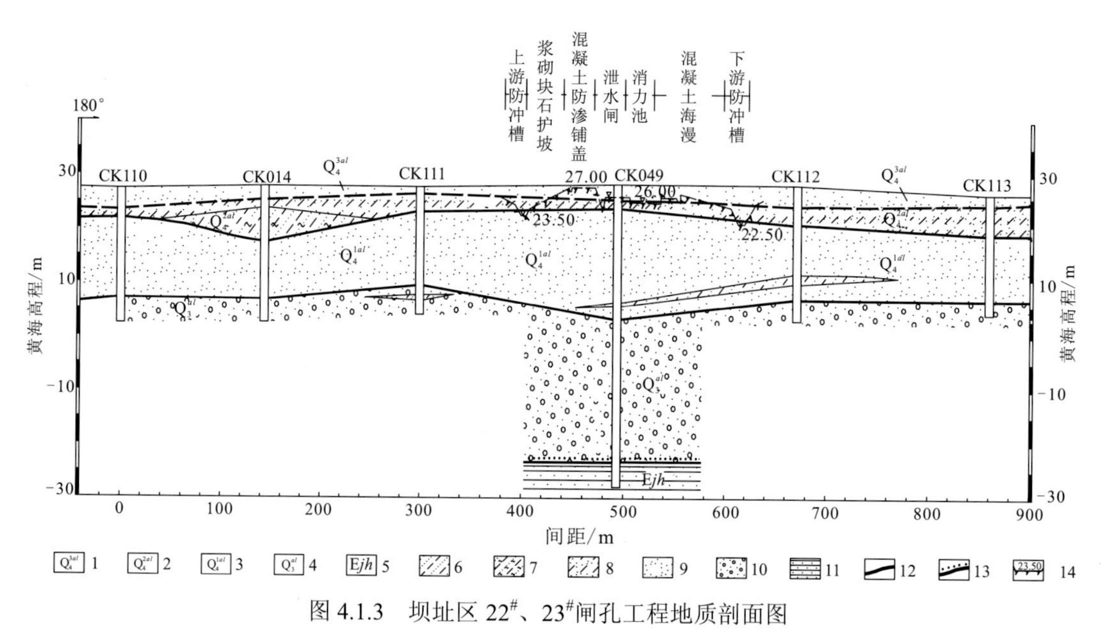

图 4.1.3　坝址区 22#、23#闸孔工程地质剖面图

1 为全新统上段冲积层；2 为全新统中段冲积层；3 为全新统下段冲积层；4 为上更新统冲积层；5 为古近系荆河镇组基岩；6 为粉质壤土；7 为淤泥质粉质壤土；8 为含泥粉细砂；9 为粉细砂；10 为砂砾（卵）石；11 为砂岩；12 为地层界线；13 为不整合界线；14 为建基面

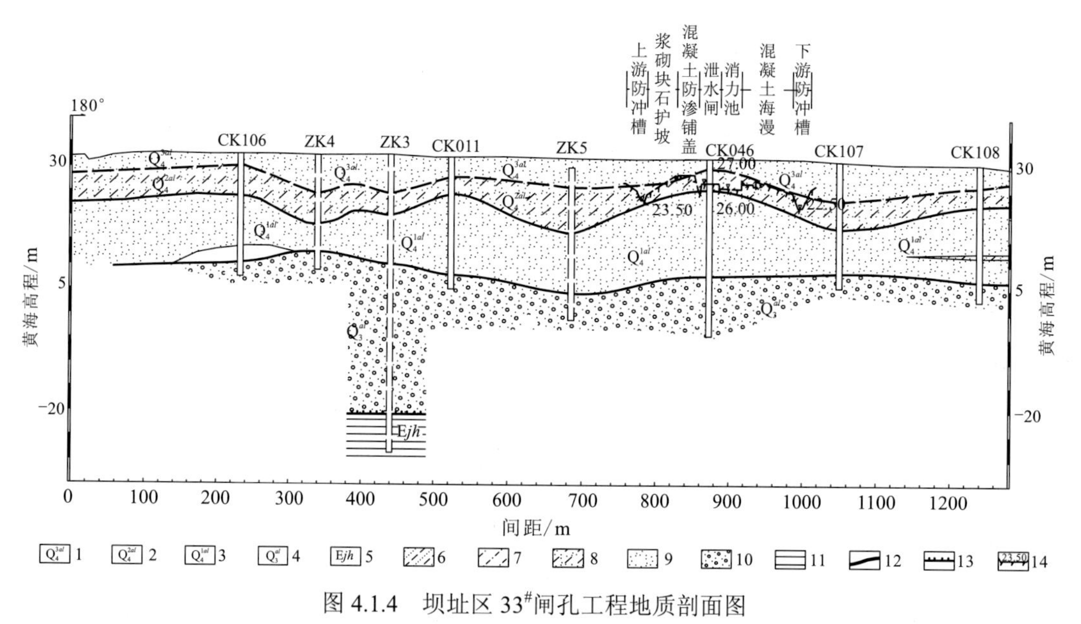

图 4.1.4　坝址区 33#闸孔工程地质剖面图

1 为全新统上段冲积层；2 为全新统中段冲积层；3 为全新统下段冲积层；4 为上更新统冲积层；5 为古近系荆河镇组基岩；6 为粉质壤土；7 为砂壤土；8 为含泥粉细砂；9 为粉细砂；10 为砂砾（卵）石；11 为黏土岩；12 为地层界线；13 为不整合界线；14 为建基面

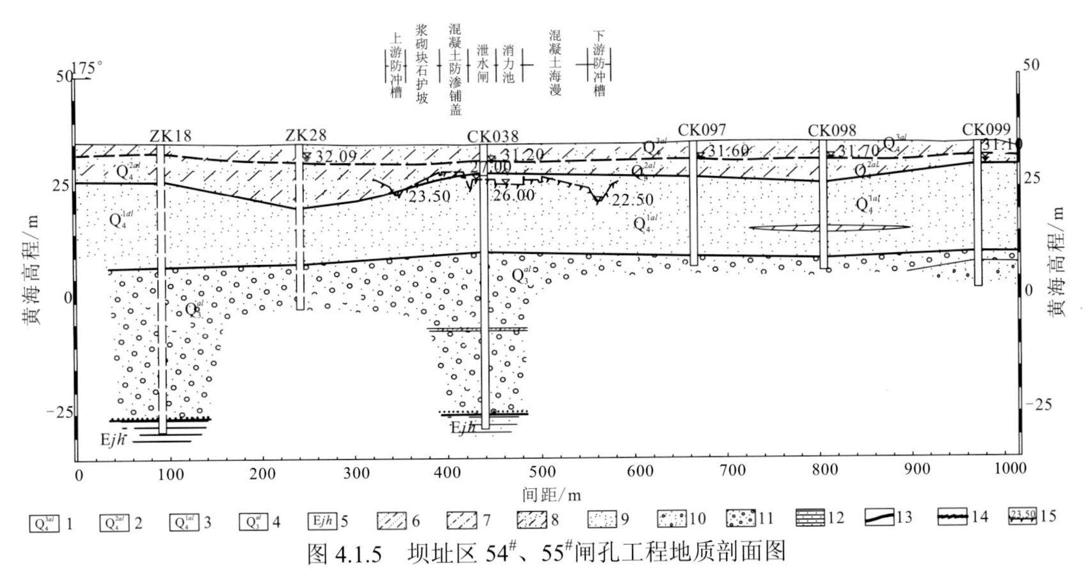

图 4.1.5　坝址区 54#、55#闸孔工程地质剖面图

1 为全新统上段冲积层；2 为全新统中段冲积层；3 为全新统下段冲积层；4 为上更新统冲积层；5 为古近系荆河镇组基岩；6 为粉质壤土；7 为砂壤土；8 为含泥粉细砂；9 为粉细砂；10 为含砾细砂；11 为砂砾（卵）石；12 为砂岩；13 为地层界线；14 为不整合界线；15 为建基面

4.1.2　闸底板高程及闸孔数

选择闸底板高程和闸孔总净宽时，过闸单宽流量和闸下冲刷是方案选择需要考虑的重点问题。坝址河床为深厚粉细砂和含泥粉细砂层，其下为砂砾石层和下伏基岩，粉细砂中值粒径为 0.09～0.18 mm，抗冲能力低。根据经验及规范要求，在粉细砂河床上建闸，过闸单宽流量一般选用 5～10 m^2/s。兴隆水利枢纽设计、校核洪峰流量为 19 400 m^3/s，如要控制过闸单宽流量为 10 m^2/s，即使考虑漫滩分流作用，泄水闸总净宽也需在 1 500 m 以上，远大于天然主河槽行洪宽度，不仅不经济，而且在布置上也很困难。一般的工程经验主要针对下游仅几米水深的条件，兴隆水利枢纽泄水闸有其特殊性，泄洪时下游水深高达十几米，明显不适用。

1. 闸底板高程选择范围

闸底板高程的选择范围根据坝线地形、泄水闸的任务及运行时下游水位确定。坝线处河槽中部为叶片状沙洲，两侧为深泓，枯水季节水流分成两汊。中部沙洲滩顶高程为 29～31 m，宽约 400 m，部分露出水面；深泓部位河底左侧高程为 24.5～27 m，右侧高程为 26.5～27 m；左侧布置泄水闸的低漫滩高程为 33～34 m，整个坝线的河槽平均高程约为 29.6 m。

闸底板高程选择的范围为 28～29.5 m。当闸底板高程为 28 m 时，可保证泄水闸基底基本上不采用回填基础，此时建基面高程为 25.5 m 左右，除左侧深泓局部小范围外，闸室建基面均为对河床表面进行清挖后形成。为了减小过闸单宽流量，减轻闸下冲刷，在河床地形条件、闸前壅水高度等允许的前提下，宜尽量采用较高的闸底板高程，同时随着闸底板高程的抬高，也将减小开挖量和闸墩高度，闸门金属结构工程量随之减小，从而降低工程造价。

闸底板高程选择的上限又受到常态下游水位控制。厂房两台机组发电下泄的常遇流量所对应的下游水位约为 30.2 m，如将闸底板高程进一步抬高，闸底板在枢纽下泄小流量时将出露下游水位，闸底板将受外界温度影响，对防裂不利。同时，为减轻对河段的影响，基本维持天然河道的过水面积，闸底板高程也不能抬高过多。此外，泄水闸下游浮式检修门吃水深度约为 0.6 m，若底板过高，在常遇流量时不能使用浮式门。因此，闸底板高程选择的上限为 29.5 m。

当闸底板高程抬高至 29.5 m 时，建基面高程为 27 m，左侧深泓宽约 140 m 的范围闸室基底需要回填，回填的粉细砂厚度平均约为 2.1 m。回填仅涉及闸底板及其前后的防冲板、混凝土海漫等部位，上、下游防冲槽部位并不回填，仍与原深槽相接。由于闸基本身存在粉细砂的沉降量大和饱和砂土的振动液化问题，需要对地基进行处理，地基处理采用格栅状布置的水泥土搅拌桩，桩长为 12 m，桩径为 0.6 m。对于回填地基，采用先回填再进行地基处理的办法，回填地基与开挖地基无大的差异，闸室建基面的回填与否，不成为闸底板高程选择的制约性因素。

2. 闸底板高程与闸孔数选择

当闸孔数相同，仅闸底板高程不同时，随着闸底板高程的抬高，水闸总过流量和单宽流量都减少，两岸滩地过流增大。以闸孔总净宽为 784 m 的 56 孔布置为例，闸底板高程为 28 m、29 m 和 29.5 m，下泄设计和校核流量 19 400 m^3/s 时，通过泄水闸下泄的总流量分别为 15 139 m^3/s、14 731 m^3/s 和 14 559 m^3/s，分别占总泄量的 78.0%、75.9% 和 75.0%，过闸平均单宽流量分别为 19.31 m^2/s、18.79 m^2/s 和 18.57 m^2/s。

兴隆水利枢纽以下泄设计和校核流量 19 400 m^3/s 时的闸孔过流面积接近天然状态下主河槽过流面积为原则，提出了以下三个闸孔数与闸底板高程组合方案。

（1）56 孔方案，闸底板高程为 29.5 m。

（2）60 孔方案，闸底板高程为 29.5 m。

在 56 孔方案的左侧再增加 4 个闸孔，以验证进一步减少过闸单宽流量的可能性和增加闸孔的效果。

（3）52 孔方案，闸底板高程为 29 m。

在 56 孔方案的基础上减少左侧的 4 个闸孔，为不增加上游水位壅高，闸底板高程降低 0.5 m，为 29 m。

1）56 孔方案

泄水闸为 56 孔，单孔净宽为 14 m，闸孔总净宽为 784 m，闸底板高程为 29.5 m。下泄设计和校核流量 19 400 m^3/s 时，泄水闸闸孔过流面积为 9 486 m^2，左岸滩地过流段宽 859.5 m，过流面积为 3 865 m^2，右岸滩地过流段宽 741.5 m，过流面积为 2 670 m^2。与天然河床对应部位的过流面积相比，泄水闸闸孔过流面积为天然主河槽过流面积的 97.4%，左岸漫滩和右岸漫滩过流面积分别为天然状态下的 52.7%和 56.8%。

2）60 孔方案

泄水闸为 60 孔，单孔净宽为 14 m，闸孔总净宽为 840 m，闸底板高程为 29.5 m。下泄设计和校核流量 19 400 m^3/s 时，泄水闸闸孔过流面积为 10 164 m^2，左岸滩地过流段宽 772.3 m，过流面积为 3 552 m^2，右岸滩地过流段宽 741.5 m，过流面积为 2 670 m^2。与天然河床对应部位的过流面积相比，泄水闸闸孔过流面积为天然主河槽过流面积的 104.4%，枢纽建成后的左岸漫滩和右岸漫滩过流面积分别为天然状态下的 48.5%和 56.8%。

3）52 孔方案

泄水闸为 52 孔，单孔净宽为 14 m，闸孔总净宽为 728 m，闸底板高程为 29 m。下泄设计和校核流量 19 400 m^3/s 时，泄水闸闸孔过流面积为 9 173 m^2，左岸滩地过流段宽 908.3 m，过流面积为 4 178 m^2，右岸滩地过流段宽 741.5 m，过流面积为 2 670 m^2。与天然河床对应部位的过流面积相比，泄水闸闸孔过流面积为天然主河槽过流面积的 94.2%，枢纽建成后的左岸漫滩和右岸漫滩过流面积分别为天然状态下的 57.0%和 56.8%。

3. 水工模型试验验证

对三个方案进行了水工模型试验研究。试验结果如下：

60 孔方案靠左侧滩地的几个闸孔过流较少，闸前断面流速分布较不均匀，全闸孔平均流速为 1.14 m/s，主河槽流速较大，闸前流速为 1.2～1.4 m/s，最大流速为 29$^{\#}$闸孔的 1.43 m/s，最小流速为 59$^{\#}$闸孔的 0.51 m/s。60 孔方案的横向流速分布较不均匀，最大流速为平均流速的 1.25 倍左右，计算单宽流量最大为 19.4 m^2/s，平均单宽流量为 15.3 m^2/s。流速小的闸孔位于最左侧（57$^{\#}$～60$^{\#}$闸孔），这 4 个闸孔闸前流速仅为 0.55～0.51 m/s，是平均流速的 33%。过闸水流经海漫调整后，流速分布情况较闸前要均匀一些，但仍表现为主河槽内闸孔流速要普遍大于布置在左侧滩地的闸孔。海漫末端断面最大流速为 1.14 m/s，相应单宽流量为 18.35 m^2/s，大流速分布位置对应于 1$^{\#}$～50$^{\#}$闸孔，流速为 0.7～1.14 m/s；小流速分布位置对应于最左侧闸孔（57$^{\#}$～60$^{\#}$闸孔），流速为 0.6～0.46 m/s，最小流速为 0.46 m/s 时，相应单宽流量为 7.4 m^2/s。右岸滩地过流段平均流速为 0.43 m/s，平均单宽流量为 1.64 m^2/s；左岸滩地过流段平均流速为 0.67 m/s，平均单宽流量为 3.31 m^2/s。过流比例为泄水闸 79.4%，右岸滩地 12.4%，左岸滩地 8.2%。

56 孔方案减掉了 60 孔方案最左侧滩地上 4 个过流较少的闸孔，闸前断面流速分布不均匀较 60 孔方案有改善，全闸孔平均流速为 1.39 m/s，主河槽流速较大，闸前流速为 1.1～1.75 m/s， 23$^{\#}$闸孔流速最大，为 1.75 m/s，56$^{\#}$闸孔流速最小，为 0.65 m/s。流速分布较为均匀，最大流速为平均流速的 1.26 倍左右，计算单宽流量最大为 21 m^2/s，平均单宽流量为 16.7 m^2/s。流速小的闸孔位于最左侧部分，56#闸孔闸前流速仅为 0.65 m/s。过闸水流经海漫调整后，流速分布情况较闸前均匀，但仍表现为主河槽内闸孔流速要普遍大于布置在左侧滩地的闸孔。海漫末端断面最大流速为 1.35 m/s，相应单宽流量为 21.6 m^2/s，大流速分布位置对应于 1#～50#闸孔，流速为 0.91～1.35 m/s；最小流速为 0.36 m/s，相应单宽流量为 5.8 m^2/s。过流比例为泄水闸 76.9%，右岸滩地 12.5%，左岸滩地 10.6%。

52 孔方案在 56 孔方案的基础上，减掉了最左侧的 4 个闸孔，同时闸底板高程降低 0.5 m。闸前断面流速分布不均匀继续有所改善，全闸孔平均流速为 1.58 m/s，主河槽流速较大，闸前流速为 1.19～1.95 m/s，23#闸孔流速最大，为 1.95 m/s，52#闸孔流速最小，为 0.71 m/s。流速分布较为均匀，最大流速为平均流速的 1.23 倍左右，计算单宽流量最大为 22 m^2/s，平均单宽流量为 17.3 m^2/s。流速小的闸孔位于最左侧，52#闸孔闸前流速为 0.71 m/s。过闸水流经海漫调整后，流速分布情况较闸前均匀，但仍表现为主河槽内闸孔流速要普遍大于布置在左侧滩地的闸孔。海漫末端断面最大流速为 1.46 m/s，相应单宽流量为 22.2 m^2/s，大流速分布位置对应于 1#～50#闸孔，流速为 0.95～1.45 m/s；最小流速为 0.42 m/s，相应单宽流量为 6.77 m^2/s。闸滩分流比为泄水闸 86.1%，右岸滩地 9.7%，左岸滩地 4.2%。

水工模型试验结果表明：52 孔方案、56 孔方案和 60 孔方案过流都存在一定的不均匀性，过流仍集中于原主河槽部位，靠左侧滩地的闸孔过流能力不及河槽部位的闸孔，过流均匀性为 52 孔方案最好，60 孔方案最差，56 孔方案居中。60 孔方案最左侧的 4 个闸孔过流能力较小，相对于 56 孔方案，左侧增加的 4 个闸孔过流能力较小，对减小过闸单宽流量和减轻闸下冲刷作用不大。52 孔方案的平均单宽流量和最大单宽流量较 56 孔方案分别增加 0.6 m^2/s 和 1 m^2/s，海漫末端最大冲刷深度增加 0.94 m，平均冲刷深度增加 0.41 m，综合考虑闸下冲刷防护、闸墩高度增加带来的底板受力影响等因素，经技术、经济比较，选择 56 孔方案。

4.1.3　泄水闸下游防冲

兴隆水利枢纽坝址河床的粉细砂中值粒径仅为 0.09～0.18 mm，水深为 1 m 时的抗冲流速为 0.20～0.25 m/s，加之粉细砂结构松散，颗粒之间无黏性，水下稳定坡比为 1∶12～1∶8，一旦出现冲刷则发展过程快，扩散范围大，溯源冲刷很快直接危及泄水闸主体结构安全，采取应急措施难度大。同时，泄水闸设计过闸单宽流量为 20 m^2/s，突破了规范[6]中粉细砂河床建闸单宽流量一般不超过 10 m^2/s 的规定，也由此带来防冲安全技术挑战。

泄水闸采用底流消能方式，消力池长 29 m，池深 1.0 m，池底高程为 27.5 m，尾部设消力槛，槛顶高程为 28.5 m，消力池后接海漫、抛石防冲槽等设施。底流消能只能消除出闸水流一部分能量，出消力池水流紊动现象仍较剧烈，底部流速大，还需设置海漫进一步消减水流剩余能量，调整流速分布，使水流接近天然流态，减轻对下游河床的冲刷。经对多种可能出现的最不利水位、流量组合情况进行计算分析，海漫总长度取 70 m，按功能要求分别采用两种结构形式。

前段长 20 m 为钢筋混凝土海漫，重在抗冲，采用 50 cm 厚的钢筋混凝土现浇结构，并在海漫下游端齿槽下设垂直防淘墙，防淘墙结构形式采用钢筋混凝土地下连续墙，墙深 12 m，墙体厚度为 60 cm，墙顶与刚性海漫通过拉筋连接，混凝土强度为 C30，可阻止溯源冲刷，保证泄水闸主体结构的安全。后段长 50 m，采取 H 形预制嵌套柔性混凝土海漫，重在进一步消能，调整水流。

兴隆水利枢纽泄水闸下游防冲消能布置见图 4.1.6。

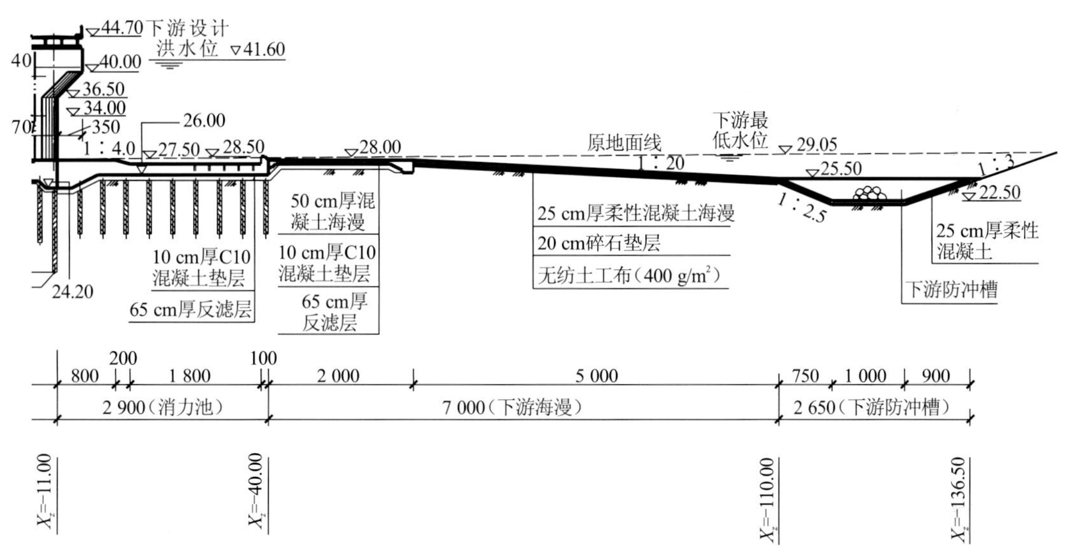

图 4.1.6　兴隆水利枢纽泄水闸下游防冲消能布置（高程、桩号单位：m；尺寸单位：cm）

X_z表示桩号

1. H 形预制嵌套柔性混凝土海漫

1）形式研究

常用的海漫形式中堆石、干砌石、格宾为散粒体，没有整体性，出现局部损坏时流态恶化，易向周边扩大，可靠度不高，施工质量的保证难度大，混凝土或框格浆砌石式海漫整体性能较好，但施工工效低，兴隆水利枢纽坝址区域石渣料匮乏，外购运距约 80 km，成本较高，常规混凝土海漫为保证施工质量，最小厚度不宜小于 25 cm，混凝土海漫适应变形能力差，表面粗糙度小，不利于调整流速分布，需在表面增设加糙条，施工复杂，造价较高。

根据布置要求，后 50 m 海漫起始高程为 28 m，采用 1 : 20 的坡度与末端防冲槽相接，连接高程为 25.5 m，以逐步增加水深，减缓流速，在进一步消能的同时调整流速分布。这部分海漫应具有一定的柔性、透水性和表面粗糙性，还要考虑所保护的粉细砂河床的特点。兴隆水利枢纽坝址河床的粉细砂中值粒径仅为 0.09～0.18 mm，水深为 1 m 时的抗冲流速为 0.20～0.25 m/s，水下休止角小，冲刷扩散范围大，经计算，海漫一旦损毁，河床冲刷深度将超过 21 m，且由于冲刷深度大、发展过程快，采取补救措施难度大，溯源冲刷很快直接危及泄水闸安全，因此必须采用一种可靠度高、整体性好、抗冲能力强、能较好地适应地基可能出现的局部冲刷破坏的海漫形式。

设计采用了嵌套式的柔性混凝土海漫，嵌套的混凝土块体强度等级为 C20，采用干硬性混凝土挤压成型，可在工厂预制，能大幅提高工效，保证施工质量，块体拼装简单，施工速度快，施工简便。由于块体制作总量超过 40 万块，考虑机械购置成本摊销后，相比于混凝土或框格浆砌石式海漫依然有较大的价格优势。

块体平面设计成 H 形，单块长度和宽度都为 48 cm，单个净面积为 0.131 4 m^2，腿高 14.5 cm，腰高 19 cm，两腿内细外粗，腿间内空则口小腔大，拼装后相邻块体能相互嵌套；此外，为增加粗糙系数及便于搬运，腰部设了两个 7 cm×10 cm 的开孔，腰间也内收 2.5 cm，拼装后形成开孔，块体厚度为 25 cm，单块重量约为 79 kg。拼装方式为横水流方向同排中心线间距为 25 cm，顺水流方向中心线间距为 36.5 cm，块体间净间距为 2 cm。拼装后面积开孔率为 26%[20]。

块体体型见图 4.1.7，拼装见图 4.1.8。

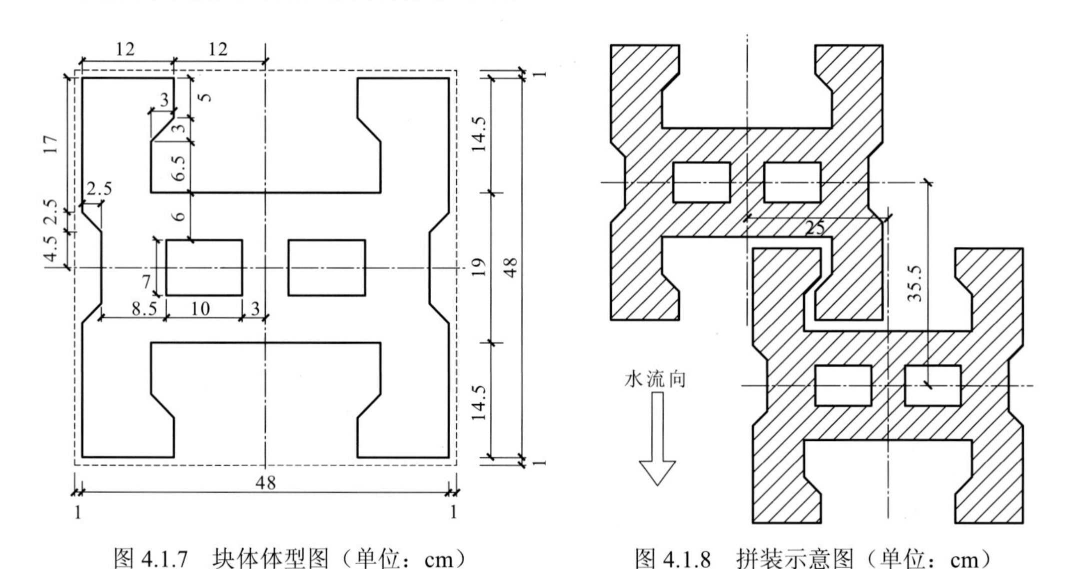

图 4.1.7 块体体型图（单位：cm）

图 4.1.8 拼装示意图（单位：cm）

从粉细砂河床表面自下而上，柔性混凝土海漫的构造依次为土工布（400 g/m^2）、碎石垫层（厚度为 20 cm，粒径为 2～4 cm）、土工网（CE121）和嵌套混凝土块体。土工网网眼尺寸为 6 mm×8 mm，防止碎石从块体孔洞和间隙中冲出。

2）试验验证

模型模拟 2 个闸孔(净宽共 28.0 m)、中间一个完整闸墩及左右 2 个半闸墩，共 34.0 m 宽，在宽为 1.0 m 的玻璃水槽内进行模型试验。模型为几何比尺为 1∶33 的正态断面模型。模型模拟长度为原型上游防冲槽以上 21.0 m 至下游防冲槽以下 64.0 m。模型动床范围为泄水闸下游钢筋混凝土海漫以下，包括柔性混凝土海漫、防冲槽及下游部分地形。

模型模拟的柔性混凝土海漫见图 4.1.9。

图 4.1.9　模型模拟的柔性混凝土海漫

整体性试验：将柔性混凝土海漫直接铺设在动床上，试验过程中，河床砂从柔性混凝土海漫块体孔洞和间隙中冲出，柔性混凝土海漫下陷，极端工况下最大下陷深度为 12.5 m，沉陷差为 9.4 m，柔性混凝土海漫依然嵌套紧密，伏贴在砂面上，未出现块体脱出现象，也未向下游移动，表明嵌套式的柔性混凝土海漫整体性和柔性优良，适应变形能力强。

抗冲性能试验：泄水闸过闸单宽流量为 20 m^2/s 时的最大流速为 3.2 m/s，试验将起始端流速增大到 5 m/s，柔性混凝土海漫也依然完好，表明新型嵌套式的柔性混凝土海漫抗冲性能优良。

另外，上游至下游沿程断面上流速分布的测量结果显示，流速分布从底部流速大于平均流速逐渐调整为底部流速小、表面流速大，说明海漫表面粗糙系数大，调整流态作用好。

3）施工工艺

块体铺设范围顺流向开始于刚性海漫下游边线 36.5 cm 处，直到下游堆石防冲槽末端，长约 76 m，共 219 排；横水流方向为下游左、右挡土墙之间，宽约 951.5 m，共 1 902 列或 1 903 列，总计 41.6 万块。

柔性混凝土海漫与周边连接构造见图 4.1.10，柔性混凝土海漫现场铺设拼装见图 4.1.11。

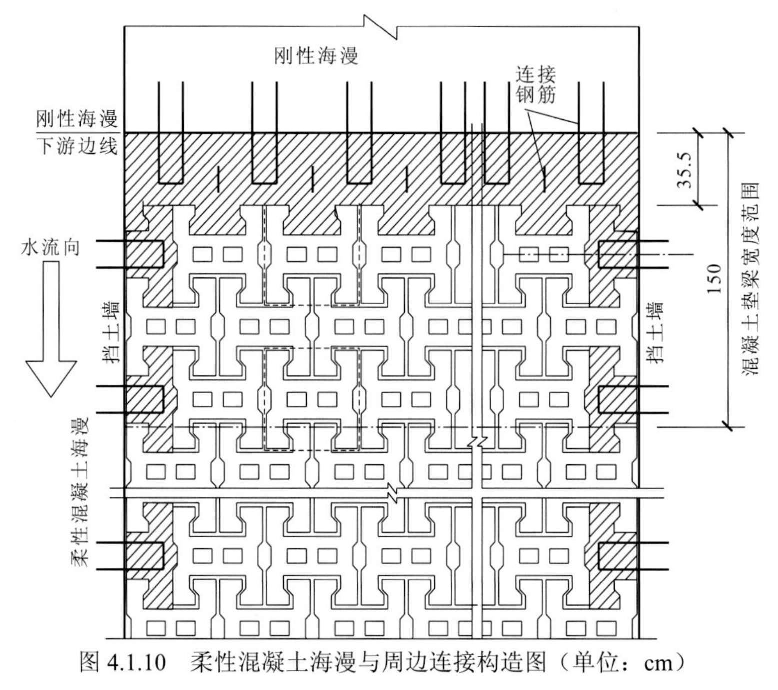

图 4.1.10 柔性混凝土海漫与周边连接构造图（单位：cm）

阴影部分为现浇混凝土

图 4.1.11 柔性混凝土海漫现场铺设拼装

柔性混凝土海漫块体制作采用干硬性混凝土挤压成型技术，施工选用 HQTY8-15C 型自动砌块成型机。自动砌块成型机由配料机、搅拌机、输送机、送板机、砌块成型机、出砖机、堆高机等组成，可由计算机自动控制，实现了机、电、液一体化和流水作业。成型过程采用液压加压，台振与模振相结合，成型速度快，块体密实度好。每次成型 2 块，生产周期为 15～20 s，日生产能力为 2 880 块，月生产能力为 72 000 块（每月按 25 天估算），设备生产能力能满足施工强度要求。

干硬性混凝土的粗骨料使用粒径为 5～10 mm 的人工碎石，细骨料为天然巴河砂，细度模数在 2.4～3.0，胶凝材料为普通硅酸盐水泥和粉煤灰，混凝土配合比根据试验确定，水：水泥：粉煤灰：砂：碎石=0.616：1：0.539：2.86：3.616，稠度 V_c 控制在 15～20 s。

制作场地在基坑内就近选择。对成型块体进行了生产全过程的抽样容重检测，全部大于 24 kN/m^3，表明块体密实度好。3 天、7 天、28 天强度抽样检测也全部满足设计要求，且前期强度较高，对大面积快速拼装有利。块体制作从 2011 年 4 月开始，历时约 230 天完成，每天制作约 2 000 块。

要求控制表面不平整度不超过 5 cm，相邻块体间高差不超过 1 cm，现场检测全部达到要求。

2. 垂直防淘墙

1）垂直防淘墙布置

防淘保护分为水平保护和垂直保护两大类。兴隆水利枢纽就水平保护而言，消能防冲设施已经满足了相关规程、规范的要求，模型试验表明无论何种工况水跃均不出池，在钢筋混凝土铺盖上增设消能工作用有限，在此基础上，进一步加强水平防护措施作用不明显。

汉江某枢纽的泄水闸干砌石海漫，在不大的下泄量下，因个别闸孔调度失误而引起大面积海漫水毁，另一枢纽建成运用不久，在泄洪过程中泄水闸格宾海漫发生水毁，东江某枢纽的泄水闸干砌石海漫在少数闸孔泄水时，因下游水位低，大面积海漫水毁。所幸上述工程的河床以软质岩石为主，抗冲能力较强，冲刷发展有一个过程，冲坑四周边坡稳定性较好，经采取补救措施，未引起危害性事故。

考虑到兴隆水利枢纽基础为深厚粉细砂，抗冲刷能力极低，56 孔泄水闸调度复杂，要求严格，在实际应用调度中可能会出现偏差，同时闸后消能防冲设施面积大，施工质量和工艺水平对水闸安全运行有重要影响，坝下捕捞等人为活动可能造成消能防冲设施的局部损坏等因素，为防止闸后海漫发生局部破坏后，粉细砂基础快速反淘，冲坑向上游迅速发展，危及消力池及水闸安全，同时防止工程施工、应用调度等可能带来的不利影响，加强工程的安全性，选择在刚性混凝土护坦末端设置垂直混凝土防淘墙，以增加工程的安全冗余。

防淘墙设置于刚性海漫下游端齿槽下，一侧延伸至下游泄水渠的边坡，另一侧延伸至电站厂房尾水渠护底末端，总长 1 143 m。防淘墙结构形式采用钢筋混凝土地下连续墙。防淘墙布置见图 4.1.12。

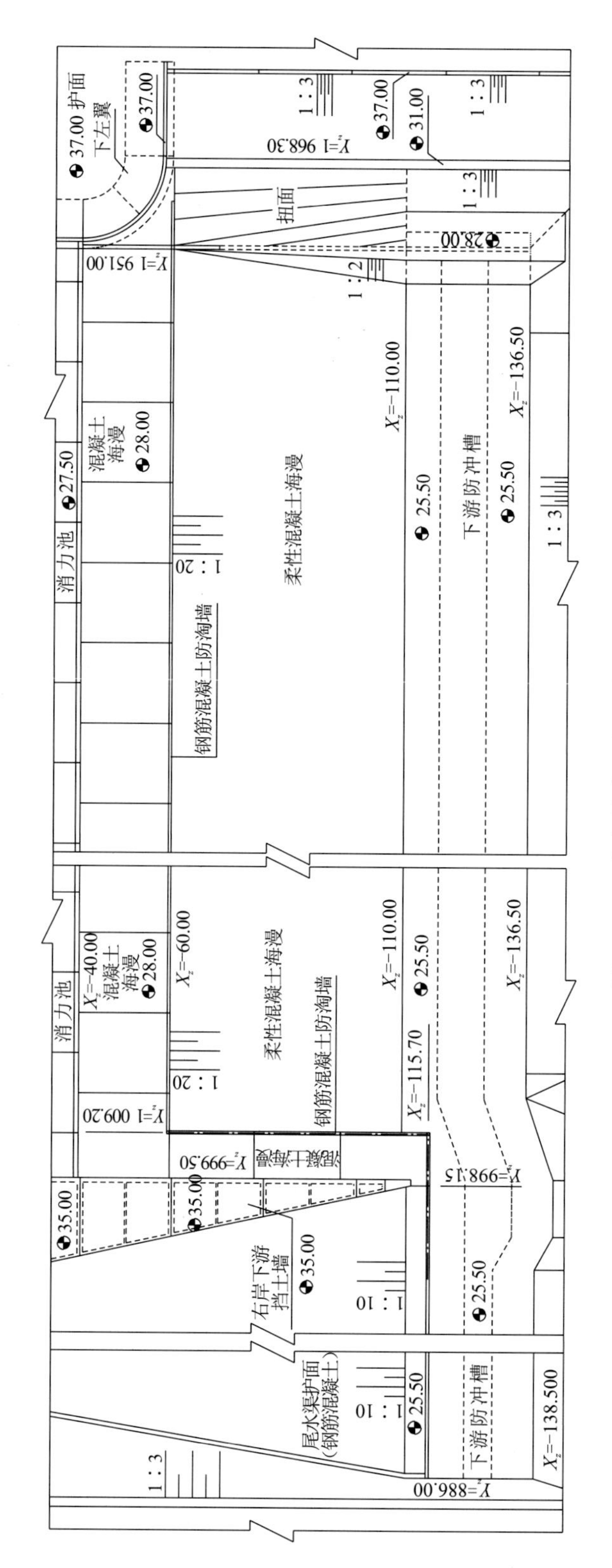

图 4.1.12　防淘墙布置图（单位：m）

X_z、Y_z表示桩号

2）垂直防淘墙结构设计

垂直防淘墙防冲深度依据断面模型试验成果确定，模型试验表明，在柔性混凝土海漫底部土工布等防护措施遭到破坏的情况下，当下泄最大流量 19 400 m^3/s 时，柔性混凝土海漫出现整体性塌陷，中部最大塌陷深度为 16.2 m，刚性海漫与柔性混凝土海漫相接处塌陷深度为 5.8 m。

柔性混凝土海漫下的粉细砂河床冲刷形态见图 4.1.13。

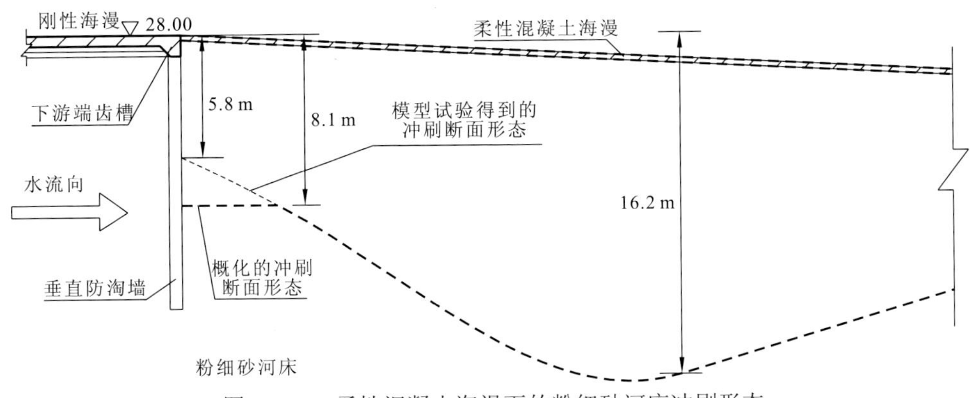

图 4.1.13　柔性混凝土海漫下的粉细砂河床冲刷形态

由于刚性海漫与柔性混凝土海漫相接处塌陷深度小于最大塌陷深度的一半，概化后取最大塌陷深度的一半即 8.1 m 作为防淘墙设计防护深度。防淘墙上游侧土压力按主动土压力计算，下游侧设计防护深度以下的土压力按被动土压力计算。防淘墙上、下游侧水压力相互平衡，粉细砂容重取浮容重 10 kN/m^3，水下内摩擦角取 26°，按兰金（Rankine）公式计算土压力。

防淘墙嵌固深度计算模式为：防淘墙与海漫齿槽按铰接考虑，被动土压力对铰接点 Z 取矩与主动土压力对该点取矩的比值不小于 1.20，该比值称为嵌固安全系数。设计取嵌固深度为 4.9 m，相应嵌固安全系数为 1.23，防淘墙深度为 12 m，墙底高程为 15 m。

计算图见图 4.1.14。

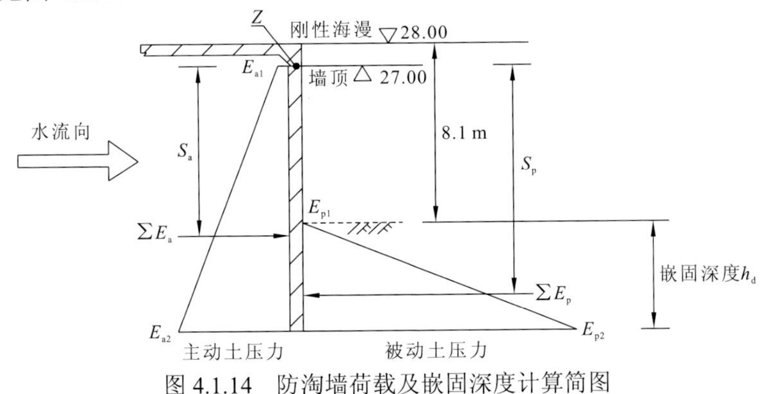

图 4.1.14　防淘墙荷载及嵌固深度计算简图

S_a 为主动土压力合力 $\sum E_a$ 到墙顶的距离；S_p 为被动土压力合力 $\sum E_p$ 到墙顶的距离；E_{a1}、E_{a2} 为墙顶、墙底的主动土压力；E_{p1}、E_{p2} 为地面、墙底的被动土压力

地面高程以上，防淘墙上游侧承受的荷载为粉细砂主动土压力，地面高程以下嵌固深度范围内以双侧弹簧模拟土体支撑嵌固作用。弹簧等效刚度计算公式为

$$K=m\times z\times b\times h$$

式中：m 为粉细砂水平抗力系数的比例系数；z 为概化的冲刷后地面以下的深度，m；b 为计算宽度，m；h 为弹簧模拟的土层厚度，m。

墙顶边界条件按铰接处理，墙底不另加边界条件。

计算采用有限元法，墙身厚度先设为 60 cm，墙身混凝土强度等级为 C30。墙体取单宽计算，墙体单元采用 BEAM188，防淘墙共划分为 60 个单元，单元长度为 0.2 m。弹簧采用 COMBIN14 单元模拟，上、下游侧各 25 个单元，一端与墙体单元节点连接，另一端固定，单元长度取为 1 m，弹簧常数取为等效刚度 K。

防淘墙结构受力计算模型见图 4.1.15。

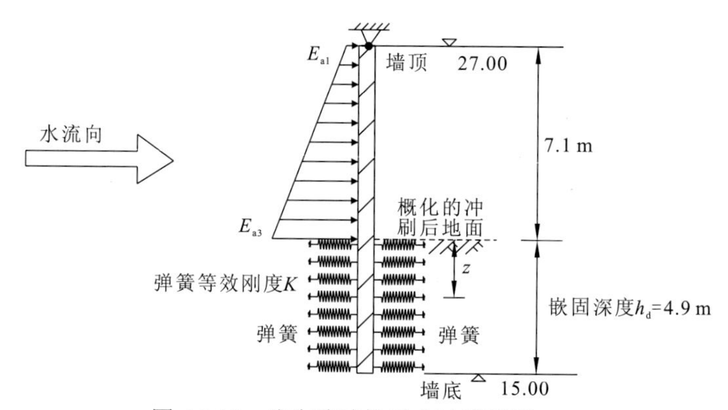

图 4.1.15　防淘墙结构受力计算模型

E_{a1} 为墙顶受到的主动土压力；E_{a3} 为防淘墙下游冲刷面对应位置受到的主动土压力

粉细砂水平抗力系数的比例系数 m 取值区间，参考当时的执行规范《港口工程地下连续墙结构设计与施工规程》（JTJ 303—2003）[21]在 2～4 MN/m^4，参考当时的执行规范《建筑桩基技术规范》（JGJ 94—94）[22]在 6～14 MN/m^4；此外，根据《建筑基坑支护技术规程》（JGJ 120—2012）中经验公式计算的比例系数 m 为 10.92 MN/m^4[23]。分别取比例系数 m 为 3 MN/m^4、6 MN/m^4、9 MN/m^4 和 10.92 MN/m^4 进行计算对比。

计算采用生死单元技术处理嵌固段受拉弹簧，在初次计算结果的基础上，杀死出现受拉的弹簧单元后重新计算，直到弹簧单元不出现受拉为止。计算结果显示，嵌固段以上防淘墙为下游侧受拉，最大弯矩出现位置距墙顶约 1/3 墙高；在嵌固段则转变为上游侧受拉，出现反转的位置约在概化的冲刷后地面以下 1 m 处。

比例系数 m 取值为 6 MN/m^4 时的墙身弯矩见图 4.1.16。

不同 m 取值计算结果对比见表 4.1.1。

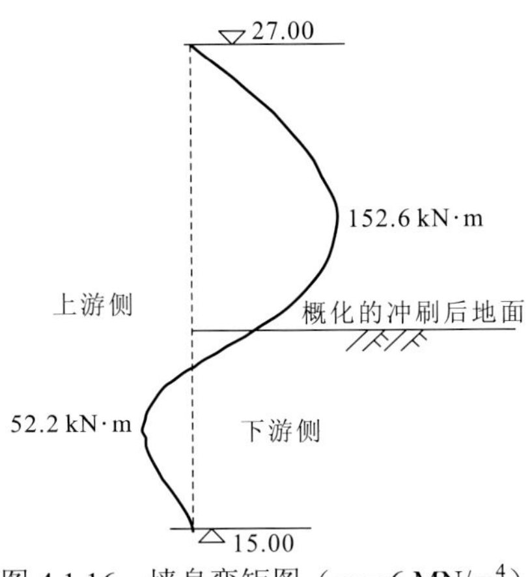

图 4.1.16　墙身弯矩图（$m = 6$ MN/m^4）

表 4.1.1　不同 *m* 取值计算结果对比表

m 取值 /（MN/m^4）	下游侧最大受拉弯矩 /（kN·m）	上游侧最大受拉弯矩 /（kN·m）	墙身最大位移 /mm
3	174.5	28.0	3.3
6	152.6	52.2	2.6
9	142.1	64.6	2.3
10.92	137.8	69.4	2.1

由表 4.1.1 可见，比例系数 *m* 越小，下游侧墙身承受的最大受拉弯矩越大，但并不敏感。比例系数 *m* 从 3 MN/m^4 增大到 10.92 MN/m^4，下游侧墙身最大受拉弯矩减少了 21%。

综合考虑，取比例系数 *m* 为 6 MN/m^4 的计算结果作为配筋依据。墙身单宽下游侧配置 5ϕ22 mm 钢筋，上游侧配置 5ϕ18 mm 钢筋。配筋率适中，墙体厚度为 60 cm。

3. 闸下抗冲消能检测

2013 年 8 月，进行了泄水闸运用后的首次闸下全面水下地形测量，此时水电站首台机组尚未投入运用，泄水闸已连续 4 个月承担全部水流下泄任务。测量范围顺流向从海漫起始端至防冲槽下游共 120 m。测量采用水下测深仪，利用全球定位系统定位，测点平均间距顺流向为 1 m，横水流向为 5 m。测量结果显示，运用较多的 11#～40#闸孔对应的防冲槽后河床冲刷深度较大，最大达 20 m 左右，防冲槽堆石出现坍塌，但海漫部位均未出现异常情况，表明海漫保护河床作用良好，使用较少的 49#～56#闸孔海漫出现了淤积。根据检测情况，汛后对防冲槽下游冲坑较深部位进行了补充抛石。

20#闸孔闸下实测水下地形断面见图 4.1.17。

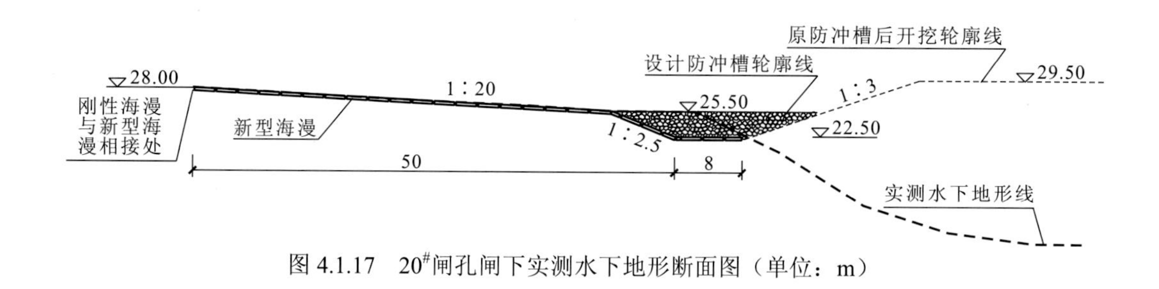

图 4.1.17　20#闸孔闸下实测水下地形断面图（单位：m）

4.1.4　渗控设计

1. 渗控方案选择

泄水闸采用格栅状的水泥土搅拌桩进行地基处理，虽然水泥土搅拌桩的渗透系数可以达到 $i\times10^{-6}$ cm/s（i 为 1～9 内的任意数），考虑到水泥土搅拌桩垂直度控制误差，格栅下部搭接厚度较难保证，同时水泥土搅拌桩均匀性也难以严格保证，从偏于安全考虑，不计水泥土搅拌桩对粉细砂渗透性的影响。

渗控设计进行了水平铺盖防渗、垂直防渗墙防渗，以及以垂直防渗为主、以水平防渗为辅的三种方案的比较。由于建筑物基础是上层为粉细砂、下层为砂砾石的深厚透水地基，水平铺盖防渗的效果较差，水平防渗长度达 60 m 仍不能满足要求。垂直防渗的防渗墙深度需达 22 m。采用以垂直防渗为主、以水平防渗为辅的方案，水平铺盖长度为 30 m，防渗墙深度为 16 m，同时水平铺盖还兼起防冲作用。经技术、经济比较，泄水闸采用以塑性混凝土防渗墙垂直防渗为主、以钢筋混凝土水平铺盖防渗为辅的防渗形式。

水平铺盖顺流向长 30 m，厚 50 cm，底板与闸室平齐，兼起防冲作用。铺盖顺流向设一道结构缝，原位于闸前 15 m 处，为便于施工门机布置，分缝位置向上游调整了 3 m；横流向分缝位置对应于闸孔正中，分缝长度为 17 m，所有分缝处都设有紫铜止水及过缝钢筋。

塑性混凝土防渗墙设于闸室前端齿槽下，墙底高程为 10 m，厚 40 cm，墙顶伸入齿槽内 30 cm，墙顶与齿槽间设有止水和沥青柔性接头。塑性混凝土防渗墙技术指标为：抗压强度 $R_{28}\geqslant3$ MPa，弹性模量 $E_{28}<2\,500$ MPa，渗透系数 $k<i\times10^{-7}$ cm/s，允许渗透比降 $[J]>50$。

兴隆水利枢纽渗控布置见图 4.1.18。

2. 反滤设计

粉细砂作为最容易发生渗透变形的一类土体，做好反滤设计尤为重要。反滤层设在渗流出口段的消力池、刚性海漫下面，总厚度为 65～75 cm，从下到上分为三层，最下层为粗砂层，厚 30 cm，对粉细砂进行反滤保护，是反滤层设计的关键层；往上是粒径为 1～2 cm 的瓜米石，厚 20 cm；最后是粒径为 2～4 cm 的碎石层，厚 15～25 cm。消力池后半段和刚性海漫上设计了梅花形布置的排水孔，孔径为 50 mm，间距为 1 m。

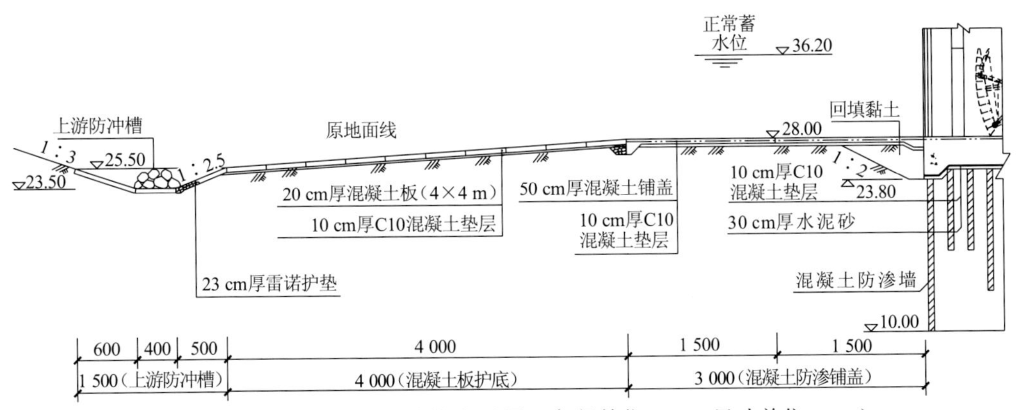

图 4.1.18　兴隆水利枢纽渗控布置图（高程单位：m；尺寸单位：cm）

为确保粗砂对粉细砂起到良好的反滤保护作用，在消力池和刚性海漫等渗流出口段部位对表层粉细砂现场取样 18 点，所用的粗砂在巴河不同河段取样 4 处共 12 点，进行了颗分和室内反滤试验研究。表层粉细砂包线见图 4.1.19，天然粗砂反滤料包线见图 4.1.20。

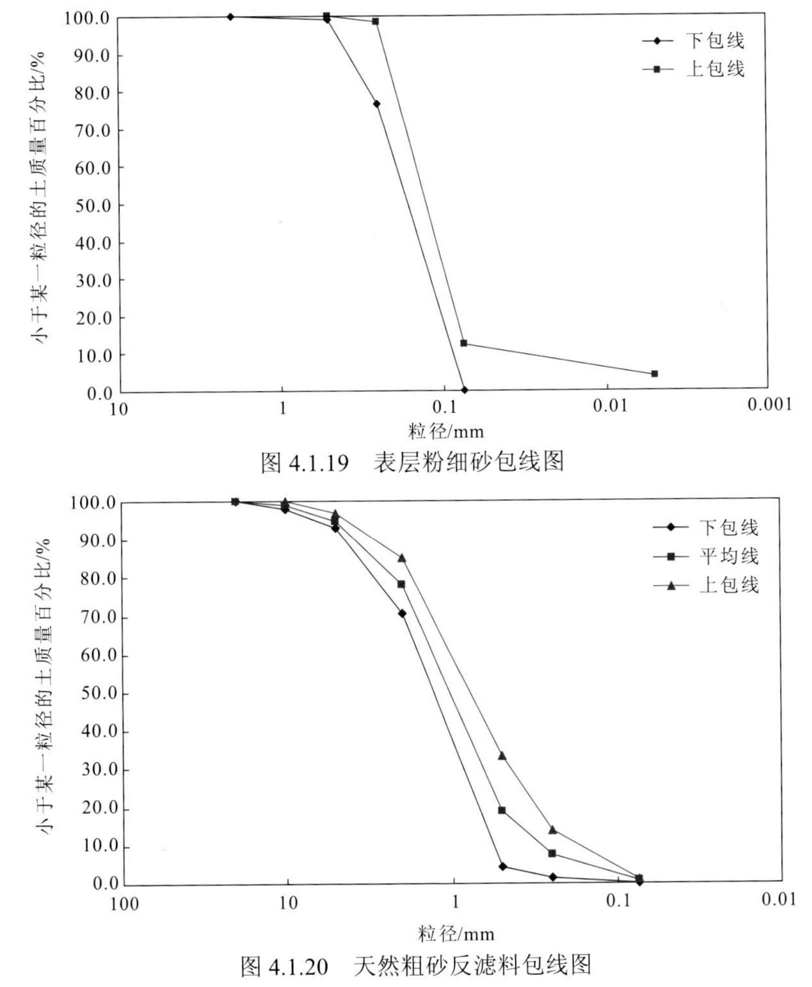

图 4.1.19　表层粉细砂包线图

图 4.1.20　天然粗砂反滤料包线图

研究结果表明，不同级配的天然粗砂对粉细砂均起到一定的反滤保护作用，粉细砂破坏比降较天然状态下有所提高，但提高幅度还不够理想，筛除粒径小于 0.5 mm 的颗粒后，反滤性能有较大改善。根据试验成果，需对粗砂进行冲洗筛分，控制粒径小于 0.5 mm 的颗粒含量不超过 2.5%，要求的设计粗砂颗粒级配包络曲线见图 4.1.21。冲洗筛分宜结合采砂工作进行。

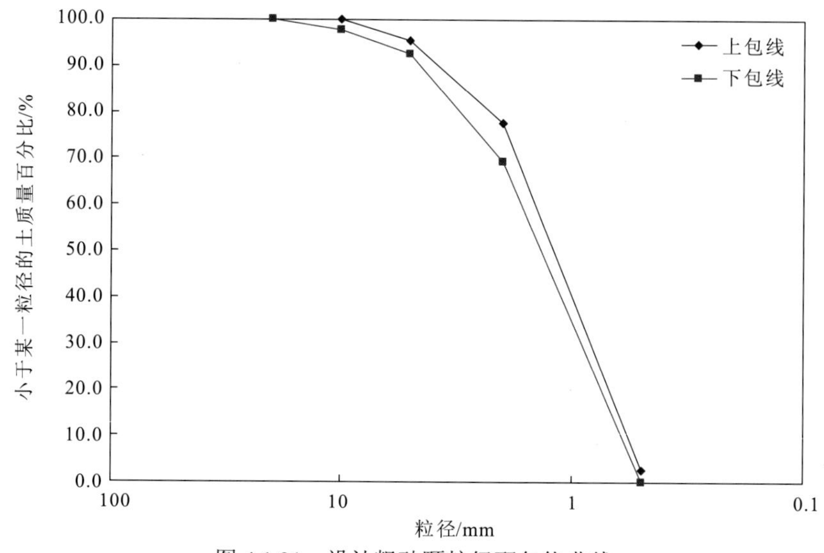

图 4.1.21　设计粗砂颗粒级配包络曲线

瓜米石的颗粒级配包络曲线则根据太沙基（Terzaghi）反滤准则计算确定，见图 4.1.22。

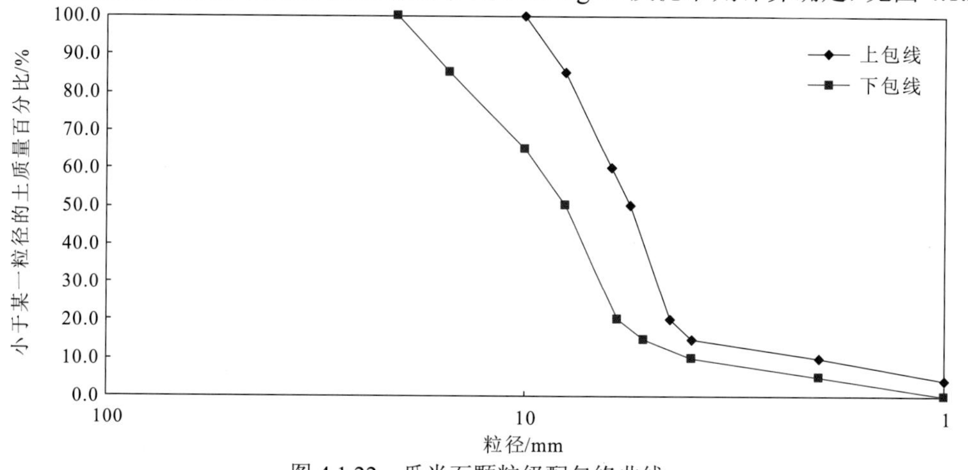

图 4.1.22　瓜米石颗粒级配包络曲线

4.1.5　水泥砂垫层现场试验

泄水闸闸基为粉细砂，采用水泥土搅拌桩处理，桩径为 600 mm，桩长为 12 m，呈格栅状布置，格栅之间布置有调整地基均匀性的散点状水泥土搅拌桩，水泥土搅拌桩置换率约为 20%。水泥土搅拌桩桩顶施工高程为 27 m，桩顶设计高程为 26.6 m，桩头 40 cm 需挖除。在桩顶和闸室底板之间设置褥垫层，调整桩和土对荷载的分担比，以充分发挥桩间土的作用。褥垫层通常采用级配碎石、粗砂等颗粒性材料，考虑兴隆水利枢纽地基为粉细砂，采用级配碎石、粗砂等颗粒性材料将在建筑物基底形成渗透层，不利于工程安全运行。

结合兴隆水利枢纽的实际情况，主要考虑到泄水闸基坑开挖料粉细砂品相较好，除局部粉细砂含泥量较大或含有淤泥质土外，大部分粉细砂较为纯净，含泥量较少；粉细砂自身弹性模量较高，又为散粒体，采用水泥进行改性，可大幅提高材料的弹性模量，降低渗透系数；充分利用泄水闸基坑开挖料，就地取材，减少工程弃渣，降低工程投资。设计采用粉细砂与水泥拌和后的水泥砂作为褥垫层，水泥砂既有一定的硬度，又能降低其渗透系数。水泥砂铺设厚度为 30 cm，其上再铺设 10 cm 厚的 C10 混凝土垫层。

采用水泥砂作为褥垫层，在水泥砂拌制、施工参数等方面无现成经验可参照，需通过生产性试验来确定。

1. 水泥砂垫层设计指标

水泥砂垫层的主要设计指标为：夯填度≤0.87；水泥掺量为 6%（重量比）；水泥砂垫层的最优含水量、摊铺方式和摊铺厚度、碾（夯）压方式、碾（夯）压遍数需通过试验确定。

2. 水泥砂的拌制

1）拌和方式

泄水闸水泥砂垫层总量为 7 384 m^3，最大单仓填筑施工面积为 860 m^2，合 258 m^3。若采用人工小规模的拌制方式，水泥掺量和加水量需由人工控制，同时拌和人为影响因素多，较难保证拌和的均匀性，质量控制难度大；同时，人工小规模的拌制方式工效低，也很难满足施工强度要求。为此，考虑采用混凝土搅拌站中的其中一座 HZ90-2F1500 型拌和站集中拌制，同时为了避免水泥砂拌制对混凝土拌制的影响，水泥砂尽可能地进行集中施工。

2）材料选择

水泥砂的构成材料，主要有粉细砂、水泥和水，材料选择的关键是粉细砂。兴隆水利枢纽基坑开挖料主要为粉细砂，局部部位粉细砂含泥量较大，有些还夹有淤泥质土，因此对粉细砂应进行必要的选择，应选取较纯净、含泥量少的粉细砂，不含结团结块、草根植被等有机杂物。水泥为混凝土施工所用的 P.O 42.5 普通硅酸盐水泥。混凝土拌和用水直接从江中抽取。

3）拌和质量控制

水泥砂拌制的质量控制要点主要为：配合比控制、拌和均匀度的控制。为控制水泥砂的拌和质量，主要采用以下方式。

（1）配合比控制：利用拌和站的称量系统，自动控制粉细砂、水泥和水的投放量。由于粉细砂中自然含水，为准确控制用水量，每班进行粉细砂含水量测定，根据实际的含水量，测算粉细砂的实际投入量及水泥掺量，校正拌和系统的加水量。

（2）拌和均匀度的控制：粉细砂由于其自身颗粒粒径很小，且其自身有一定的含水量，若按照拌和站常规的投料顺序，水泥与粉细砂中的水结合成颗粒，拌和后的水泥砂中水泥呈现明显的颗粒状，显示拌和不够均匀。通过试验，调整拌和站投料顺序，即先将水泥与水搅拌成水泥浆，然后再加入粉细砂进行搅拌，同时适当延长搅拌时间，有效地解决了水泥砂拌和不均匀的问题。

3. 水泥砂施工参数试验

在正式生产前进行了生产性试验，获取施工参数，以确保水泥砂指标满足设计要求。

前期已通过试验确定水泥砂的最优含水率为12%，最大干密度为1.6 g/cm^3。施工参数试验时按照设计水泥掺量6%配合比拌制水泥砂。水泥砂松铺厚度为35 cm，生产性试验采用了重型和轻型两种设备进行碾压与振捣试验。重型设备为18 t压路机，为避免实际施工条件下振动碾压对下部水泥砂搅拌的不利影响，采用静压方式，碾压次数为3次、5次和7次。轻型设备为ZW-10型附着式混凝土振捣器，采用表面振捣方式，振捣次数为3次、5次和7次。通过试验取得相关技术指标，选择确定适用的施工参数。

在试验中发现，重型碾压设备不适应泄水闸底板复合地基的施工环境，容易出现陷车而无法正常碾压的现象，因此采用ZW-10型附着式混凝土振捣器进行水泥砂振捣。

通过现场试验，按35 cm松铺厚度，进行5次表面振捣，水泥砂各项指标可以满足设计要求。水泥砂夯填度试验成果见表4.1.2，相对密度试验成果见表4.1.3。因此，确定采用ZW-10型附着式混凝土振捣器进行水泥砂振捣，振捣5次。

表4.1.2　水泥砂夯填度试验成果表

序号	振捣设备	设备型号	设备功率/kW	松铺厚度/cm	振捣次数	压实厚度/ m	夯填度
1	附着式混凝土振捣器	ZW-10型	2.2	35	3	27.5	0.786
2	附着式混凝土振捣器	ZW-10型	2.2	35	5	26	0.743
3	附着式混凝土振捣器	ZW-10型	2.2	35	7	25	0.714

表4.1.3　水泥砂现场工艺试验相对密度成果表

序号	基面振捣次数	相应干密度ρ_d/（kg/m^3）	水泥砂最大干密度ρ_{dmax}/（kg/m^3）	水泥砂最小干密度ρ_{dmin}/（kg/m^3）	水泥砂相对密度
1	3	1.46	1.6	1.27	0.63
2	5	1.51	1.6	1.27	0.77
3	7	1.55	1.6	1.27	0.88

4. 水泥砂主要施工方法

1）基面处理

基面应清理干净，无积水、杂物等，对于局部可能存在的坑洼处或受到扰动的桩间土应按设计要求进行平整回填，根据设计图纸放样，确定水泥砂垫层填筑高程与范围，并按施工强度进行填筑分区，做好标识，基面经验收后进入下一道工序。

2）水泥砂的运输、铺料、平仓及碾压

（1）水泥砂的运输方式。

各闸室底板水泥砂垫层均用 10 t 自卸汽车水平运输，采用长臂反铲进行垂直运输及铺料。

运输垫层料使用的车辆应相对固定，并经常保持车厢、轮胎的清洁，防止残留在车厢和轮胎上的泥土带入垫层料的料源及填筑区。

水泥砂运输应与装料、卸料、铺填等工序持续和连贯进行，以免周转过多而导致含水量的过大变化。不合格的填筑料，一律不得用于填筑。

（2）铺料方式。

铺料由长臂反铲配合人工进行，铺料前应保持基面表面湿润状态，避免水泥砂含水量的损失。设计要求水泥砂垫层厚度为 30 cm，依据现场生产性试验能达到的夯填度换算，每层铺料厚度按 41 cm 控制。铺料应均匀、平整，铺料厚度要严格控制，不得超过规定的数值。铺料宽度应大于 2 m。

（3）水泥砂振捣填筑。

采用 ZW-10 型附着式混凝土振捣器在表面进行振捣的方式捣实，捣实前要及时平料，力求铺料均匀、平整，捣实时应按特定的方向进行，捣实必须达到规定次数，碾迹重叠宽度应不小于 0.3 m，接头处及边角部位应加强捣实。特别要防止欠振、漏振。

垫层在每个闸室的分段接头处做成斜坡，每层错开 0.5～1.0 m 长度，并加强振捣。后施工段施工前，应对先施工段预留的接头处进行必要的清理及修整，施工时加强振捣，使先填段与后填段连接紧密。

（4）水泥砂的保护及养护。

已铺筑好的垫层料，应及时保护及养护，严禁人车通行，同时应及时进行取样试验，对于不能满足技术要求的施工部位，应进行返工处理。有条件时，应尽快安排水泥砂上部的混凝土垫层施工，避免水泥砂长时间暴露而造成不必要的损害。

4.2 电站厂房

4.2.1 概述

电站厂房布置于泄水闸右侧，左侧与泄水闸门库段相邻，右侧为厂房与船闸间的挡水连接段。水电站由引水渠、导沙坎、拦漂排、机组段、安装场、尾水渠等组成。电站厂房顺流向布置见图 4.2.1，坝顶平面布置见图 4.2.2。

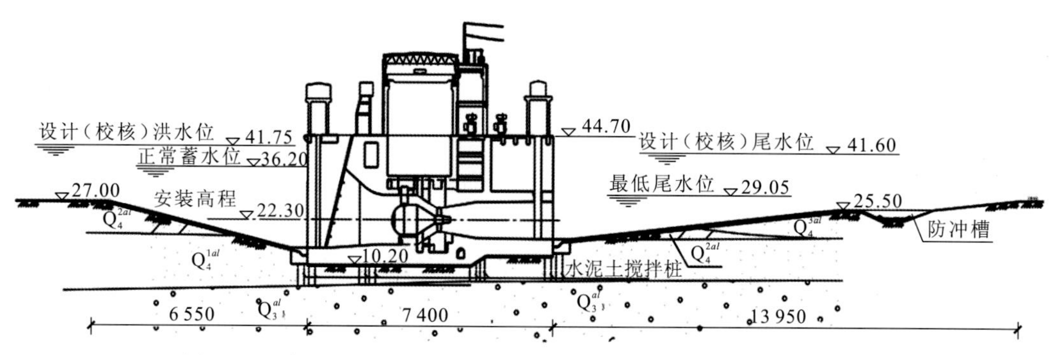

图 4.2.1　电站厂房顺流向布置图（高程单位：m；尺寸单位：cm）

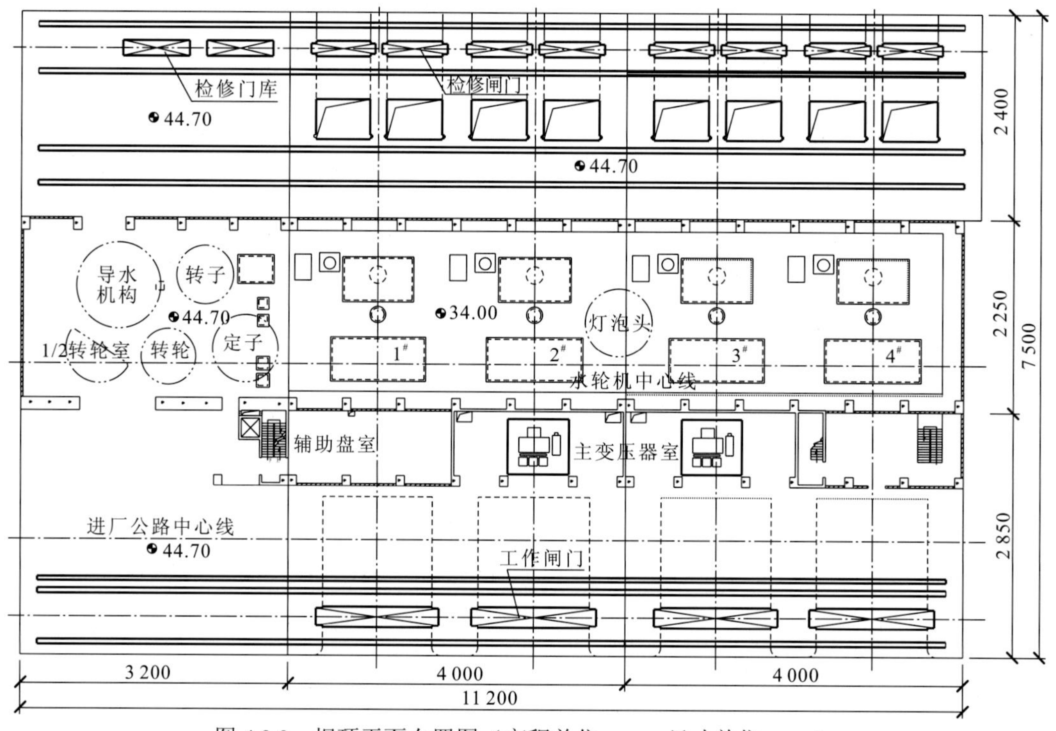

图 4.2.2　坝顶平面布置图（高程单位：m；尺寸单位：cm）

1. 主要设计参数

兴隆水利枢纽设计、校核洪水流量为 19 400 m³/s，对应上游最高防洪水位为 41.75 m，下游水位为 41.60 m；枢纽正常蓄水位为 36.20 m，最小下泄流量为 44 年长系列的流量最小值 218 m³/s，相应下游水位为 29.05 m，机组最大工作水头为 7.15 m；4 台机组额定发电流量为 1 156 m³/s，对应的下游水位为 31.47 m，机组加权平均水头为 5.06 m，额定水头为 4.18 m，最小发电水头为 1.8 m。

兴隆水利枢纽采用 4 台灯泡贯流式水轮发电机组，单机容量为 10 MW，总装机容量为 40 MW，机组额定流量为 289 m³/s，多年平均发电量为 2.25 亿 kW·h，装机年利用小时数为 5 646 h。

2. 电站厂房布置

1）引水渠

引水渠位于汉江右侧主河槽内，厂房进水口上游，右接汉江右侧高漫滩滩地。顺流向依次布置有导沙槽、导沙坎、引水渠平整段、拦漂排、引水渠混凝土护底段。

导沙坎布置在水电站引水渠平整段前沿，与坝轴线成 75° 夹角，并与引水渠左侧挡土墙连接，在水电站引水渠前沿及侧面形成封闭。导沙坎坎顶高程为 29.00 m，前沿布置 25.25 m 宽的导沙槽，槽底高程为 27.00 m。引水渠平整段位于导沙坎和引水渠混凝土护底段之间，引水渠平整段采用钢筋混凝土护面，顶高程为 27.00 m。

电站厂房前沿设置一道拦漂排，拦漂排与坝轴线成 30° 夹角。在水电站进水口上游的引水渠两侧设置 2 个拦漂排墩，其中 1#拦漂排墩位于右岸高程为 38.00 m 的隔流堤边坡上，2#拦漂排墩位于引水渠左侧门库段上游高程为 28.00 m 的平台上；在引水渠平整段靠导沙坎下游河床设有一个地锚墩，通过地锚墩以夹角 60° 拉锚固定拦漂排。

引水渠混凝土护底段布置于机组段进水口上游端，依次设有 5 m 长水平钢筋混凝土护面，护面顶高程为 14.70 m，宽度为 80.0 m，再以坡度 1∶4.5 至 27.00 m 高程，最后接 5 m 水平护面；两侧则以约 18° 角扩散，形成喇叭口形状，引水渠混凝土护底段上游宽度为 115 m。

2）机组段

根据机组运行特征等因素，水轮机安装高程为 22.30 m，相应流道进水口和尾水出口底板顶面高程分别为 14.70 m、17.80 m，建基面高程为 10.20 m，机组段运行层地面高程为 35.00 m，安装场卸货平台高程为 44.80 m，为防止雨水进入厂内，高出坝顶及尾水平台 10 cm。考虑起吊导水机构需要，桥机轨顶高程为 59.55 m，厂房顶高程为 67.35 m。为满足设备运输要求，进水口工作平台和尾水交通平台高程与枢纽坝顶交通桥高程一致，为 44.70 m。根据机电设备布置要求，主厂房分三层布置，从下至上依次为廊道层、发电机出线及管路层、运行层。

厂房机组段采用二机一缝布置，即在 2#、3#机组之间设置永久缝。厂房垂直水流向的长度受流道和结构要求控制，1#～2#机组段和 3#～4#机组段长度均为 40 m。

机组流道顺流向依次分为进口段、灯泡体段和尾水管段。其中，有效流道长度为 52 m，考虑进水口布置要求，进水口流道长度为 22 m，机组段顺流向总长为 74 m。机组转轮中心线上游和下游长度分别为 40 m、35 m。进口段末端至机组转轮中心线为灯泡体段，长 18.00 m，流道断面由 15.10 m×13.20 m（宽×高）的矩形渐变为直径为 6.55 m 的圆形，其中矩形断面处流道底板顶面高程为 15.70 m。在高程 35.00 m 运行层以下的流道顶板布置有发电机井和水轮机井，其平面尺寸分别为 4.85 m×7.80 m 和 4.78 m×11.00 m。

主厂房顺流向宽度主要受发电机设备的尺寸控制，净跨为 19 m，其中机组转轮中心线上游侧为 15.5 m，下游侧为 3.5 m。考虑桥机布置和墙、柱等结构要求，主厂房总宽为 22.5 m。机组段横剖面布置见图 4.2.3。

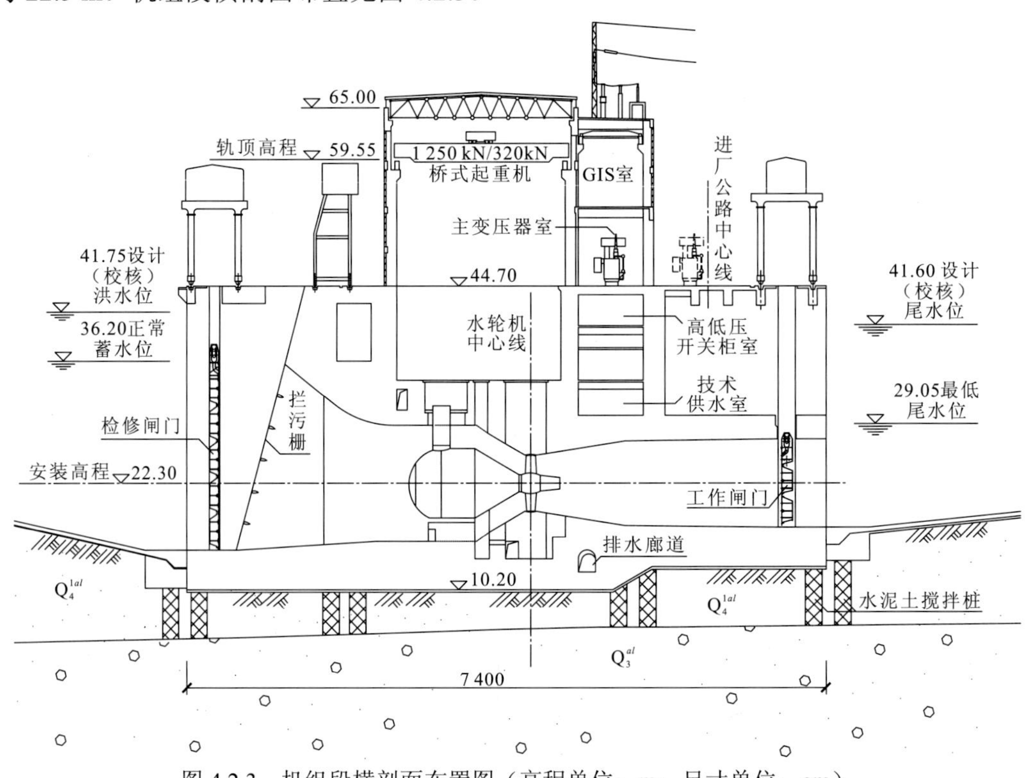

图 4.2.3　机组段横剖面布置图（高程单位：m；尺寸单位：cm）

GIS 表示气体绝缘金属封闭开关设备

3）安装场

安装场在高程 44.80 m 卸货平台以下分三层布置，高程分别为 40.20 m、35.00 m、30.00 m。在主、副厂房范围内采用空间框架结构，主厂房范围内框架结构顺流向分为 3 跨，垂直水流向分为 4 跨，框架柱断面尺寸为 100 cm×100 cm，顺流向跨度为 6.50 m，垂直水流向跨度为 7.5 m。高程 44.80 m 楼板厚 50 cm，框架梁断面尺寸为 50 cm×120 cm。高程 35.00 m 及 40.20 m 主、副厂房楼板厚度均为 30 cm，框架梁断面尺寸为 50 cm×100 cm。

高程 30.00 m 楼板厚度为 47 cm，以下为 2 层空箱式钢筋混凝土结构。底板顶面高程为 16.80 m，上游侧底板厚 6.6 m，下游侧底板厚 4 m。安装场下部结构四周为挡水外墙，墙厚 3～3.5 m，内部设置顺流向及垂直水流向的隔墙，将结构内部分隔为若干空腔，隔墙厚度为 1.5～2 m。

安装场中部高程 30.00 m 以下布置有检修集水井和渗漏集水井。检修集水井长 5.4 m，宽 4.5 m，深 21.17 m，底部高程为 8.80 m，检修排水廊道在高程 12.20 m 处汇入集水井。渗漏集水井长 8.5 m，宽 4.5 m，深 21.17 m，底部高程为 8.80 m。集水井部位建基面高程为 6.70 m，底板厚 2.1 m。

安装场顺流向宽度与机组段相同，垂直水流向长度按一台机组进行安装、检修确定，长 33 m，安装场与机组段间设结构缝分开，横剖面布置见图 4.2.4。

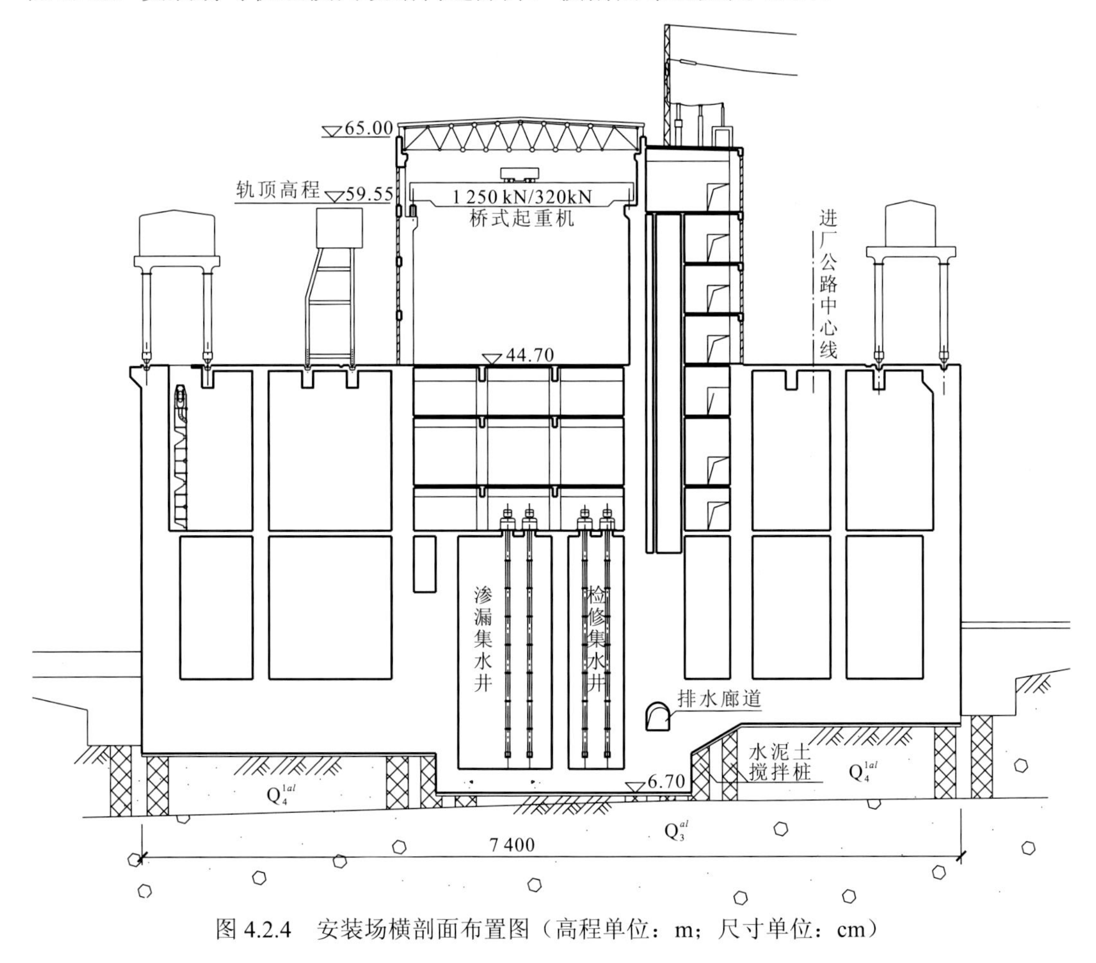

图 4.2.4　安装场横剖面布置图（高程单位：m；尺寸单位：cm）

4）下游副厂房

电站副厂房布置在机组段和安装场下游侧，根据机电设备功能需要和主、副厂房协调运行要求，确定下游副厂房分 7 层布置，高程分别为 30.00 m、35.00 m、40.20 m、44.70 m、49.20 m、53.70 m、58.20 m，屋顶高程为 64.00 m。下游副厂房宽度主要受机电设备布置控制，考虑结构要求，副厂房上部宽 10 m，下部宽 7.5 m。

5）进水口及尾水管段

（1）进水口。

兴隆水利枢纽电站厂房进水口形式为开敞式。进水口流道顺流向依次为检修闸门段、拦污栅段、喇叭口渐变段，全长 22.00 m，由进水口边墩、中墩和隔墩及胸墙、顶板等组成。为减小拦污栅及进水口检修闸门宽度，进水口设置 2 m 厚中隔墩，中隔墩两侧流道对称布置，每孔宽 6.55 m，长 16 m，进水口边墩厚 3.2 m。进水口底板顶高程为 14.70～15.70 m，进口处底板厚度为 4.5 m，墩墙最大高度为 30 m。进水口工作平台高程为 44.70 m，与相邻泄水闸坝顶同高，贯穿全厂布置。

拦污栅采用倾角 75° 布置在进水口检修闸门后面，拦污栅检修可在闸门保护下进行，拦污栅口门尺寸为 6.55 m×21.54 m（宽×高），过栅流速为 1.28 m/s。水电站进水口工作平台上布置有独立的 2×200 kN 清污机 2 台，供拦污栅清污使用。

（2）尾水管段。

机组转轮中心线至厂房下游边线的流道长 34 m，为尾水管段，由锥管段和渐变段组成。锥管段直径由 6.55 m 渐变至 8.9 m。尾水平台宽度由枢纽交通道路和尾水门机布置确定，为 18.5 m。流道尾部布置有工作闸门，每台机组设置 1 扇，孔口尺寸为 13.1 m×10.0 m（宽×高），门槽宽 2 m。尾水平台下游侧布置有 2×1 250 kN 尾水门机一台，供闸门运行使用。

6）尾水渠

尾水渠包括混凝土护面、下游防冲槽及导墙等。混凝土护面顺流向依次为顶面与尾水管底板同高、顶高程为 17.30 m、长 5 m 的下平段，下接 1∶10 反坡至 25.50 m 高程，再接 5 m 上平段，全长 92 m。混凝土护面宽度自上游端的 80 m 渐变至下游端的 112.5 m，左、右两侧顺流向分别以 13° 和 9.3° 扩散角扩散。钢筋混凝土护面板厚 50 cm，两端设有齿槽，下设 30 cm 粗砂和 20 cm 瓜米石等级配反滤层，两者之间布置 10 cm 垫层混凝土，护面上布置 2 m×2 m 间距的排水孔。

下游防冲槽顶面高程为 25.50 m，底部高程为 22.50 m，抛石厚度为 3 m，防冲槽顶宽 24.5 m，底宽 8 m，上、下游坡比分别为 1∶2.5 和 1∶3，上游坡设有 50 cm 浆砌石。防冲槽后再以 1∶10 逆坡与尾水渠平整段衔接。

4.2.2 防排沙措施

1. 泥沙特性

兴隆水利枢纽坝址区河道为宽而浅的复式形式，主流摆动较大，洲滩较多，河道枯水河宽约为 400 m，中水河宽为 500～800 m，高水河宽约为 1 500 m，最小水深为 0.8～1.2 m。受丹江口水库清水下泄影响，该河段由原来的淤积变为冲刷，目前冲刷强度已趋于减弱。丹江口水库建库后，坝址处年输沙量约为 0.19 亿 t，泥沙组成以悬移质为主，伴有少量推移质。多年平均含沙量仅约为 0.38 kg/m^3，以粉细砂、粉质黏土颗粒为主，未见硬度很高的石英砂。

2. 已建径流式水电站的防排沙措施

径流式水电站的防排沙措施一般有防淤堤、导（拦）沙坎、排沙孔（洞）、沉沙池等，防排沙设施的选取和布置应综合考虑工程地形地貌、河流泥沙状况、枢纽布置等因素。对于泥沙含量较低的河流，一般不设或少设防排沙建筑物。例如，汉江王甫洲水电站未设防排沙设施。而在泥沙含量较高的黄河及长江仅靠单一的防排沙设施很难有效解决水电站进水口前的泥沙淤积问题，需要布置多种防排沙设施，才能达到理想的防排沙效果。例如，长江上已建的葛洲坝水电站，分别布置有防淤堤、导沙坎、排沙孔（洞）等防排沙建筑物。表 4.2.1 列举了部分已建径流式水电站采用的防排沙设施。

表 4.2.1　部分已建径流式水电站防排沙设施

流域	水电站	年输沙量 /（万 t）	多年平均含沙量 /（kg/m^3）	额定水头/m	防排沙设施	备注
长江	葛洲坝水电站	5.23×10^3	1.2	18.6	防淤堤、导沙坎、排沙孔（洞）	
黄河	青铜峡水电站	2.2×10^3	9.8	16.2	排沙底孔	每台机组 1～2 个
	沙坡头水电站	1.6×10^3	5.44	8.7	排沙边孔、排沙廊道	排沙边孔 5 个，排沙廊道 1 个
汉江	王甫洲水电站	111	0.014 1	7.52	无	
	崔家营水电站	1 988	0.034	5.5	无	
南水北调中线	陶岔水电站	—	—	13.5	导沙坎	布置钢筋混凝土结构 1 道，坎高 50 cm
清江	高坝洲水电站	947	0.748	33.5	拦沙坎	利用部分拆除的上游横向围堰形成，坎高 7 m
赣江	万安水电站	792.4	0.259	22.00	拦沙坎、导沙坎	拆除一期围堰形成拦沙坎，导沙坎是重力式混凝土结构
乌江	银盘水电站	1 766	0.403	26.5	无	抬高进水口底槛

3. 防排沙原则

枢纽建成前，汉江河道在兴隆水利枢纽坝址表现为“左淤右冲”，主河槽位于河道右侧。坝址区上游多宝湾弯道段河势基本稳定；坝址河段河道宽浅，河岸抗冲性较差，坝址河段中间顺直段洲滩变化较频繁，主流呈现游荡性；下游的苗家场弯道段，主流仍可能产生撇弯切滩及复凹的变化。

兴隆水利枢纽为低水头径流式水利工程，正常蓄水位时库水不上滩，水库拦蓄的泥沙量较小，并在短时期内达到平衡，枢纽建成后基本不改变下游河道的来水来沙条件，对原有河势影响不大。为妥善解决水电站防排沙问题，优先考虑将水电站布置在河床右侧冲刷区域。根据厂前泥沙特性、河势变化，为防止主流裹挟的推移质及顺直段洲滩右移造成厂前进水口淤积，电站厂房确定采取“以拦导为主，导排结合”的防排沙原则。

4. 方案制订

1）推移质

推移质进入流道后，容易对流道及机组设备产生磨损，影响机组正常运行。因此，有效地防范推移质进入流道是工程防排沙的关键。根据以往工程实践经验，采用导沙坎防止底沙进入水电站流道效果显著。

水电站位于汉江兴隆河段弯道凹岸下游段的右侧主河槽内，引水渠渠首正处于凹岸起始端，右侧主河槽裹挟的推移质易在此汇集。将导沙坎设置在引水渠前沿，对右侧主河槽与引水渠进行物理阻隔，避免上游的推移质及河床游荡产生的大量泥沙进入引水渠和流道，以免造成流道及水轮机叶片磨损。

导沙坎下游端与泄水闸右岸挡土墙连接，泥沙通过坎前导沙槽导入邻近厂房的1#、2#闸孔，排向下游。

2）悬移质

随着科学的进步、发展，水轮机机组无论是在金属材质还是在耐磨处理方面均有较大的提高。目前，国内大多数水电站设计中，通常不再对运行期的悬移质进行沉沙处理，若含沙量大于 30 kg/m^3，水电站停止运行。兴隆水利枢纽为汉江的最后一级，水中悬移质主要由河流带起的河床底沙形成，主要组成为粉细砂和粉质黏土颗粒，硬度较低。因此，水电站运行期水中悬移质通过机组流道直接排向下游。

进入汛期，入库流量大于 4 100 m^3/s，上、下游水头差低于最小发电水头 1.8 m 时，水电站停止运行。水电站进水口前水流基本处于静止状态，水中悬移质沉淀、淤积，汛期过后，机组重新开机运行。水电站进水口前淤沙量较多时，一般多选用排沙底孔或排沙边孔进行排沙处理。淤沙量低，则可考虑在水电站运行后，由机组流道排走。考虑兴隆水利枢纽水电站汛期停机历时较短，停机造成的进水口前淤积悬移质数量不会很多，水电站工作闸门布置于尾水流道末端，不会因淤沙板结影响闸门提升。粉细砂起动流速较低，仅为 0.35～0.5 m/s，机组运行后，可将进水口前淤沙排走，不会产生累积性淤积。

5. 试验研究

1）河工模型试验

在枢纽运行过程中，水电站前泥沙的运动规律表现为：汛期水电站关机，水流从泄水闸下泄，水电站前产生回流、缓流淤积，其淤积量的多少与当年的来水来沙情况有关，若遇大水大沙年，厂前淤积较多，反之较少；汛后上游来水减少，水电站重新开机，水电站前引水渠内汛期淤沙基本被带走，年际未出现明显的累积性淤积。河工模型试验测得的淤积数值见表 4.2.2 和表 4.2.3。

表 4.2.2　水电站进水口前淤积厚度表　（单位：m）

时间	机组号			
	4#	3#	2#	1#
第 2 年末	1.3	1.5	1.7	1.9
第 4 年末	1.2	1.3	1.4	1.6
第 6 年末	1.2	1.5	1.7	2.0

表 4.2.3　水电站导沙坎前河床淤积厚度表　（单位：m）

时间	断面号（与水电站的距离/m）				
	S1（80）	S2（200）	S3（330）	S（460）	S5（580）
第 2 年末	1.1	1.3	1.5	1.2	1.1
第 4 年末	1.2	1.4	1.7	1.3	1.2
第 6 年末	1.6	1.7	1.7	1.4	1.4
第 8 年末	1.5	1.8	1.8	1.6	1.3

从表 4.2.2 及表 4.2.3 的淤积厚度可知，第 2 年和第 6 年为大水大沙年，在枢纽运行第 2 年末，水电站进水口前的淤积厚度为 1.3～1.9 m，高出进水口底板 0.3～0.9 m，其中 3#、4#机组进水口前的泥沙淤积较少。在引水渠口门上游 580 m 范围内，河床平均淤厚 1.1 m，最大淤厚 1.7 m。枢纽运用第 6 年末，水电站进水口前淤厚 1.2～2.0 m，高出进水口底板 0.2～1.0 m，其断面淤积分布与枢纽运行第 2 年末情况基本相同。在引水渠口门上游 580 m 范围内，河床平均淤厚 1.6 m，最大淤厚 2.1 m。第 2 年末和第 6 年末水电站进水口前与引水渠导沙坎前泥沙淤积值大致相同，没有出现累积性增长。

2）水工模型试验

模型初始地形采用 2005 年 3 月该河段实测地形和床沙级配资料选配制作，试验选用的水沙系列年为1983～1986年，该系列年中包括了大水大沙年、中水中沙年和小水小沙年，具有较好的代表性。试验成果表明，水电站运行初期，上游水流翻越导沙坎后，流速有较大增长，引水渠平整段内的粉细砂开始迅速起动，逐渐形成面积较大的冲刷，最大冲深约为7.2 m。将导沙坎加高，坎顶高程由原29.00 m变为30.00 m或31.00 m后，导沙坎坎顶正向过流断面减小，正向来流的水流流速有所增加，导致导沙坎后引水渠平整段冲刷加剧，冲坑深度增加。将导沙坎右侧引水渠平整段采用混凝土支护后，水电站前河床再无冲刷和淤积产生。

3）试验结论

试验结果表明，由于水电站位于兴隆河段弯道凹岸的右侧主河槽内，且水电站紧靠泄水闸，工程采用导沙坎防排沙，泄水闸泄洪时，可将大量淤积于引水渠导沙坎前的推移质和悬移质带往下游，导沙坎前年际未出现明显的累积性淤积；水电站进水口前悬移质淤积也较少，未出现堵塞现象，不会危及水电站正常引水发电。机组供应商模型试验研究也表明，允许范围内的悬移质过机对水轮机的磨损是可以控制的，不会对水轮机寿命带来明显的影响。

6. 防排沙建筑物

兴隆水利枢纽水电站防排沙建筑物主要是导沙坎，导沙坎布置参考葛洲坝水电站的经验，结合了水工模型试验和河工模型试验成果。布置上采用斜向导沙坎，轴线与坝轴线成75°夹角，总长269.38 m。导沙坎上游端与引水渠右侧边坡衔接，下游端与泄水闸右岸上游挡土墙及挡土墙上部导墙（墙顶高程为29.00 m）连接，使引水渠形成封闭。

导沙坎的形式、高程及过坎流速，对厂前区流态、含沙量有不可忽视的影响。考虑导沙效果，同时减少水头损失，经水工模型试验和河工模型试验研究验证，确定导沙坎坎顶高程为29.00 m，高出河床约2 m。断面形式为梯形，上游面垂直，下游采用斜面，其坡比应满足结构自身抗滑及抗倾稳定要求，导沙坎采用钢筋混凝土结构，顶宽 1 m，高2 m，底宽3.5 m，斜坡坡比为1∶1。

为有效导沙，在导沙坎前沿设有25.25 m宽的导沙槽，平整后的槽底高程为27.00 m，与右侧主河槽最低高程相同。为降低槽底粗糙系数，在导沙槽下游侧 96.35 m 范围内，采用15 cm厚的混凝土护面。下游端通过1∶7.56的顺坡平顺过渡至泄水闸防冲槽。

试验表明，汉江右侧主流翻越导沙坎时，坎后流速增大，出现回流及漩涡，对引水渠内天然河床形成冲刷，影响导沙坎的结构安全，造成水电站进水口前淤积，故对引水渠内的粉细砂河床采用15 cm厚的钢筋混凝土支护措施。

导沙坎基础采用桩径为 800 mm 的水泥土搅拌桩进行加固处理，水泥土搅拌桩长8 m，布置形式为类格栅状，在应力较为集中的坎趾和坎踵分别布置一排连体桩，中间等距设置分布桩。导沙坎平面布置见图4.2.5，结构及地基处理见图4.2.6。

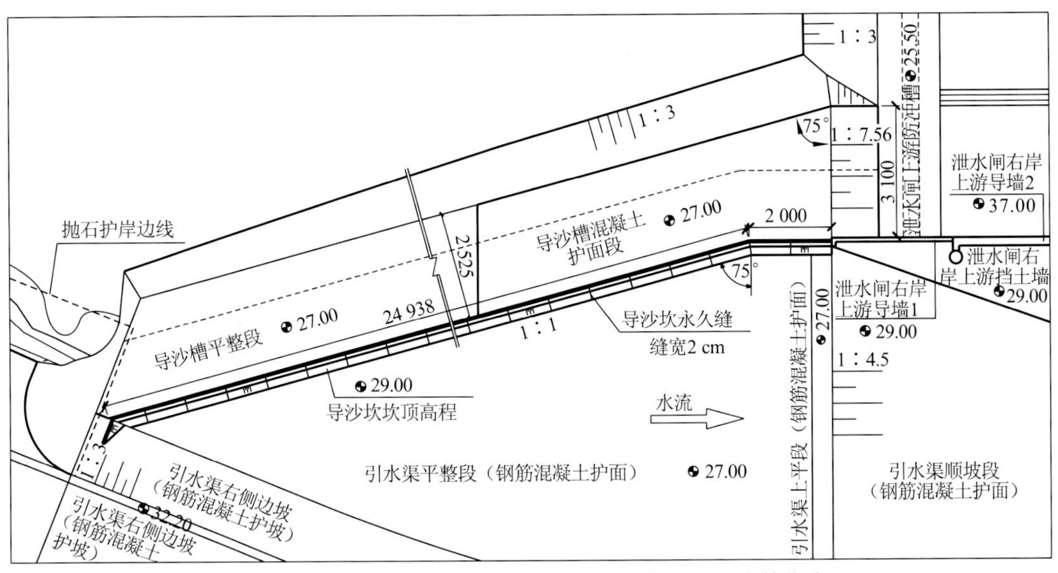

图 4.2.5　导沙坎平面布置示意图（高程单位为 m；尺寸单位为 cm）

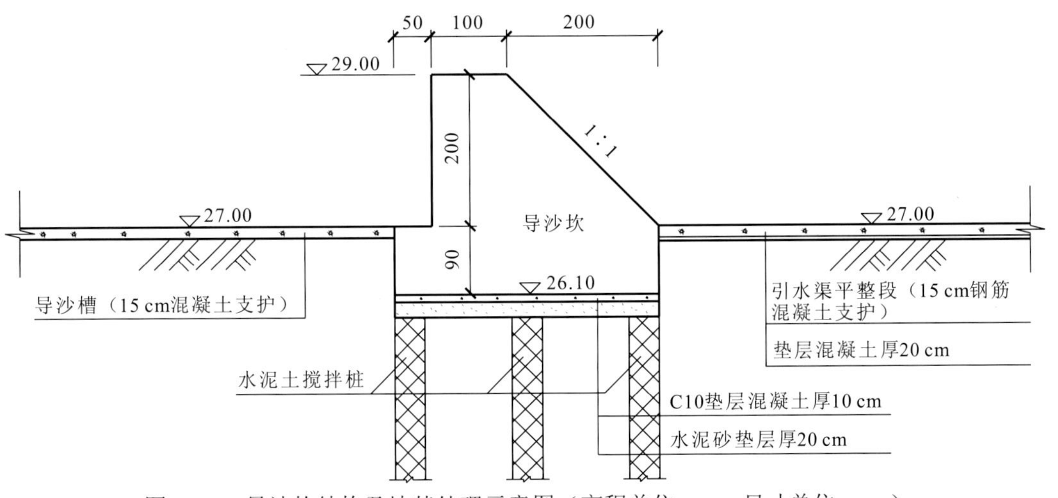

图 4.2.6　导沙坎结构及地基处理示意图（高程单位：m；尺寸单位：cm）

4.2.3　漂污物治理及工程措施

1. 漂污物来源及组成

汉江中下游河段地势平坦，河道断面开阔。从兴隆水利枢纽坝址至上一梯级碾盘山水利枢纽，沿岸分布着大小不等的民垸，河道内生长着各类野生植物和农作物。兴隆水利枢纽坝址漂污物组成主要有三种：植物类、塑料类和其他类。兴隆水利枢纽江段水生生物资源丰富，根据 2003 年 8 月沙洋断面的调查，浮游植物的数量为 $4.573\ 3\times10^{8}$ ind./L，水生微管束植物的平均生物量为 2.02 g/m^{2}。以挺水植物群落为主，主要为芦苇、香蒲等，沉水植物主要是狐尾藻。陆生植物主要为杂草和两岸滩地种植的农作物，此类漂污物最多，对兴隆水利枢纽影响最大。塑料类漂污物主要来自汉江两岸城镇和民垸产生的生活垃圾，以及沿江航行的客货轮的废弃污物。随着国家对漂污物有关法规的完善、控制措施的落实，这类漂污物会逐渐减少。其他类主要是意外事故产生的漂污物，此类漂污物的特点是尺寸大、易沉入水下，或者呈半沉状态到达坝前，对拦污栅的影响最大。

水电站引水渠进口位于主河槽弯道凹岸起始端，上游漂污物易沿主流进入水电站引水渠内。漂污物问题处理不当，会直接影响水电站进水口的正常进流，造成发电水头损失，威胁拦污栅结构的安全。当拦污栅前后压差超过允许值时，机组将被迫停机。解决好兴隆水利枢纽漂污物治理问题，对充分发挥工程效益、改善汉江中下游环境质量都是非常必要的。

2. 水电站漂污物治理原则及工程措施

1）治理原则

20 世纪我国水利枢纽工程设计中，特别是以三峡、葛洲坝为代表的大型水利枢纽，对于漂污物大多采用“以导排为主”的治理原则。

兴隆水利枢纽对于漂污物治理充分研究和总结了已建的葛洲坝二江水电站与汉江王甫洲水电站的经验，采用了“拦、导、清”的综合工程措施。主要依靠拦漂排的拦截作用，将水电站正常运行期绝大部分漂污物有效拦截，打捞上岸后集中清理。对于来不及打捞清理的漂污物，结合枢纽运行调度，利用拦漂排的导向作用，开启 $1^{\#}$、$2^{\#}$闸孔将漂污物排向下游。停留在水电站进水口前沿的漂污物采用门式启闭机回转吊操作液压式清污抓斗和清污机清除。

2）试验研究

水工模型试验和河工模型试验表明，枢纽建成后水电站正常运行期漂污物的运行轨迹仍是由汉江右侧主河槽进入水电站引水渠凹岸。枯水期，机组发电流量不大，厂前流速较小，进入水电站引水渠的漂污物数量较少，通过坝顶平台上的清污机械即可及时清除，不会对水电站流道正常取水造成影响。进入汛期，枢纽上游流量和漂污物数量逐渐增加，随着水电站引用流量的增大，大量漂污物顺右侧主流向水电站进水口汇集（图 4.2.7），靠清污设备无法满足栅前清污需要，可能造成水电站进水口前漂污物拥塞，需在水电站引水渠设置一道拦漂排，拦漂排轴线与坝轴线的夹角大于 30° 时，拦漂排具有一定的导向作用，可将汇集于拦漂排前的部分漂污物导入 $1^{\#}$、$2^{\#}$闸孔排向下游。当枢纽上、下游水头差小于 1.8 m 时，机组停止运行，漂污物大部分通过泄水闸排向下游。上游水位超过高程 38.00 m 后，有少部分漂污物绕过拦漂排，从水电站引水渠右侧高漫滩进入厂前，这些漂污物主要依靠厂房进水口前的清污设备打捞后处理。

图 4.2.7　栅前漂污物模型试验照片

3）工程措施

兴隆水利枢纽防污设施主要包括引水渠前沿的拦漂排、厂房进水口拦污栅及清污机械。

（1）拦漂排。

拦漂排布置在水电站引水渠内，左接泄水闸上右翼墙，右接引水渠漫滩边坡，使水电站进水口前引水渠在 36.20 m 正常蓄水位以下形成封闭，保障水电站正常取水。结合试验成果，为保证拦漂排的导向作用，采用斜向布置，拦漂排总长约为 200 m，轴线与坝轴线成 30° 夹角，其近点距水电站进水口前沿约 45 m，有效拦污水位为 36.2～41.2 m。拦漂排左、右侧分别悬挂于水电站引水渠两侧的 $2^{\#}$和 $1^{\#}$支墩上，$1^{\#}$、$2^{\#}$支墩间设有水下钢缆拉索，钢缆拉索一侧系于引水渠平整段外埋设的地锚墩上。整个拦漂排由 31 节钢浮箱和平衡浮箱、钢格栅、系排墩、上游水底系排桩及钢缆拉索等部件组成，钢浮箱和平衡浮箱节间以钢环连接，钢浮箱按吃水深度 0.8 m 控制。

（2）拦污栅及清污机械。

水电站每台机组进口为两孔，拦污栅布置于检修闸门的流道内，4 台机组共 8 孔。孔口尺寸为 6.55 m×20.8 m，底槛高程为 14.9 m。拦污栅与水平面成 75° 角斜向布置，为固定斜面格栅式。

枢纽每年汛期漂污物来量较多，清污方式除通过坝顶门式启闭机回转吊操作液压式清污抓斗清除水面漂污物外，另设置了一台悬挂移动式液压抓斗全自动清污机加一台地面移动式清污机进行清污。清污机安装在高程为 44.70 m 的厂房进水口坝顶平台，可沿坝轴线运行。

4.2.4 厂房粉细砂地基渗控

1. 防渗设计标准

电站主厂房开挖较低，建基面位于全新统下段粉细砂层，距下卧的强透水砂砾（卵）石层顶板最小不足 5 m。厂房建基面高程为 10.20 m，底板下混凝土垫层和水泥砂垫层厚度共 0.3 m，建基面处粉细砂层顶面高程为 9.90 m。粉细砂层呈中密状态，孔隙比 e = 0.63～0.87，允许比降为 0.2～0.3，极易发生流土形式渗透破坏。

电站厂房作为挡水建筑物的一部分，同样采用悬挂截渗，防渗墙底高程为 5.00 m。混凝土防渗墙为塑性混凝土，抗渗等级为 W6，抗压强度 $R_{28}\geqslant 3$ MPa，弹性模量 $E_{28}<$ 2 500 MPa，渗透系数 $k<i\times10^{-7}$ cm/s，允许渗透比降$[J]>50$，槽孔垂直度偏差≤4‰，槽段厚度方向允许偏差为±20 mm，槽段长度方向允许偏差为±50 mm，两相邻槽段接头处中心线在任意深度处的偏差≤60 mm。

2. 渗流计算

1）计算模型与方案

渗流计算的重点是分析厂房坝段在正常蓄水位条件下坝基的渗流状态。针对厂房坝段典型断面进行二维渗流计算，重点分析坝基渗流状态，同时取一定区域范围，将泄水闸坝段和厂房坝段作为整体进行三维渗流计算，重点分析泄水闸和厂房结合部位的坝基渗流状态。

由于厂房基础为钢筋混凝土整体结构，其渗透性相对于基础极其微弱，可以认为厂房及泄水闸底面不透水，上游钢筋混凝土护面作为防渗铺盖，可以认为其不透水，下游钢筋混凝土护面设置了大量排水孔，下部有反滤排水层，认为其完全透水。

（1）二维渗流计算。

二维渗流计算范围取坝轴线上、下游各 500 m，底部边界取到-120.00 m 高程，上游水位取正常蓄水位 36.20 m，下游水位取下游最低水位 29.05 m，当考虑下游河床下切 1.50 m 时，下游水位取 27.55 m。

厂房坝段二维渗流计算概化模型见图 4.2.8。

（2）三维渗流计算。

厂房和泄水闸的建基面高程相差较大，厂房坝段、右岸门库段及 1#～4#闸孔建基面高程分别为 9.90 m、24.80 m、26.60 m（3#、4#闸孔），三者的防渗措施、混凝土护面的范围也不同，因此，厂房和泄水闸连接段的渗流为三维流态。三维渗流计算分两个阶段：第一阶段将厂房坝段和泄水闸坝段作为一个整体进行渗流分析，并对渗透系数及强风化层厚度做了敏感性分析；第二阶段着重分析不同边界条件及渗控措施下坝基的渗流状态。

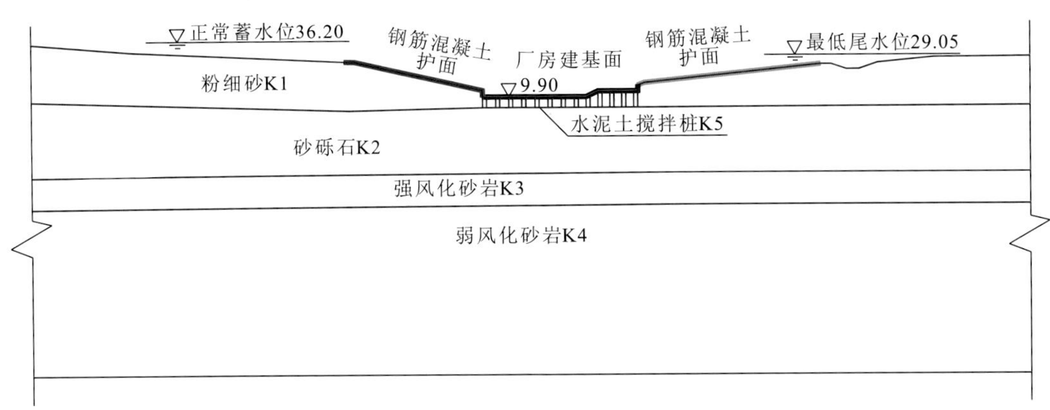

图 4.2.8　厂房坝段二维渗流计算概化模型图（单位：m）

第一阶段计算范围取坝轴线上、下游各 500 m，从厂房右端起向左岸沿坝轴线方向取 831.86 m，共布置 14 个计算剖面，设右岸厂房边界处为 1#剖面，其 Z 坐标为 0，其中 5 个计算剖面为厂房坝段。

第二阶段对第一阶段的三维渗流计算模型进行了扩展，模型的右边界延伸到右岸连接坝段、船闸坝段及右岸漫滩段，模型范围见图 4.2.9。

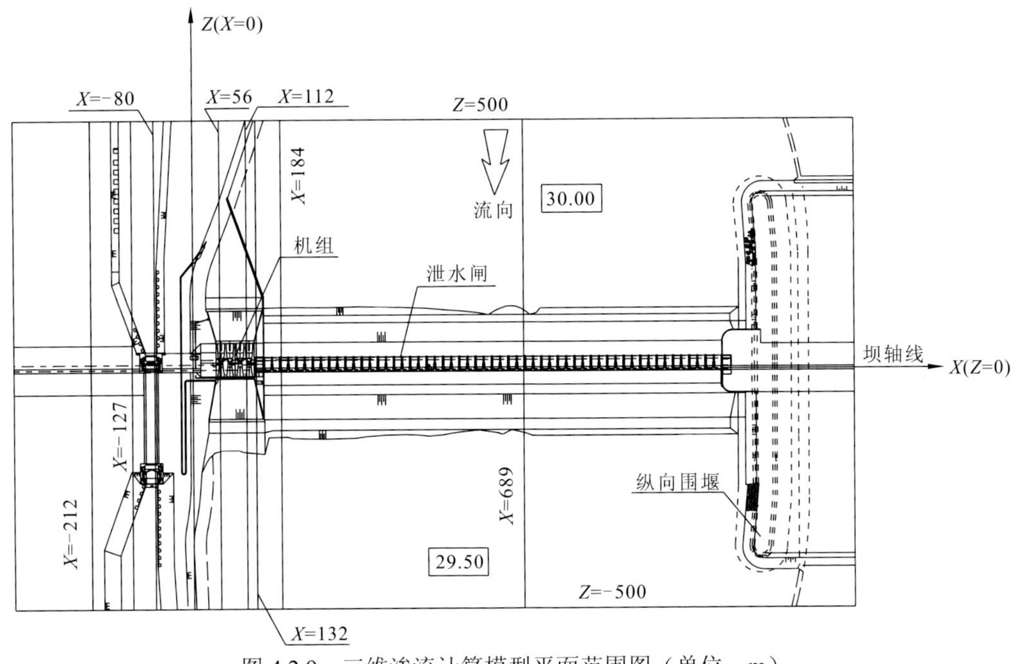

图 4.2.9　三维渗流计算模型平面范围图（单位：m）

渗流计算分区的划分两个阶段均相同，各分区渗透系数如下：粉细砂为 2.31×10^{-3} cm/s，砂砾石为 1.00×10^{-1} cm/s，强风化砂岩为 4.10×10^{-4} cm/s，弱风化砂岩为 1.00×10^{-7} cm/s，水泥土搅拌桩为 1.00×10^{-7} cm/s，上游水位为 36.20 m，下游水位为 29.05 m，强风化砂岩厚度取 15 m。

2）渗流计算结论及建议

（1）主要结论。

厂房坝段后缘无水平混凝土防渗层时，后缘附近粉细砂垂直出逸比降大于 0.30；厂房坝段与门库交界处不设水泥土搅拌桩防渗墙时，交界处一定范围内粉细砂垂直出逸比降大于 0.30，在无反滤保护时粉细砂渗透稳定性难以保证。

上游设计水位和最低尾水位组合下，在厂房后 5 m 范围内建基面高程处设置水平混凝土防渗层，对于降低粉细砂垂直出逸比降有明显的效果，可以使厂房后缘附近的垂直出逸比降控制在 0.30 以下，但混凝土防渗层下游端部粉细砂层水平接触比降较高，需采取措施防止接触冲刷。尾水渠与门库交界处设置混凝土搅拌桩，对于减轻泄水闸基础向厂房基础绕渗有较明显的效果，可以使粉细砂垂直出逸比降控制在 0.30 以下。下游水位下降 0.50～1.50 m 后，即使采用上述渗控措施，尾水渠局部范围内垂直出逸比降仍将大于 0.30，其渗透稳定性将更加依赖于反滤保护。

厂房后设置水平混凝土防渗层，厂房与门库交界处设水泥土搅拌桩防渗墙时，厂房、安装场及门库上游在引水渠长度范围内有、无防渗铺盖，对厂房后关键区域渗流场分布的影响不大。

厂房和泄水闸基础粉细砂层水平渗透比降小于允许比降，只要基础处理工程和水泥土搅拌桩质量完好，坝基就不会发生接触冲刷。

设计水位条件下，当下游反滤排水完全失效时，厂房尾水渠混凝土护面承担的最大水头差为 2.75 m，泄水闸下游混凝土护面承担的最大水头差为 3.17 m，应根据设计和运行条件复核混凝土护面的抗浮稳定性。

（2）建议。

厂房后 5 m 范围内设置水平混凝土防渗层，对于降低厂房后缘附近粉细砂的垂直出逸比降有明显的效果。

在尾水渠与门库交界处设置混凝土搅拌桩，对于减轻泄水闸基础向厂房基础的绕渗有明显的效果，防渗墙的深度应深至砂砾石层，其长度应不小于 30 m。

在厂房尾水渠和泄水闸闸后混凝土护面下设置可靠的反滤措施，可以提高粉细砂的渗透稳定性。

在尾水渠和泄水闸基坑开挖施工过程中，进一步开展粉细砂层的渗透变形试验，验证粉细砂的允许比降，并开展粉细砂和反滤料的反滤试验，以复核设计方案的可靠性。

3. 地基防渗设计

1）地基防渗布置

防渗墙布置范围为从厂房基础底部至砂砾石层顶面，防渗墙底高程为 5.00 m。砂砾石层的渗透系数为 10^{-7}～10^{-6} cm/s，通过在强透水的砂砾石层内增加防渗墙长度，延长防渗系统垂直渗径，对降低地基的渗透比降作用不大。因此，对于此类地基的防渗设计，应着重从延长水平渗径、降低渗透比降等方面考虑。

防渗墙轴线与坝轴线平行，上距坝轴线 48.56 m，贯穿整个厂房坝段，右侧与厂房、船闸间的挡水连接段防渗墙连接，左侧与泄水闸防渗墙连接。为防止绕渗产生渗透破坏，在 4#机组左侧顺流向设置一道防渗墙。防渗墙上游侧与平行坝轴线的防渗墙连接，下游直至厂房尾水出口，并延长深入尾水渠护底内 35 m 范围。同时，在机组段尾水流道底板出口处增设沿坝轴线向长 80 m、顺流向宽 5 m、厚 1 m 的钢筋混凝土防渗板，布置高程为 12.80 m。结合粉细砂渗透变形试验和反滤料的反滤试验成果，在尾水渠刚性混凝土护底设置两层级配反滤，下层采用 30 cm 厚的粗砂反滤层，上层为 20 cm 厚的瓜米石反滤层，总厚为 50 cm，反滤层与混凝土护面之间为 10 cm 厚的垫层混凝土，混凝土护面上设置了 2 m×2 m 间距的排水孔。

2）防渗墙结构形式

可行性研究和初步设计阶段，电站厂房防渗墙均采用水泥土搅拌桩防渗墙结构形式。在围堰塑性混凝土防渗墙施工过程中认为，对于兴隆水利枢纽坝址区粉细砂层和砂砾石层，采用铣槽设备在砂土层中挖掘连续槽，以泥浆固壁，向孔内灌注混凝土形成塑性混凝土防渗墙的施工工艺，无论是在成槽速度还是在成槽质量方面效果都较为显著，施工进度及质量保证大为提高，基于围堰防渗墙实施情况，为提高基础防渗墙的施工进度，防渗墙结构形式由原三排桩径为 800 mm 的水泥土搅拌桩防渗墙变更为厚度为 40 cm 的塑性混凝土防渗墙。

4.3 船闸

4.3.1 概述

1. 通航标准及船闸规模

1）通航标准

根据汉江中下游航运规划，兴隆水利枢纽河段近期航道等级为 IV 级，通航标准为 500 t 级船舶（队），远期通过梯级渠化、引江济汉和航道整治，航道等级达到 III 级，通航标准为 1 000 t 级船舶（队）。

2）过坝货运量

兴隆船闸设计水平年（2010 年）年货运量为 566.5 万 t，其中下行为 491.3 万 t；远景（2030 年）预测年货运量为 990.5 万 t，其中下行为 878.8 万 t。

3）船型、船队

近期设计代表船队为 1＋4×500 t 级双排双列标准顶推船队，尺度为 115.8 m×21.6 m×1.6 m（长×宽×吃水，下同），远景设计代表船队为 1+4×1 000 t 级双排双列标准顶推船队，尺度为 167 m×21.6 m×2.0～2.2 m。

4）通航建筑物规模

兴隆水利枢纽属平原区低水头渠化梯级，最高通航水头为 6.5 m，考虑枢纽运行后河床下切的影响，水头增至 8.1 m，下游通航水位变幅达 8 m，具有通航水头小、通航水位变幅较大、规划船型和运量大的特点，通航建筑物采用单线单级船闸形式，闸室有效尺度为 180 m×23 m×3.5 m（长×宽×最小槛上水深）。

2. 船闸及引航道通航条件

1）闸室停泊条件

4×1 000 t 级船队的允许纵向系缆力为 32 kN，横向系缆力为 16 kN，4×500 t 级船队的允许纵向系缆力为 25 kN，横向系缆力为 13 kN。

2）引航道水流条件

引航道口门区最大纵向流速≤2.0 m/s，最大横向流速≤0.3 m/s，最大回流流速≤0.4 m/s，涌浪高度≤0.5 m。引航道导航段和调顺段宜为静水区，停泊段的最大纵向流速≤0.5 m/s，横向流速≤0.15 m/s。

3）通航净空

通航净空为最高通航水位以上 10 m。

4）通航风级

运行风级为 6 级，大于 6 级停航。

3. 设计水位及通航流量

上游最高通航水位：37.80 m（相应最高通航流量为 10 000 m^3/s）。

上游最低通航水位：35.90 m（考虑正常蓄水位 36.20 m 非常消落 0.3 m）。

下游最高通航水位：37.70 m（相应最高通航流量为 10 000 m^3/s）。

下游最低通航水位：29.70 m（相应最低通航流量为 420 m^3/s），考虑枢纽运用后河床下切的影响，按该水位降低 1.6 m 来确定下闸首底槛、闸室底板及下游引航道底部、靠船墩和墩板式导航墙的墩柱建基面等部位的高程。

下游最高检修水位：33.00 m（相应于枯水季 50%频率洪峰流量）。

4. 通过能力

船闸通过能力计算所用的基本参数如下。

船闸年通航天数：335 天。

船闸日工作小时数：22 h。

运量不均衡系数：1.3。

船舶装载系数：0.75。

日非运货船过闸次数：2 次。

平均输水时间：10 min。

开（关）闸门时间：3 min。

船队进闸速度：单向为 0.5 m/s；迎向为 0.7 m/s。

船队出闸速度：单向为 0.7 m/s；迎向为 1.0 m/s。

平均过闸间隔时间：44.38 min。

日均过闸次数：29.74 次。

设计代表船队：2010 年 1＋4×500 t；远景（2030 年）1＋4×1 000 t。

按以上基本参数计算的船闸设计年单向通过能力：2010 年为 500 万～539 万 t，远景为 896 万～1 079 万 t，通过能力可满足不同设计年货运量（下行：2010 年为 491.3 万 t，远景为 878.8 万 t）的要求。

5. 船闸布置

主体段由上、下闸首和闸室组成，总长 256 m，其中上闸首长 40 m，闸室长 186 m，下闸首长 30 m，航槽净宽 23 m。主体段结构均采用整体式 U 形结构。船闸工作门采用人字门，检修门采用叠梁门，输水系统工作门和检修门均采用平板门，人字门和输水系统工作门采用液压启闭机操作，叠梁门和输水系统检修门利用闸顶一台可沿船闸轴线方向行走的 L 形门机操作。在上闸首下游侧设有顶升式活动公路桥，船闸闸顶高程为 46.50 m。

上闸首总宽度为 47 m，长 40 m，边墩宽度为 12 m，闸底槛高程为 33.40 m，建基面高程为 18.00 m，上闸首建筑物总高度为 28.5 m。上闸首布置有检修门、人字门及其启闭机房、输水系统及其工作阀门井、活动交通桥、集控室、变电所等。闸室结构总长 186 m，建筑物总高度为 25.9 m，共分为 9 个结构段。闸室底板顶面高程为 24.60 m，建基面高程为 20.60 m，厚度为 4 m，总宽度为 31 m。闸室边墙顶宽 2.0 m，底宽 4 m，闸室段布置有浮式系船柱和救生爬梯等。下闸首全长 30 m，宽度为 47 m，边墩宽度为 12 m，底槛高程为 24.60 m，建基面高程为 15.50 m，建筑物总高度为 31 m。下闸首布置有人字门及其启闭机房、下游检修门、输水廊道及其工作和检修阀门井等。

船闸采用短廊道集中输水系统，充水廊道进水口设在上闸首人字门门龛内，出水口布置在上闸首帷墙下游侧，采用格栅式消能室消能；泄水系统在下闸首人字门门龛段设格栅式进水口，出水口布置在下闸首下游侧的消能段，水流经对冲消能后直接泄入下游引航道。充泄水廊道尺寸均为 3.2 m×3.6 m（宽×高，下同），阀门尺寸与廊道尺寸相同，设计输水时间为 10～11 min。

上、下游引航道采用不对称型布置，过闸方式为曲线进闸、直线出闸。上、下游引航道闸前直线段长度均为 450 m。航道左侧底边在导航墙末端以 3.44° 偏角呈“外八字”形分别向上、下游延伸，引航道有效宽度为 76 m，上游引航道口门宽度为 202 m，底高程为 33.70 m；下游引航道口门宽度为 139 m，底高程为 26.50 m（考虑枢纽运行后河床下切，下切量按 1.6 m 计，下游引航道护底范围的底高程为 23.90 m，其余部位底高程保持 26.50 m 不变。届时根据实际通航水流条件，实施水下开挖，挖除碍航淤积）。上游引航道左侧由开挖保留的滩地形成隔流堤，下游引航道左侧由开挖料填筑形成隔流堤。船闸的主、辅导航墙均采用透水墩板式混凝土导航墙，位于左侧的主导航墙长 167 m。导航墙的墩柱和靠船墩均采用钻孔灌注桩基础[24]。

船闸总体布置示意见图 4.3.1。

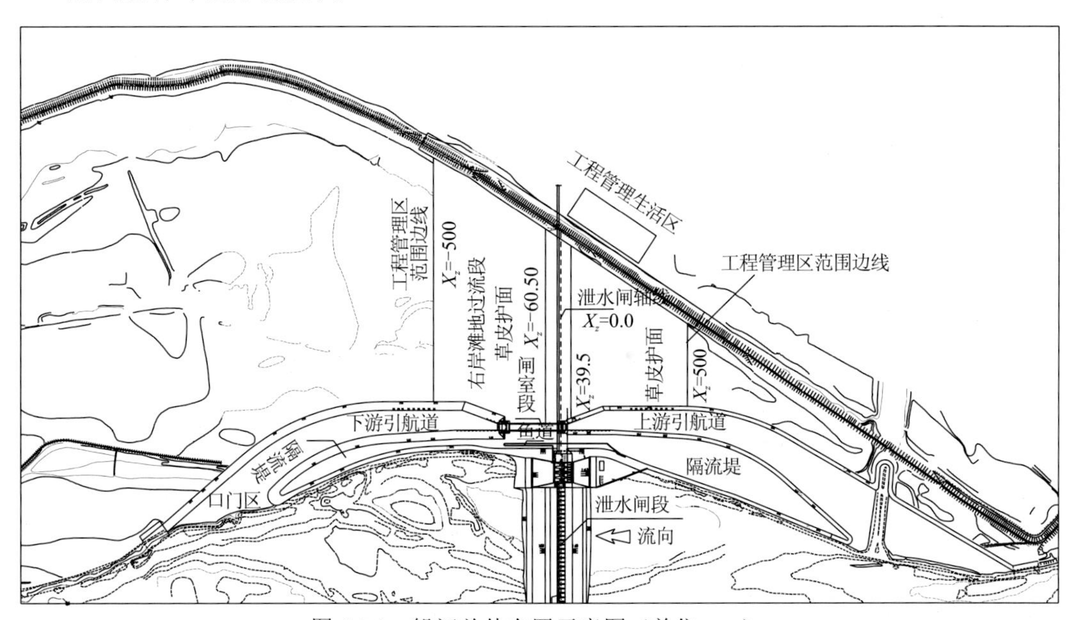

图 4.3.1　船闸总体布置示意图（单位：m）

X_z 表示桩号

4.3.2　输水系统

兴隆船闸最高运行水头由水库正常蓄水位 36.20 m 与下游最低通航水位 29.70 m 组合，为 6.5 m；考虑枢纽运用后河床下切影响，按下游最低通航水位降低 1.6 m 确定，最高运行水头达 8.1 m。闸室平面有效尺度为 180 m×23 m×3.5 m（长×宽×最小槛上水深），属低水头船闸。船闸采用短廊道集中输水系统形式，设计输水时间为 10～11 min。

1. 输水系统布置和水力计算

1）输水系统布置

船闸设计水头为 8.1 m，闸室充水时间为 10～11 min，采用短廊道集中输水系统。设计初期在类比皂河二线船闸（设计水头为 5 m）、三峡临时船闸（设计水头为 6 m）等同类工程的基础上，按《船闸输水系统设计规范》（JTJ 306—2001）的划分标准[9]，认为上闸首需采用复杂消能工，下闸首可采用简单消能工。

上闸首充水廊道进水口布置在上闸首边墩的人字门门龛内，进水口底高程为 22.00 m，与输水廊道底板同高程，每侧廊道进水口断面尺寸为 4.5 m×3.6 m，廊道及阀门处孔口尺寸均为 3.2 m×3.6 m，阀门后廊道出口处断面扩大为两个 2.5 m×3.6 m 的孔口，其间以分流墩相隔。廊道直线平均长度为 13.75 m，该船闸为低水头船闸，输水工作门采用平板门，变速开启。考虑平板门出现故障的概率很小，输水廊道不设检修门，必要时利用上、下闸首人字门的检修门及下游输水阀门的检修门挡水，抽干闸室内水体进行检修。

上闸首充水廊道出水口采用格栅式帷墙消能室消能，消能室设顶部出水孔和朝向上游的侧向出水孔。顶部出水孔分两列，每列 12 孔，共 24 孔。每列出水孔采用中间密两侧疏的变间距、变孔宽布置，孔宽分 3 组，在半闸室宽度范围内顺充水廊道出流方向依次为 0.80 m、0.70 m、0.60 m，孔长均为 2.8 m。每列出水孔上方垂直船闸中心线方向各设一条消能盖板。侧向出水孔共 10 孔，采用等间距、等面积布置，每孔尺寸为 1.3 m×3.0 m。在消能室内沿船闸中心线方向设 3 道消力槛。利用消能室与上闸首帷墙间的空间，沿船闸中心线方向形成宽 6.1 m、深 4.5 m 的消力池，在帷墙上距消力池底板 3.4 m 处设消力梁。

下闸首泄水廊道进水口布置在下闸首边墩的人字门门龛内，进水口底高程为 21.50 m，与输水廊道底板同高程，每侧廊道进水口断面尺寸为 4.5 m×3.6 m，廊道及阀门处孔口尺寸为 3.2 m×3.6 m，阀门后廊道出口处断面扩大为两个 2.5 m×3.6 m 的孔口，其间以分流墩相隔。每侧廊道各设一个工作门和一个检修门，两者孔口尺寸相同。廊道直线长度为 28.25 m。

泄水廊道出口段闸室宽度范围内设消力池，池内设消力槛，槛高 0.7 m，为了适应下游引航道的不对称布置，左侧消力槛斜向航道扩大侧。

2）水力计算

水力计算表明，在设计水头为 8.1 m 时，双侧阀门运行泄水的输水时间基本满足设计要求，充水时采用了变速开启方式，其充水时间略超 11 min，考虑到集中输水阻力系数的计算精度影响，计算的输水时间可能延长，预计原型输水时间可以满足不超过 11 min 的设计要求。充水、泄水阀门均为开敞式阀门，充泄水时，阀门后都不会发生远驱水跃[22]。1 000 t 级船队停泊于闸室的纵向系缆力约为 32 kN；在距上闸首 120 m 处的上游引航道内最大系缆力为 30.91 kN，距下游消力池末端 120 m 处的下游引航道内最大系缆力为 35.27 kN。从计算结果看，1 000 t 级船队在闸室和上游引航道内的船舶系缆力满足纵向允许值 32 kN 的规范要求，而下游引航道内的船舶系缆力超出允许值约 10%，但由于目前船闸规范中将船舶在闸室和引航道内的停泊标准定为一致，而没有考虑两者在水域限制程度方面的不同，实际上引航道内的停泊标准应适当低于闸室内的停泊标准才符合实际情况。因此，经分析已建船闸引航道内船舶停泊条件认为，目前计算的下游引航道内船舶系缆力是可以满足船舶停泊要求的。

船闸充泄水时引航道中纵向流速计算结果为：上游引航道中距闸前 47 m 以上的最大纵向流速小于 0.8 m/s；下游引航道中距下游消力池末端 39 m 以下的最大纵向流速小于 0.99 m/s。引航道内纵向流速满足“上下游引航道中最大纵向流速分别为 0.5～0.8 m/s 和 0.8～1.0 m/s”的规范要求。

船闸输水系统采用平板工作门，不考虑单边运行工况，即使偶尔发生一侧阀门卡阻，造成另一侧阀门单边运行的情况，也只是使输水时间有所延长，而其他水力指标不会比双侧阀门充水时差。输水系统的船闸充泄水时间、船舶在闸室和引航道内的停泊条件、阀门后水流不产生远驱水跃等各项水力条件能满足设计要求。

2. 模型试验验证

船闸输水系统水力条件及系缆力大小难以进行准确的水力计算，在设计过程中，还需通过模型试验验证和优化。

1）布置方案优化

设计方案经 1 : 30 船闸水力学整体模型试验验证表明，拟定的短廊道输水系统布置基本可行，在设计水头 8.1 m 条件下，充泄水时间满足设计要求，但也存在以下问题：①阀门变速开启充水时，闸室内 1＋4×1 000 t 级设计船队横向系缆力超标约 19%；②输水系统左侧阀门单独开启泄水时，受消力槛偏角（向右与船闸中心线的夹角为 28°）过大影响，下游引航道内水流集中于右岸，造成停泊于右岸靠船墩处的船舶横向系缆力较右侧阀门单独开启泄水时偏大，但也满足规范要求；③上、下闸首的输水系统进口在充泄水时产生设计洪水。

经分析，上闸首输水时，闸室内船队横向系缆力超标主要是因为：一方面船闸充水流量较大，顶孔消能盖板顶面距下游最低通航水位仅 0.3 m，起始淹没水深较小，侧向孔出流虽经消能明沟消能，但翻越消能室时，与顶孔出流碰撞，增加了水流的紊动程度；另一方面，1+4×1 000 t 级设计代表船队的平面尺度为 167 m×21.6 m×2.0～2.2 m，几乎满布闸室宽度，使得闸室范围内的有效过水断面减小，消散紊动水流的能力降低，造成充水初期闸室系缆力超标。充泄水系统进水口形成漩涡的主要原因则是，充泄水系统的进水口分别位于上、下闸首人字门门龛内，进口流速较大，取水过于集中，而门龛内取水水域较小，特别是充水系统进水口位于上闸首人字门门龛段的深坑内，取水条件差。

为解决上述问题，优化布置如下：

（1）上闸首充水廊道进水口上方增设消涡板。在上闸首左、右进水口上部分别设置一块与闸首侧墙相连的消涡板，顺流向长 11.1 m，横向宽 5.5 m，顶部高程与人字门底槛相同。

（2）封闭消能室的侧向出水孔，取消出水廊道内的消力槛和帷墙上的消力梁。同时，修改顶部出水孔布置，3 组顶孔宽度不变，但各组孔数调整为 2 孔，顶孔出水面积调整为 47.04 m^2。

（3）将下闸首泄水廊道进水口改为格栅式进水形式。将下闸首廊道系统整体下降 2 m，进水口由喇叭形侧向集中进水修改为门龛段格栅式分散进水。进水孔共 12 孔，在半闸室宽度范围内顺泄水廊道出流方向依次为 1.1 m（2 孔）、0.9 m（2 孔）、0.5 m（1 孔）、0.7 m（1 孔），孔长均为 3.2 m，与廊道同宽。

（4）将下闸首出水口向右倾斜的消力槛角度由 28° 调整为 20° 。

2）模型试验主要成果

（1）在最大工作水头 8.1 m 和常遇水头 6.5 m 条件下，船闸充水时，阀门采用变速开启方式（即开度 n=0～0.6，开阀时间 t_v=10 min；n=0.6～1.0，t_v=6 min，下同），双阀充水，充水时间分别为 10.5 min 和 10 min；船闸泄水时，阀门采用匀速开启方式，t_v=10 min，双阀泄水，泄水时间分别为 11 min 和 10.3 min，均满足设计输水时间小于 11 min 的要求。

（2）4×1 000 t 级、2×1 000 t 级船队和 1 000 t 级单船在闸室及下游导航墙和靠船墩处的系缆力均满足纵向力小于 32 kN、横向力小于 16 kN 的设计要求。500 t 级单船在上述部位的系缆力满足纵向力小于 25 kN、横向力小于 13 kN 的设计要求。

（3）在最大工作水头 8.1 m 和常遇水头 6.5 m 条件下，船闸充水时阀门采用变速开启方式，船闸泄水时阀门采用匀速开启方式，t_v=10 min，输水廊道典型测点压力均为正压。

（4）在最大工作水头 8.1 m 和常遇水头 6.5 m 条件下，船闸充水时阀门采用变速开启方式，船闸泄水时阀门采用匀速开启方式，t_v=10 min，充泄水廊道进水口均无立轴吸气漩涡。

上闸首充水廊道布置示意见图 4.3.2，下闸首泄水廊道布置示意见图 4.3.3。

3. 原型观测成果及结论

1）主要成果

船闸充水运行水头为 6.95 m（对应的上、下游水位分别为 36.76 m 和 28.81 m）时，左侧充水阀门在 9.72 min 内匀速开启，右侧充水阀门在 7.93 min 内变速开启，充水时间为 10.43 min，充水最大流量为 95 m^3/s。船闸泄水运行水头为 7.23 m（对应的上、下游水位分别为 36.81 m 和 28.58 m）时，双侧泄水阀门间歇开启（t_v=5 min 下开至 n=0.45 开度，停 4 min，再以相同速率开至全开），泄水时间为 9.58 min，泄水最大流量为 92 m^3/s。

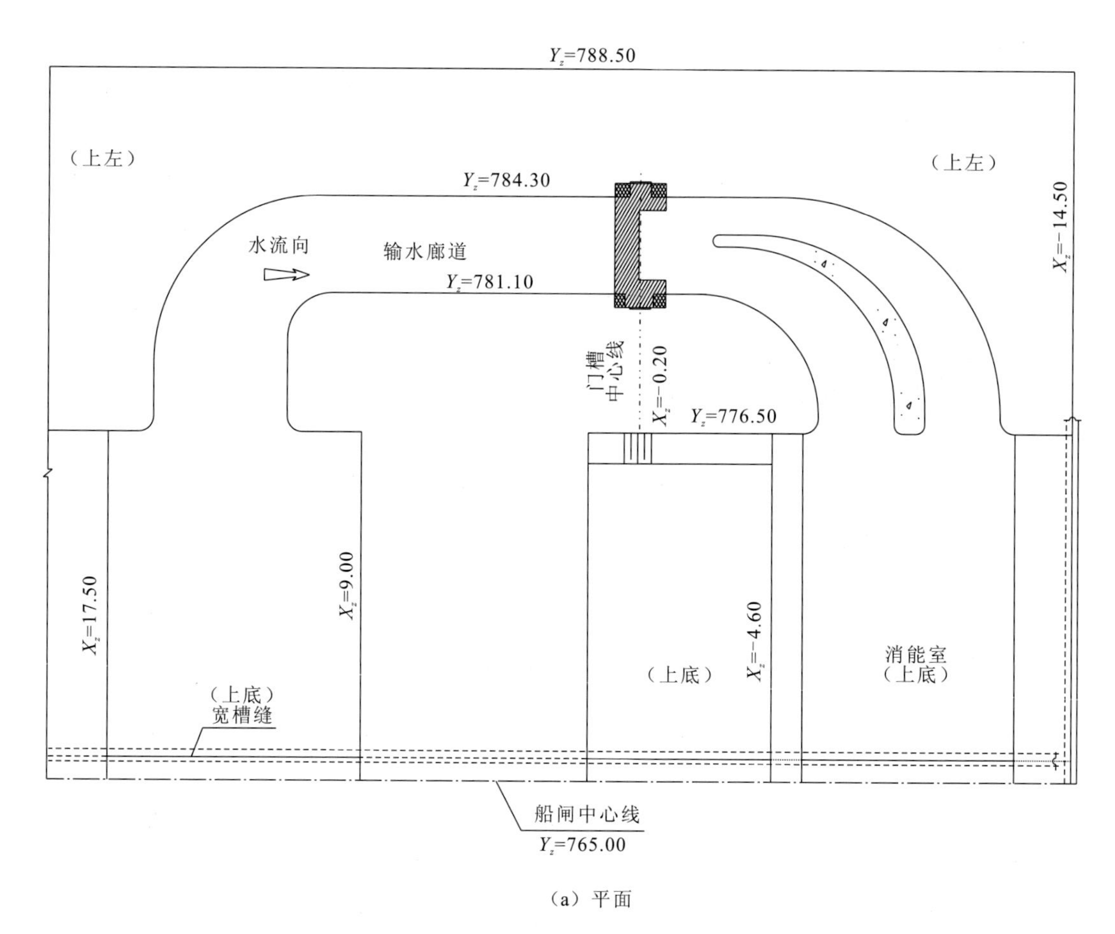

（a）平面

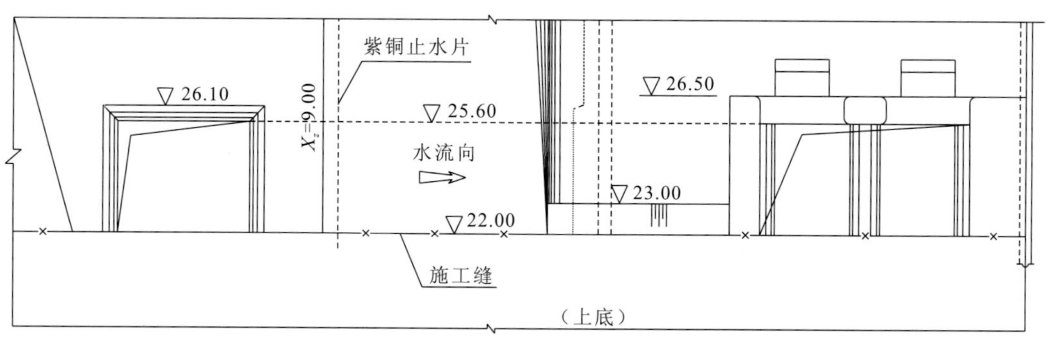

（b）剖面

图 4.3.2　上闸首充水廊道布置示意图（单位：m）

X_z、Y_z表示桩号

双阀充水运行时，船闸上游进水口水面未见立轴吸气漩涡，闸室上游端出水口水面未见过大翻滚水流及过大水面壅高，闸室内水面平静，流态良好。双阀泄水运行时，下游人字门门龛段进水口水面个别部位有单个游走性的较小浅表漩涡，整个区域未见立轴吸气漩涡。

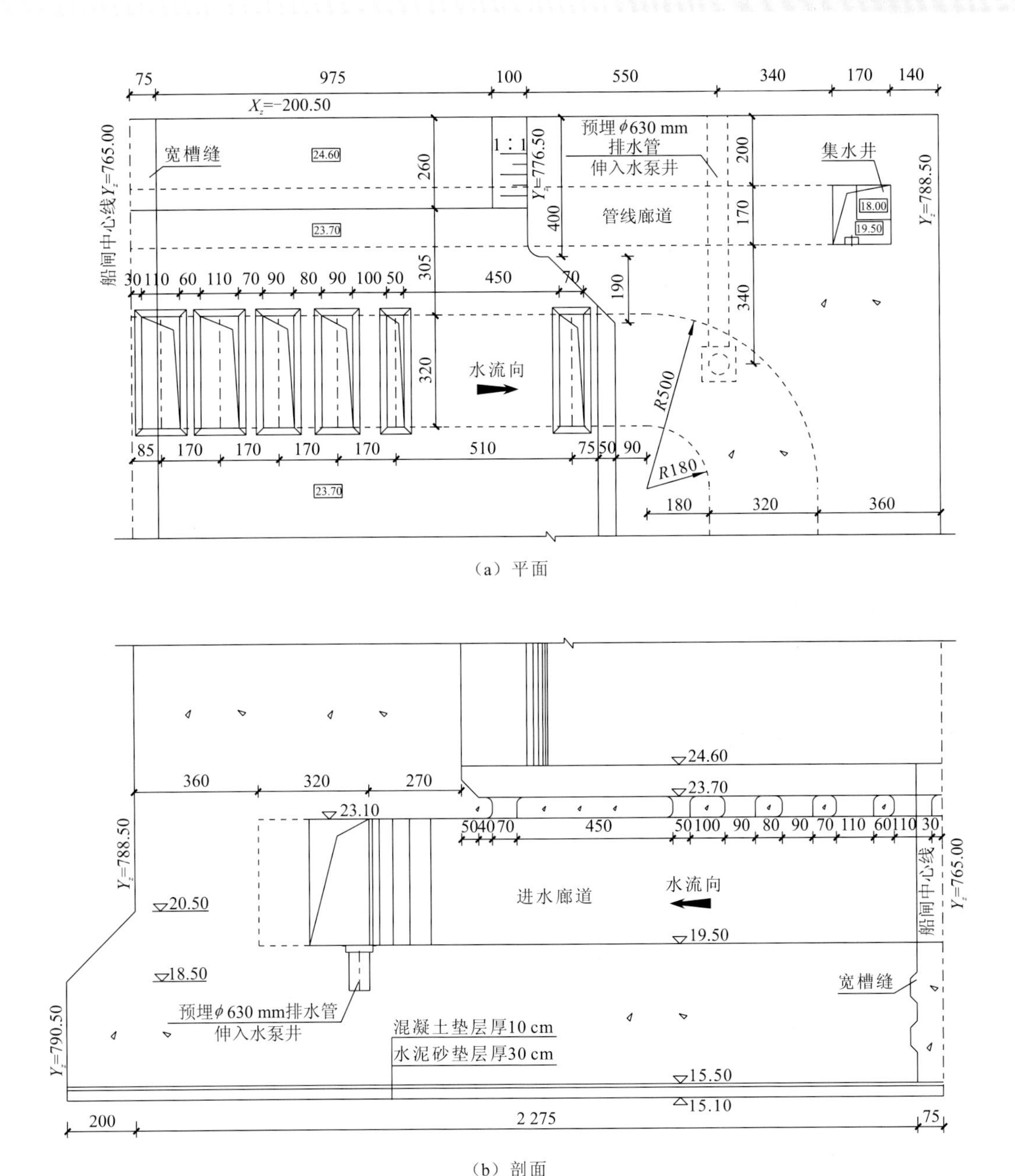

图 4.3.3　下闸首泄水廊道布置示意图（高程、桩号单位：m；尺寸单位：cm）

X_z、Y_z表示桩号

无论闸室是充水还是泄水，船舶在闸室基本上沿上下游方向移动，因此所测船舶系缆力主要反映了纵向系缆力大小。在 7 m 左右水头时，双阀开启充水，闸室停泊 2 艘 1 000 t 级单船，最大纵向系缆力为 22.8 kN；闸室停泊 4 艘 500 t 级单船，最大纵向系缆力为 12.8 kN。双阀开启泄水，闸室停泊 2 艘 1 000 t 级单船，最大纵向系缆力为 17.6 kN；闸室停泊 4 艘 500 t 级单船，最大纵向系缆力为 13.2 kN；闸室停泊 2 列 1＋2×500 t 级船队，最大纵向系缆力为 19.5 kN。观测表明，充泄水过程中闸室内停泊条件良好，系缆力满足规范要求，并有较大富余。

2）主要结论

（1）船闸在运行水头约为 7 m、双阀开启充水时，充水时间为 10.43 min，在运行水头约为 7.2 m、双阀间歇开启泄水时，泄水时间为 9.58 min，充泄水时间均满足小于设计输水时间 11 min 的要求，且泄水时间富余度较大。若能解决由设备因素造成的双阀运行同步性较差，从而影响输水时间的问题，在兼顾上游进水口、闸室及下游人字门门龛段区域流态的前提下，通过优化阀门运行参数，船闸输水时间还有进一步缩短的空间。因此，预计设计水头为 8.1 m，双阀开启充水、泄水时也能满足输水时间不大于设计输水时间 11 min 的要求。

（2）无论船闸是充水还是泄水，上游进水口和下游进水口均未发现危及过闸船舶安全的立轴吸气漩涡。充水时，闸室内水面平静，流态良好。

（3）在船闸运行水头为 7 m 左右时，无论船闸是充水还是泄水，闸室内停泊条件良好，1 000 t 级单船、500 t 级单船和 1＋2×500 t 级船队在闸室的系缆力均满足相应吨级船舶允许系缆力的规范要求，并有较大富余。

4.3.3 整体式闸首结构

1. 闸首工程地质条件

上闸首段地层自上而下依次为：①全新统上段（Q_4^{3al}）厚度为 2.8 m 左右的粉质壤土层；②全新统中段（Q_4^{2al}）厚度为 0.6 m 左右的粉质黏土透镜体；③全新统中段（Q_4^{2al}）厚度为 1.4 m 左右的淤泥质粉质壤土层；④全新统中段（Q_4^{2al}）厚度为 6.3 m 左右的粉细砂、含泥粉细砂夹粉质壤土层；⑤全新统下段（Q_4^{1al}）粉细砂层，厚 5.8 m；⑥上更新统（Q_3^{al}）砂砾（卵）石层，顶板高程约为 8.27 m，钻孔揭露厚度在 1.3 m 左右。建基面主要位于全新统下段（Q_4^{1al}）粉细砂层上。

下闸首建基面地层自上而下依次为：①全新统上段（Q_4^{3al}）厚度为 4.2 m 左右的粉质壤土层；②全新统中段（Q_4^{2al}）厚度为 1.0 m 左右的淤泥质粉质壤土层；③全新统中段（Q_4^{2al}）厚度为 11 m 左右的粉细砂层；④全新统下段（Q_4^{1al}）厚度为 0.8～1.5 m 的粉细砂层，粉细砂夹薄层淤泥质粉质壤土透镜体；⑤砂砾（卵）石层，顶板高程约为 6.61 m，钻孔揭露厚度约为 2.7 m。建基面主要位于全新统下段（Q_4^{1al}）粉细砂层上。

2. 主要技术问题

为避免不均匀沉降影响船闸人字门正常工作，船闸上、下闸首采用整体式 U 形结构，闸顶高程为 46.50 m，两侧边墩宽 12 m。上闸首长 40 m，宽 47 m，高 28.5 m，建基面高程为 18.00 m，底板顶面高程为 22.00 m，门槛段高程为 33.40 m。下闸首长 30 m，宽 47 m，高 31 m，建基面高程为 15.50 m，闸底板标准段及门槛段顶高程为 24.60 m，输水廊道进口段廊道底板顶面高程为 19.50 m。

上、下闸首边墩背水面采用粉细砂回填至原地面高程 38.00 m。地基地层从上至下为深厚的粉细砂层和砂砾石层，为减小沉降量，上、下闸首用水泥土搅拌桩进行了地基处理，处理后的地基承载力特征值为 460 kPa。

上闸首底板尺寸为 40 m×47 m（长×宽，下同），下闸首为 30 m×51 m，如采用底板整体浇筑，仓面面积太大，对施工温控要求很高，由于混凝土温度应力容易产生裂缝，同时边墩结构自重及填土边载在底板跨中产生很大的负弯矩，需要采取结构措施解决。

3. 技术措施研究

结构设计分析了在施工、完建、运行、检修情况下可能出现的不利组合条件，为了保证闸首结构施工期的安全，沿闸首底板中心线设宽 1.5 m 的宽槽，施工期将闸首分为左、右两个临时结构块，减小混凝土浇筑仓面面积，控制施工期的温度荷载，同时可以避免边墩结构自重及填土边载在底板跨中产生负弯矩。计算表明，通过控制边墩浇筑和墩背的填土高程，能保证结构施工期的安全，在边墩浇筑上升至 38.00 m 高程后，需在低温季节进行宽槽过缝钢筋连接和混凝土回填，将闸首结构连成整体之后，才能继续浇筑闸墩到闸顶 46.50 m 高程。

闸首底板中心线设宽槽有效降低了混凝土温控要求，使闸首底板结构受力和配筋量大幅减小，降低了施工难度。为保证并缝的可靠性，宽槽两侧预留键槽，要求用微膨胀混凝土回填。宽槽要求冬季回填，底板混凝土自身龄期不少于 2 个月，且混凝土温度必须降至不高于 10 ℃。设宽槽后上闸首每块底板的长度仍达 40 m，为减小施工难度，在底板设临时施工缝，底板分两层浇筑，每层厚 2 m，施工缝采用错缝形式，错缝间距为 0.8 m。下闸首底板长 30 m，不设临时施工缝。

4. 实施方案调整

实际实施过程中，因前期施工进度滞后，上、下闸首边墩浇筑到 38.00 m 高程时将进入夏季高温期间，错过了宽槽回填时机。原设计提出的施工程序，选择边墩浇筑上升至 38.00 m 高程后并缝，主要基于以下因素：①合理选择并缝时机。按施工组织设计，完成 38.00 m 高程以下混凝土浇筑的时间是低温季节。②在施工中尽量减小底板结构受力。③基底应力不超过水泥土搅拌桩复合地基的承载力。闸墩不并缝继续上升带来的主要问题是基底应力将超过水泥土搅拌桩复合地基的承载力，同时地基应力不均匀系数较大。以上闸首为例，不并缝闸墩直接浇筑到闸顶，基底应力闸墩侧为 608 kPa，航槽侧为 21 kPa，不均匀系数高达 29。

研究的解决方案为：上闸首在左、右闸墩 26.00～40.00 m 高程的对称部位，每侧设 5 个空腔，每侧空腔总体积为 1 600 m^3，将实体闸墩改为空箱式闸墩，同时在底板上用沙袋堆载，堆载高度为 6 m。下闸首在相应部位，每侧设 3 个空腔，每侧空腔总体积为 928 m^3。采取以上措施后，能减轻闸墩自重且堆载后基底应力不超过地基允许承载能力，使基底应力不均匀系数不大于 5，既满足了结构设计要求，又降低了闸墩施工温控要求，有利于加快施工进度。实际实施中，选择在 1 月下旬上、下闸首闸墩浇筑到顶时进行底板宽槽回填。船闸投入运用前，经过了一年多气温变化和最大荷载的考验，上、下闸首底板未出现裂缝。

上闸首结构布置见图 4.3.4。

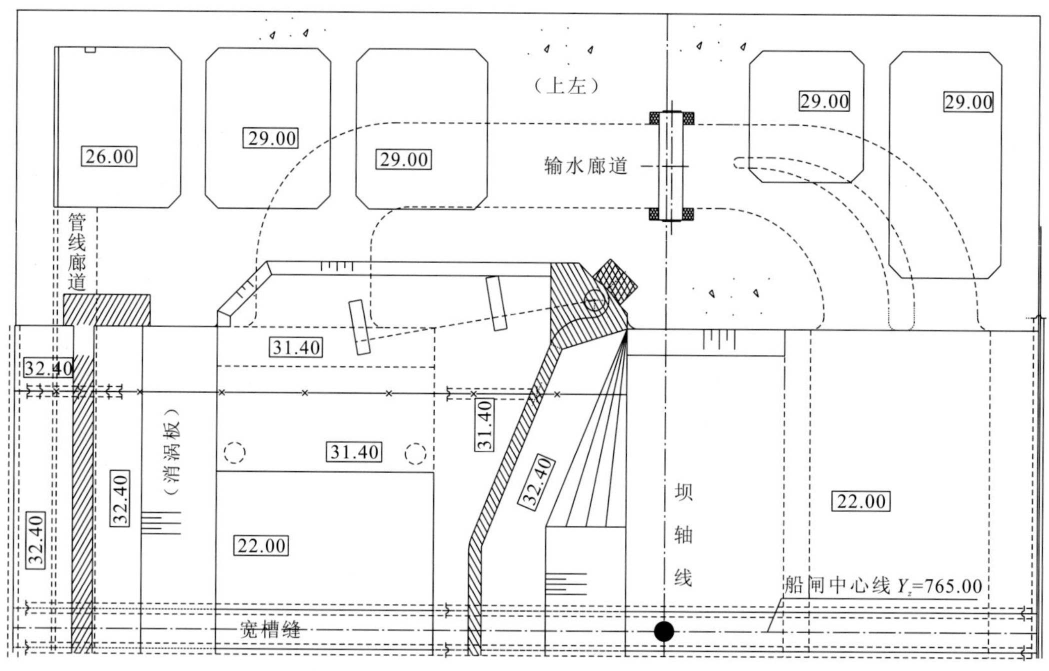

图 4.3.4　上闸首结构布置图（单位：m）

Y_z表示桩号

4.3.4　下游隔流堤

1. 原下游隔流堤布置

右岸高漫滩地面高程为 38.00 m，原设计上、下游引航道在滩地上开挖形成，引航道左侧与汉江间的保留滩地经保护后形成隔流堤。下游引航道和隔流堤的布置及结构为：口门内引航道全长 1 009 m，其中直线段长 450 m，曲线段长 559 m；口门外连接段长 287 m，最小底宽为 76 m，口门宽度为 139 m，底部高程为 26.50 m，船闸中心线的延长线与水电站下泄水流的夹角约为 27°。下游引航道开挖后形成的隔流堤长 960 m，其中位于围堰外的长度为 820 m。围堰外的隔流堤航道侧按两级边坡开挖，坡比为 1∶3，在高程 33.50 m 处设有马道，马道以下为水下开挖，采用模袋混凝土护坡；马道以上为干地开挖，采用混凝土护坡；临江侧高程 33.50 m 以下，以抛石进行防护，以上将边坡修整为 1∶3 并进行混凝土护坡。隔流堤堤顶宽度最窄为 12 m，最宽为 54 m。

2010 年汛期，右岸下游引航道区域受水流冲刷影响，围堰下游右岸高漫滩发生崩塌，长度约为 2 000 m，宽度为 40～100 m，原需保留作为下游隔流堤的滩地基本崩入江中，需重新研究下游隔流堤的布置调整和结构形式，以解决两方面的重要问题：①隔流堤布置需在满足通航水流条件的前提下，尽量减少隔流堤长度以节省投资；②当地缺乏通常条件下筑堤所需的粗粒料，而且需在水下施工，必须研究解决水下筑堤的材料和结构形式问题。

2. 下游隔流堤布置调整

隔流堤布置主要取决于船闸的通航水流条件，隔流堤的不同布置方案，影响着口门区的通航水流条件和隔流堤的工程投资。为此，隔流堤布置研究了船闸中心线延长线与主流向的夹角为 25.0°、22.5°、20.0°三种方案，并在水工模型上进行验证。试验结果表明：在 420～10 000 m^3/s 通航流量条件下，夹角为 25.0°、22.5°时，下游引航道口门区横向流速超标测点比例分别为 41%和 22%；夹角为 20.0°时，仅个别测点超标，设计选用夹角为 20.0°的布置方案。考虑到下游引航道布置在前期经过了多方案比选和水工模型试验验证，通航水流条件满足要求。如为减少填筑量，缩短原隔流堤尺度，下游引航道的通航水流条件将直接受到下泄流量的较大不利影响，原设计航线需向右岸进行调整，这将大大增加开挖量和工程占地，且未经水工模型试验验证。为此，确定基本维持原下游引航道的布置，已崩塌部分的隔流堤由填筑形成，与原设计方案相比，船闸中心线延长线基本不变，堤顶为同一宽度，堤头位置向滩地一侧横向移动 23.5 m，向下游延伸 12 m。

下游隔流堤布置调整示意见图 4.3.5。

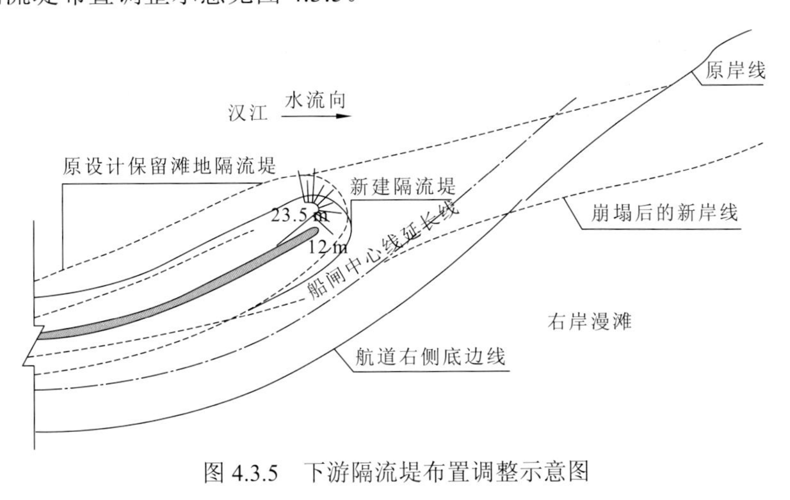

图 4.3.5　下游隔流堤布置调整示意图

3. 筑堤材料和结构形式

水下筑堤通常采用块石、石渣、砂卵石等材料，需具备一定抗冲和水下自稳能力，但在坝址区此类材料运距约为 80 km，运距远、价格高，还受到运输条件限制，同时工期又十分紧迫。在分析不同筑堤方案利弊的基础上，经研究后决定利用坝址粉细砂多、含泥量少、能就近取材的有利条件，采用吹填进行筑堤，即利用泥浆泵或高压水泵切割冲吸粉细砂沙洲，经输泥管水力输送充填入复合土工袋，排出水分后，沉留在袋内的粉细砂固结形成有一定密实度的袋装土，两侧堤脚用具备防冲和自稳能力的袋装土叠置成棱体，堤身在棱体保护下，用吹填粉细砂填筑。

复合土工袋应满足吹填砂对渗透性、保土性、防淤堵的要求，渗透系数要求为 10^{-2}～10^{-1} cm/s，等效孔径在 0.1～0.12 mm；抗拉强度不小于 18 kN/m，延伸率不大于 20%，充盈系数宜为 85%，充填后的土工袋长/宽>2.4，长/高>3.5。充填后的干土重度不小于 14.5 kN/m^3。

设计隔流堤断面顶宽 8 m，堤身在高程 33.50 m 处设有马道，两侧马道上、下两级边坡坡比按稳定要求确定为 1∶3。棱体顶宽临江侧为 10 m，航道侧顶宽为 8 m，顶高程为 31.5 m，每层充填后的复合土工袋厚度不超过 0.5 m，内坡坡比为 1∶1.5，外坡坡比为 1∶3。两侧棱体先行施工，其间高程 31.50 m 以下堤身在棱体保护下直接吹填粉细砂，高程 31.50 m 以上堤身则利用引航道开挖弃料填筑。马道以下临江侧为抛石护坡和护底，航道侧为模袋混凝土护坡；马道以上堤坡及堤顶为雷诺护垫保护。施工实践证明，采用上述设计方案，堤身填筑密实，既满足了堤身稳定要求，施工简便，又节省了工程投资，施工进度也较快。

隔流堤断面结构见图 4.3.6。

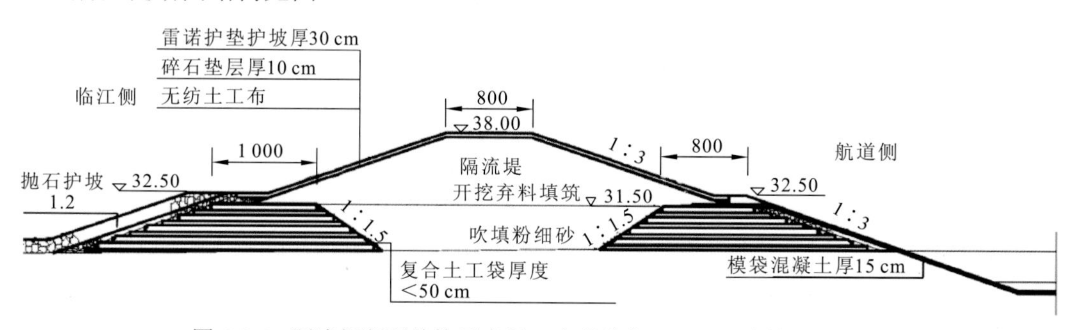

图 4.3.6　隔流堤断面结构示意图（高程单位：m；尺寸单位：cm）

第 5 章

工程建筑设计

5.1 概述

兴隆水利枢纽位于江汉平原，坝址河面开阔，工程水头较小，单体建筑物规模不大。枢纽由拦河水闸、船闸、电站厂房、鱼道、两岸滩地过流段及其上部的连接交通桥等建筑物组成，总体格局为河槽和左岸低漫滩上布置泄水闸，紧邻泄水闸右侧布置电站厂房，船闸布置在电站厂房安装场右侧的不过流滩地上，鱼道位于船闸与电站厂房之间。建筑物与两岸堤防之间为滩地过流段，采用交通桥连接。

由于建筑设计与水闸、船闸、电站厂房的设计，以及桥梁等方面的设计有着直接的关联，所以建筑设计要对各项工程进行统筹考虑，尤其在布局设计方面，要对各个功能区进行统筹划分，并根据工程需求合理设计。其次，设计工作要秉持“和谐友好”的重要原则，要确保建筑功能和景观设计和谐友好，同时还要考虑到地域性的建筑风格和特点。建筑设计还要遵循“突出重点”的原则，设计工作中不仅要统筹各方面因素，还要突出设计工作的重点，确保建筑的功能得到充分的发挥。最后，建筑设计中还要秉持“节约简朴”的原则，不能过分追求大而全，而是应当结合工程实际状况，将建筑设计与景观设计有机结合在一起。

兴隆水利枢纽建筑设计中各单体建筑物在空间处理手法及材料、色彩等方面，要强调整体性，所有建筑物构成一个有机联系的整体；强调水工建筑物的固有特征和力度，避免用一般城市建筑设计手法，尽量体现建筑物的结构美、整体美、简洁美；利用主体工程混凝土结构表现整体的气势和力度，各单体建筑物应体现各自的功能特征，内容与形式相统一；对附属建筑物要弱化处理，不能喧宾夺主；注意建筑与环境相互依存、相辅相成的关系。

结合兴隆水利枢纽建筑功能要求，需关注以下主要问题。

（1）电站厂房基础建在粉细砂地基上，地基虽然经过处理，但承载力较低、变形较大，建筑外装不应过多增加结构基础应力。

（2）机组段下游副厂房坝顶高程 44.70 m 处布置有变压器。机电规程规范要求变压器室为开敞式布置，外墙不能封闭。

（3）由于机电设备布置要求，下游副厂房向下游扩展 1.3 m，距交通公路上游边线仅为 1.0 m，其下游外墙装饰不宜外凸过多，避免影响交通。

（4）泄水闸启闭机房的门、窗应结合设备布置要求设置。水电站下游侧副厂房中控室、辅助盘室、通信室、泄水闸集控室、枢纽调度室等各房间应考虑开窗以便通风及采光。

5.2 建筑方案比选

5.2.1 电站厂房

兴隆水利枢纽电站厂房装机容量为 40 MW，安装 4 台灯泡贯流式水轮发电机组，单机容量为 10 MW，水轮机转轮直径为 6.55 m。电站厂房总长 112 m，宽 74 m。

1. 方案 1

方案 1 电站厂房外形简洁，运用不同色彩的外墙涂料和玻璃幕墙等设计元素，整体风格简约，但风格与整个枢纽工程不协调。方案 1 见图 5.2.1。

图 5.2.1　电站厂房建筑设计方案 1

2. 方案 2

方案 2 将大面积的玻璃幕墙与花岗岩幕墙相互结合，外装荷载较大，对厂房主体结构受力影响较大，且装修费用较高。方案 2 见图 5.2.2。

3. 方案 3

方案 3 将重量较轻的陶土板外墙和玻璃幕墙相互穿插，整体性好。玻璃、陶土板、钢结构等多种元素的应用与搭配，可塑造出现代水工建筑的风格。方案 3 造价较低，便

图 5.2.2　电站厂房建筑设计方案 2

于实施，同时结合了方案 2 的优点和设计元素。电站厂房建筑设计确定采用方案 3，见图 5.2.3。

图 5.2.3　电站厂房建筑设计方案 3

5.2.2　泄水闸启闭机房

兴隆水利枢纽泄水闸由 56 孔组成，每孔净宽 14 m，底板顺流向长 25 m，采用两孔一联结构形式，闸段总长 953 m，闸孔总净宽 784 m。泄水闸工作门为弧形钢闸门。闸面共布置有 28 座泄水闸启闭机房。

1. 方案 1

方案 1 采用清水混凝土的外墙面，强调水工建筑物的固有特征和力度，体现建筑物的结构美，但清水混凝土施工工艺难度较大。方案 1 见图 5.2.4。

图 5.2.4　泄水闸启闭机房建筑设计方案 1

2. 方案 2

方案 2 采用花岗岩幕墙与玻璃幕墙相互结合的形式，建筑装饰体量较大，对水工结构改变较大，同时基础占用两侧人行道较多，不利于闸面设备安装和大型车辆的通行。方案 2 见图 5.2.5。

图 5.2.5　泄水闸启闭机房建筑设计方案 2

3. 方案 3

方案 3 在尊重现有结构的基础上，对坝顶启闭机房进行造型设计。整个建筑力求序列统一，采用陶土板与玻璃材质的虚实对比，通过立面材质与富有雕塑感的斜向切割形成丰富的光影效果，是确定采用的建筑设计方案。方案 3 见图 5.2.6。

5.2.3　船闸启闭机房

船闸总长 256 m，航槽净宽 23 m，采用整体式 U 形结构，其中上闸首长 40 m，宽 47 m，高 28.5 m；闸室长 186 m，宽 31 m，高 25.9 m；下闸首长 30 m，宽 47 m，高 31 m。

图 5.2.6　泄水闸启闭机房建筑设计方案 3

1. 方案 1

方案 1 采用清水混凝土外墙面，造型简洁。清水混凝土外墙面和铝合金外窗与闸面大体积混凝土完美融合，但该方案自重大，造型占用闸面空间大。方案 1 见图 5.2.7。

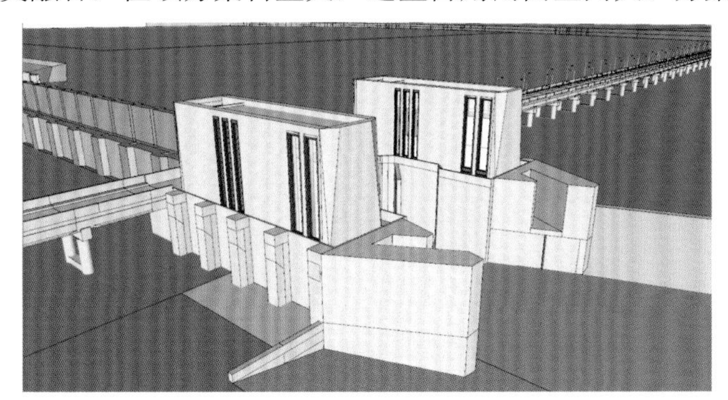

图 5.2.7　船闸启闭机房建筑设计方案 1

2. 方案 2

方案 2 与整个船闸浑然一体，上闸首入口像一座城堡的大门，气势强，但工程增加混凝土量较大，造型占用闸面空间大，造价高。方案 2 见图 5.2.8。

图 5.2.8　船闸启闭机房建筑设计方案 2

3. 方案 3

方案 3 建筑设计采用与泄水闸启闭机房统一的建筑风格，体现整个坝面建筑的整体性，船闸启闭机房确定采用建筑设计方案 3，见图 5.2.9。

图 5.2.9　船闸启闭机房建筑设计方案 3

5.2.4　闸面栏杆

1. 方案 1

方案 1 闸面采用不锈钢钢栏杆，施工简便。方案 1 见图 5.2.10。

图 5.2.10　闸面栏杆建筑设计方案 1

2. 方案 2

从泄水闸整体效果上考虑，不锈钢钢栏杆与泄水闸形式上缺乏统一，方案 2 采用石材栏杆，与泄水闸厚实的体型相呼应，是最后采用的建筑设计方案。方案 2 见图 5.2.11。

图 5.2.11　闸面栏杆建筑设计方案 2

5.3 厂房消防疏散要求

不同于民用建筑，电站厂房设计是以水利水电相关专业为主导的项目。在国家建设高速发展的今天，对水利建筑造型的要求越来越高，消防审查也越来越严格。电站厂房的建筑设计也从以前的“穿衣戴帽”转变为全阶段设计。建筑需从设计前期就协同水利水电专业进行电站厂房内的功能分区和消防疏散设计。电站厂房中电气房间比较多，所以除了机组段之间的工作梯外，都要做封闭楼梯间，建筑高度大于或等于 32 m 的高层副厂房应采用防烟楼梯间，电站厂房出地面的高度不大，但地面以下的高度往往超过 32 m，设计中要根据楼梯的总高度设置防烟楼梯间。

电站厂房的楼梯间数量是由防火分区的数量和疏散距离决定的，每个防火分区都要有一个直接安全出口，为此每个防火分区内至少有一部直接对外的疏散楼梯，然后按主厂房的疏散距离不超过 60 m，副厂房和丙类场所的疏散距离不超过 50 m 复核楼梯数量，疏散距离不满足要求则需加设楼梯。

由于电站厂房的独特性，平时厂房内人员数量少，危险部位房间少，相对于民用建筑来说火灾危险性低，规范规定门的净宽不小于 0.9 m，走道净宽不小于 1.2 m，楼梯净宽除主厂房机组段之间的楼梯外均不小于 1.1 m。门、走道净宽见图 5.3.1。

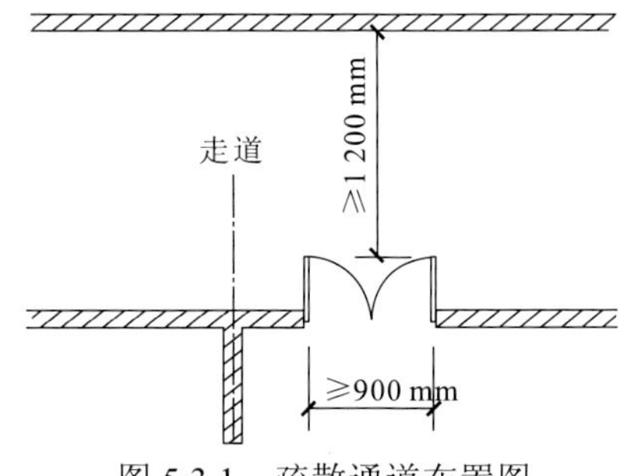

图 5.3.1　疏散通道布置图

电站厂房的厂区应设置消防通道，消防车道的宽度不应小于 4 m，当消防车道仅沿厂房长边布置时，其宽度不应小于 6 m，尽头式消防车道应在适当位置设置回车道或尺寸不小于 15 m×15 m 的回车场。

5.4 其他建筑

1. 室内外高差

水工结构布置电站厂房时容易忽视室内外高差，室内外高程相同，很容易造成厂房积水，后期即使设置挡水坎也会影响正常使用，建筑专业的设计人员要从前期介入调整水工结构布置高程。

2. 电缆的防火分隔

电站厂房电缆的竖向通道要设计电缆竖井及检修门，电缆不能随意敞开布置，电缆竖井隔墙的耐火极限不小于 1 h，电缆穿墙和楼板的孔洞要进行防火封堵。

3. 卫生间的设置

电站厂房运行人员生产活动的场所必须设置卫生间，要注意卫生间的相邻位置或下方不能有电气房间。

4. 安全疏散

电站厂房人员从室内房间疏散，应确保风险逐级递减，不应采用嵌套(穿套)设置的方式，通过丙类房间穿套疏散。

地上、地下部分共用的楼梯间应在首层采用耐火极限不低于 2 h 的防火隔墙和乙级防火门，将地上、地下部分的连通部位完全分隔。

5. 雨棚的设置

为保障人员安全，出入口雨棚及防坠落措施的设计是建筑设计必须考虑的方面。

6. 室内建筑

电站厂房的室内设计要注意吸音和重载地面的设计。电站厂房的水轮机组运行时噪声较大，所以在电站主厂房发电机层和水轮机层等的墙面设计中最好考虑采用吸音材料，如 A 级防火阻尼隔音板、玻璃棉外衬铝合金穿孔板等。电站厂房的发电机层有大型物件运输和吊装的要求，地面不能用小的块材饰面层，容易破损，多选用柔性材料（如环氧自流平）、阻燃聚氯乙烯石塑地板和水磨石地面。

第 6 章

工程建设与运行

6.1 施工总体规划

6.1.1 交通规划

1. 对外交通

兴隆水利枢纽工程位于湖北天门（左岸）和潜江（右岸），上距丹江口水库坝址 378.3 km，下距汉江河口 273.7 km，地处江汉平原，交通较为便利。水路依托汉江，可通行 100～300 t 级船队。陆路左岸有省道汉宜公路和荷沙公路，右岸有汉宜高速公路、318 国道及省道襄岳公路。坝址右侧有焦枝铁路通过，左侧有汉丹铁路经过。

一般外来物资主要为生活物资和建筑材料等，可通过水路或坝址两岸的公路运输线，从沙洋、天门及潜江等地购买运至工地。混凝土骨料从京山雁门口开采加工后，成品料经汉宜公路、荷沙公路及工程左岸进场道路进入施工区。块石料从马良山开采或购买，石料场至坝址 61 km。黏土料从沙洋开采，运距为 27 km。

重大件运输采用水运，在汉江右岸修建临时码头。部分可由铁路运输的部件可经焦枝铁路运到荆门中转，由公路运输至右岸坝址，公路运距约为 90 km。

2. 场内交通

为满足工程施工需要，由场内公路将坝址区施工部位、施工企业、生活基地、码头、料场、弃渣场等连通。根据地形、施工功能区及施工特性等，布置场内施工道路。

左岸道路主要包括左岸堤顶道路和左岸料场道路。右岸道路主要包括右岸堤顶道路、码头道路、混凝土拌和系统道路、围堰堰顶道路、下基坑道路、右岸土料场道路及右岸生活营地道路。

各主要道路场内公路名称及其主要特性汇总见表 6.1.1。

表 6.1.1　场内公路主要技术特性汇总表

道路名称	长度/km	路基宽/m	路面宽/m	路面结构	备注
左岸	4.5				
1. 左岸堤顶道路	1.2	10	8.5	沥青路面	改扩建
2. 左岸料场道路	3.3	10	8.5	混凝土路面	改扩建
3. 临时码头 1 个					新建
右岸	16.5				
1. 右岸堤顶道路	2.3		8	沥青路面	改扩建
	1.3		8	泥结石路面	改扩建
2. 永久码头 1 个					
3. 临时码头 1 个					新建
4. 码头道路	0.3	10	8.5	混凝土路面	新建
5. 混凝土拌和系统道路	0.4	10	8.5	混凝土路面	新建
6. 围堰堰顶道路	4.9	10	8.5	级配碎石路面	新建，工程量已计入围堰工程
7. 下基坑道路	3.0	10	8.5	级配碎石路面	新建
8. 右岸土料场道路	3.2	10	8.5	级配碎石路面	改扩建
9. 右岸生活营地道路	1.1	10	8.5	混凝土路面	新建
合计	21				

注：左岸堤顶道路、右岸堤顶道路、码头道路（长共 5.1 km）及右岸永久码头等施工结束后仍保留；其他共 15.9 km 在施工结束后可废除。

6.1.2　施工布置规划

1. 布置条件

兴隆水利枢纽坝址区为汉江中下游平原冲积河床，以汉江大堤为界分为两大地貌单元，堤外为滩地，堤内为一级阶地。两堤之间河道总宽度约为 2 800 m，左、右岸均有高漫滩，滩地高程为 35～38 m。左岸高漫滩宽约 1 000 m，右岸高漫滩宽约 700 m，低漫滩分布在左岸，宽约 300 m，高程约为 35 m。江堤背水侧为一级阶地，地势平坦，高程一般为 32～34 m。坝址上游约 2.5 km 处有一堤外圩垸，称永丰垸，位于汉江主河槽右侧，圩垸在堤外凸出 5～6 km，沿堤方向长度约为 3.5 km，圩垸面积约为 15 km^2，地面高程为 35.5～39.4 m。由于大坝正常蓄水位为 36.2 m，永丰垸低洼部位将常年处于正常蓄水位以下，需建泵站进行长期抽排，不利于农业耕种。

汉江两岸大堤迎水侧高漫滩地势平坦但高程偏低，受汛期洪水的影响，一般只能布置短期临时使用的施工场地。工程所在地人多地少，基本无闲地。

2. 施工场地布置

1）砂石加工系统

混凝土骨料采用人工骨料，料源为雁门口大石山人工骨料场，由于运距远，经比较，骨料就地加工为成品后，由汽车运输至工地使用。

2）混凝土系统

混凝土拌和系统及右岸交通桥的混凝土预制场布置在右岸高漫滩上。右岸高漫滩地面高程为 36～38 m，为保证右岸与大坝基坑连通，分别在上、下游设置了交通堤，在两交通堤之间形成约 35 万 m^2 的空地。河工模型试验表明，明渠导流期间，流量为 7 080 m^3/s 时，坝址区水位平滩；水文资料显示，7～9 月三个月流量最大，10 年一遇的月平均流量分别为 5 330 m^3/s、5 370 m^3/s、5 160 m^3/s，均低于平滩流量。10 年一遇的洪峰流量超过 7 080 m^3/s 的时段每年不足 2 个月。

为防止洪水上涨至高漫滩后，交通堤堤身渗水对混凝土拌和系统及右岸交通桥的混凝土预制场产生影响，在填筑上、下游交通堤时，堤身采用复合土工膜防渗。

场地排水主要采用以下措施：在混凝土拌和系统及右岸交通桥的混凝土预制场周边开挖深 1～1.5 m 的水沟，将水引至下游交通堤附近；在下游交通堤合适的位置预埋 1 个直径为 50 cm 的排水管，排水管总长 49 m，并在涵管出口处设阀门。当汉江水位低于右岸高漫滩时，由预埋排水管自流排水；当汉江水位高于右岸高漫滩时，关闭排水管出口，由水泵向外抽排。

3）交通桥安装场地

左岸交通桥为 24 跨 30 m 及 2 跨 50 m 预应力混凝土简支 T 梁，桥跨总长 823.95 m。全桥共有 62 根直径为 1.5 m 的钻孔灌注桩，4 个水下承台，27 个墩（台），96 片跨径为 30 m 的预应力混凝土简支 T 梁和 8 片跨径为 50 m 的预应力混凝土简支 T 梁。左岸引道长 30.45 m，与长 400 m 的新建兴彭路相接。前期施工场地设在左岸外滩，生活基地布置在堤内；后期在左 A 弃渣场顶部建立施工平台，主要为混凝土拌和、预制厂用地及机械设备停放场等，占地面积约为 2 万 m^2。

右岸交通桥长 690 m，共 23 跨，单跨长度为 30 m，共有桥墩（台）14 个。右岸交通桥共有混凝土 T 形预制梁 92 片。施工占地主要为预制厂用地及机械停放场等，占地面积约为 2 万 m^2。施工场地布置在右岸高漫滩围堰内，办公生活基地布置在堤内。

4）机电设备与金属结构安装厂

电站厂房安装 4 台水轮发电机组，泄水闸布置 56 孔，船闸 1 座，金属结构安装工程总量为 12 215 t，其中泄水闸 8 529 t，电站厂房 2 257 t，船闸 1 409 t，鱼道 20 t。

金属结构工程计划从第4年1月开始安装，至第4年11月安装完成，月平均安装强度为1 104 t，最大月安装强度为1 339 t。机电设备到货后存放及金属结构制作、存放等占地面积约为3万m^2。根据施工总进度安排，金属结构安装时，右A弃渣场已堆至设计高程，因此，机电设备与金属结构安装厂布置在右A弃渣场。

5）弃渣场

兴隆水利枢纽一方面工程弃渣量巨大，另一方面其位于江汉平原，坝址附近无大型冲沟作为大型弃渣场，弃于外滩则碍洪，弃于堤内则压田。如何合理选择、设置弃渣场成为困扰施工总布置的一大难题。通过弃渣场专题、初步设计、施工规划专题等一系列设计研究，并根据土石方工程量的变化进一步优化了工程弃渣场布置。

兴隆水利枢纽共设左A（堤外）、右A（堤内）、右B（取土料场）、右C（永丰垸）共4个弃渣场。其中，左A弃渣场堆渣量为245.6万m^3，右A弃渣场堆渣量为540.2万m^3，右B弃渣场堆渣量为74.0万m^3，右C弃渣场堆渣量为884.0万m^3。

左A弃渣场：采用汉江堤线的凹凸，将左A弃渣场分为3个自然区。左A弃渣场沿左岸汉江大堤迎水侧坝轴线上游1.3 km至坝轴线下游2 km范围内的3个凸岸布置，最大宽度约为300 m。布置区地面高程为36.8～37.8 m。弃渣顶部高程为43.5 m，平均堆填高度为5.5 m，占地面积为49万m^2。弃渣量为245.6万m^3，其中机挖料为113.6万m^3，吹运料为132万m^3。左A弃渣场先由机挖料填筑弃渣场外侧围堰，并按堤防工程填筑要求进行碾压，然后在形成的弃渣场内堆填水下开挖弃渣。外侧围堰出水口选择在外部地形低洼处或田间沟渠处，出水口至地面铺设土工膜。

右A弃渣场：沿右岸汉江大堤背水侧坝轴线，在坝轴线上游0.65 km至坝轴线下游1.4 km范围内布置。坝轴线上游弃渣宽度约为200 m；坝轴线下游延伸至兴隆河岸边，最大宽度约为570 m。该弃渣场布置区地面高程为34.6 m。弃渣顶部高程为41.5 m，平均填筑高度为7.9 m，占地面积为73万m^2。

右B弃渣场：右岸围堰取土料场面积为39万m^2，弃渣高度约为2 m，与围堰取土料场取土前的高程平齐。

右C弃渣场：永丰垸为堤外圩垸，位于坝址上游汉江右岸，圩垸沿堤方向长约3.5 km，向外凸出5～6 km，圩垸面积约为15 km^2，地面高程为35.5～39.4 m。右C弃渣场布置在永丰垸内，弃渣顶部高程为39.2 m，平均填筑高度为3 m，占地面积为300万m^2，主要用于堆放导流明渠开挖吹运弃渣，弃渣量为884.0万m^3。右C弃渣场内有一排水沟从弃渣场中部通过，排水沟在右C弃渣场内的长度约为2 km，以排水沟为界，两侧分别分布若干个吹填区，从排水沟的上游区逐步向下游区进行吹运，弃水从排水沟流入汉江。为防止排水沟淤堵，各填筑区出水口选择在排水沟100 m以外，水流通过田间自流入沟。

优化弃渣场布置，弃渣场不仅消纳了弃渣，减少了占地，而且提高了江堤防冲能力，改良了耕地。

（1）提高保护江堤的防冲能力。根据水工模型及河流模型的试验观测，左岸汉江大堤堤岸受水流顶冲，近岸流速较大，凸岸段出现回流或漩涡，为使水流顺畅，设左 A 弃渣场，既消纳了开挖导流明渠的部分弃渣，又使汉江大堤凸岸段平顺并对其进行了防护，从而消除了左岸江堤冲刷隐患。

（2）改良了耕地。永丰垸拟作弃渣场区域原地面高程为 35.5～37 m，地势低洼，大部分区域低于正常蓄水位，枢纽建成运行后，永丰垸内变成浸没区，不利于农业耕种。兴隆水利枢纽采用抬田新技术，利用工程的开挖料，将永丰垸低洼区域回填垫高、复耕，不仅极大限度地消纳了弃渣，解决了弃渣场匮乏问题，还将永丰垸内 300 万 m^2（约 4 500 亩）浸没区变成可耕良田，极大限度地减少了水库建设对生态和社会的影响，有效保护了耕地，"变废为宝"，经济、环境及社会效益十分显著。

6）右岸基地

右岸基地布置在坝轴线上游兴隆河与右 A 弃渣场之间，顺兴隆河长约 450 m，宽 300 m，地面高程在 34 m 左右。在该区布置办公生活基地，设置水厂、综合加工厂、机械汽车停放及保养场。占地面积共 7.6 万 m^2，其中，办公生活基地 3.8 万 m^2，水厂 0.8 万 m^2，综合加工厂 1.5 万 m^2，机械汽车停放及保养场 1.5 万 m^2。

7）左岸基地

左岸基地布置在汉江大堤背水侧，设有办公生活基地和机械汽车停放及保养场，占地面积共 0.9 万 m^2，其中，办公生活基地 0.4 万 m^2，机械汽车停放及保养场 0.5 万 m^2。

兴隆水利枢纽施工总布置见图 6.1.1。

6.1.3　施工进度规划

1. 初步设计批准的施工进度

工程建设划分为 4 个阶段，即工程筹建期、施工准备期、主体工程施工期、工程完建期。其中，工程筹建期 1 年 6 个月，不计入总工期，施工准备期 1 年 6 个月，主体工程施工期 2 年 4 个月，工程完建期 8 个月，工程总工期为 4 年 6 个月。

施工准备期从第 1 年 7 月～第 2 年 12 月，工期 18 个月，主要任务有以下几个方面：

（1）场内道路建设及左岸交通桥施工。其中，纵向围堰以左的交通桥于第 2 年 10 月具备通车条件，以便一期截流前沟通导流明渠与主河床间的施工场地。

（2）导流明渠开挖及围堰施工。其中，导流明渠开挖于第 2 年 10 月全部完成，为一期截流创造条件。

（3）砂石混凝土系统建设。其中，砂石加工系统于第 2 年 8 月建成投产，并开始生产围堰反滤料；右岸混凝土拌和系统于第 2 年 12 月建成。

（4）施工营地及综合加工系统的建设。

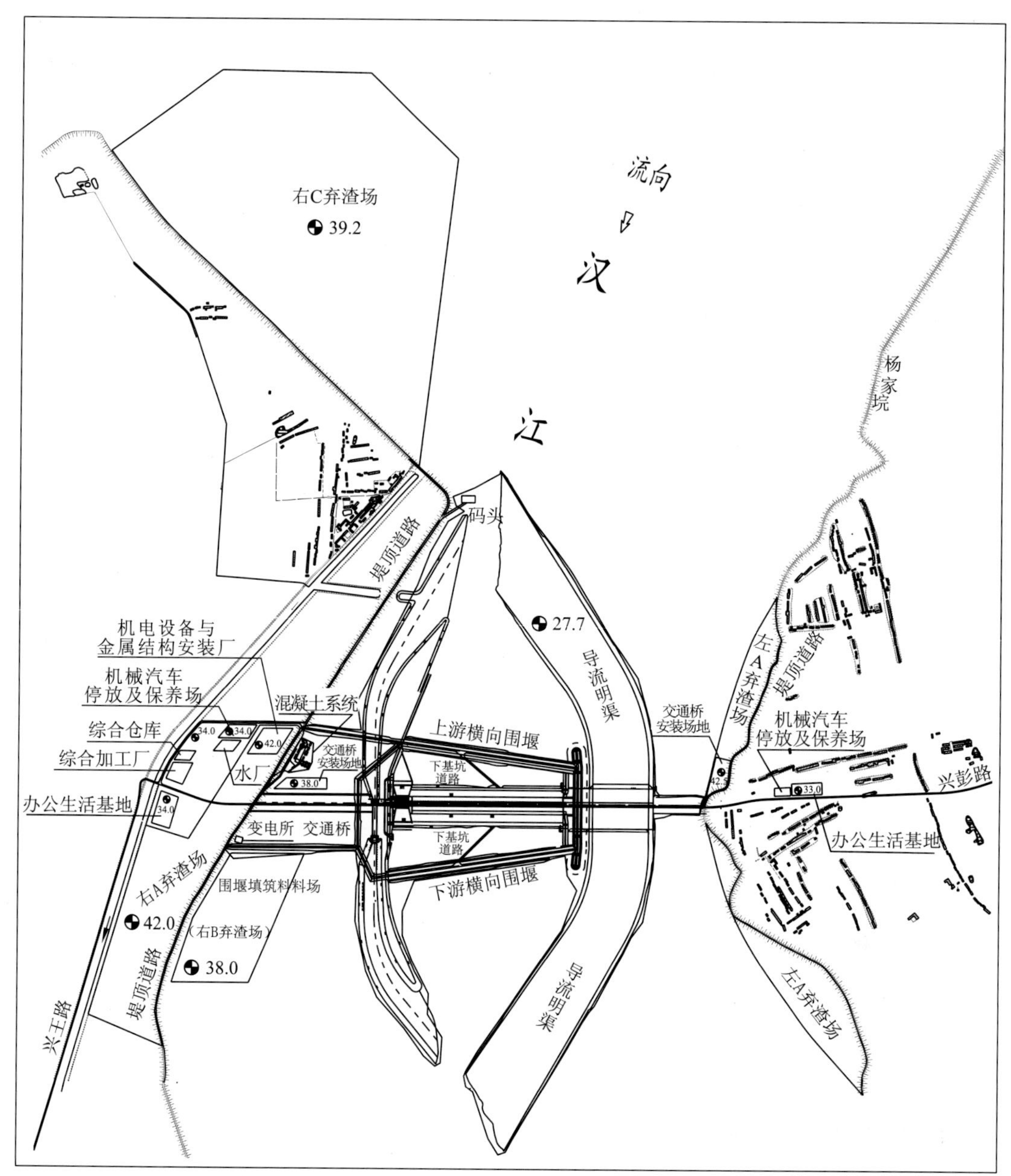

图 6.1.1　兴隆水利枢纽施工总布置示意图（单位：m）

2. 提前开工进度

为应对 2008 年金融风暴，当年国家及时出台宏观经济调控政策，增加拉动内需动力，南水北调工程建设也因此提速，作为南水北调中线工程的配套工程之一的兴隆水利枢纽建设提到日程上来。当时已近 2008 年底，根据工程进展情况，其尚处在工程筹建期内，应将 2009 年上半年作为工程筹建期来完成征地移民等前期工作，将 2009 年下半年到 2010 年 10 月作为施工准备期建成左岸交通桥，完成导流明渠开挖，为 2010 年 11 月进行一期截流创造条件，总工期与国务院南水北调工程建设委员会确定的“中线一期工程 2013 年主体工程完工，2014 年汛后通水”的建设目标基本匹配。

然而，建设单位提出了“提前开工、提前受益”的目标，要求设计单位论证工程提前开工的可行性，找出关键节点，并研究相应的解决措施。初设阶段的进度安排要求截流前左岸交通桥具备通车条件，如提前开工，则不能在截流前建成左岸交通桥，导致明渠通水后，左侧纵向围堰在左侧的导流明渠及右侧的主河床之间形成孤岛；如在 2009 年汛前截流，则面临汛期施工防渗墙的风险。

通过施工进度方案比较和风险分析，调整导流分期及防渗墙平台高程以延长防渗墙施工时段，调整截流方案，相应调整部分导流建筑物结构和枢纽各项工程关键环节的施工进度，尤其需要加快导流明渠开挖进度。推荐的提前开工进度方案是 2009 年 2 月 1 日开工，2009 年 12 月截流，2012 年 6 月初首台机组发电，2013 年 2 月末台机组发电及工程完工。

3. 实际施工进度

实施中，工程于 2009 年 2 月 26 日正式开工，2009 年 12 月 26 日顺利实现一期河床截流，2013 年 3 月 22 日实现二期明渠截流，2013 年 11 月首台机组发电投入运行，2014 年 9 月最后一台机组并网发电。

6.2 深厚粉细砂地基导流工程设计

6.2.1 概述

1. 建筑物级别和标准

1）导流建筑物级别

兴隆水利枢纽位于汉江下游河段，属于平原水库枢纽工程。根据当时的执行规范《水利水电工程等级划分及洪水标准》（SL 252—2000）[2]，兴隆水利枢纽为 I 等工程，主要建筑物为 1 级，导流建筑物为 4 级。

2）导截流标准

根据当时的执行规范《水利水电工程施工组织设计规范》（SL 303—2004）[25]，土石围堰为 4 级导流建筑物，相应的导流标准为 10～20 年一遇洪水。

坝址河段为平原河流，洪水来势较缓，上游丹江口水库对洪水有调蓄作用，由于受汉江大堤堤顶高程限制，围堰挡水库容不大，故取一期土石围堰设计挡水标准为10年一遇洪水，相应坝址流量为15 600 m^3/s（洪水频率相当于丹江口大坝加高前10年一遇或加高后20年一遇）。导流明渠设计标准与一期围堰挡水标准相同。

一期河床截流时段为第2年11月中旬，截流标准为11月10%频率月平均流量1 880 m^3/s，二期明渠截流时段为第5年1月上旬，截流标准为1月10%频率月平均流量1 380 m^3/s。

兴隆水利枢纽各导流建筑物导流标准与特征水位见表6.2.1。

表6.2.1　兴隆水利枢纽施工导流标准表

项目		挡水时段	频率	流量/（m^3/s）	泄流条件	下泄流量/（m^3/s）	下游水位/m	计算上游水位/m
导流明渠		全年	10%频率最大瞬时	15 600	导流明渠	15 600	40.16	40.85
纵向围堰		全年	10%频率最大瞬时	15 600	导流明渠	15 600	40.16	40.85
一期上、下游横向围堰	挡水	全年	10%频率最大瞬时	15 600	导流明渠	15 600	40.16	40.85
	截流	11月	10%频率月平均	1 880		1 880	33.45	33.90
	防渗平台	11月～次年4月	10%频率最大瞬时	4 890		4 890	35.89	36.23
明渠截流		1月	10%频率月平均	1 380	泄水闸	1 380	31.69	31.72
施工期明渠通航				420～4 000			29.70～35.31	29.75～35.54

一期工程施工期利用导流明渠通航。导流明渠通航要求参照永久通航建筑物通航水流条件：最小航道宽度为45 m，水深≥2.0 m，最大纵向流速≤2.0 m/s，最大横向流速≤0.3 m/s，最大回流流速≤0.4 m/s，最小通航流量为420 m^3/s。

2. 导流方案

兴隆水利枢纽采用二期导流方式进行施工。由于泄水闸集中布置在河床深槽和左侧低漫滩部位，船闸及电站厂房均布置在泄水闸右侧，所以导流明渠布置在左岸漫滩上。一期先施工导流明渠，其具备通水条件后，进行河床截流，并施工一期围堰；在一期围堰保护下，进行泄水闸、电站厂房及船闸等主体工程的施工，导流明渠及左岸高漫滩过流，明渠通航。二期采用土石坝体直接截断明渠，进行过水土石坝施工，由已完建的泄水闸泄流，船闸通航。

导流明渠及一期围堰平面布置见图6.2.1。

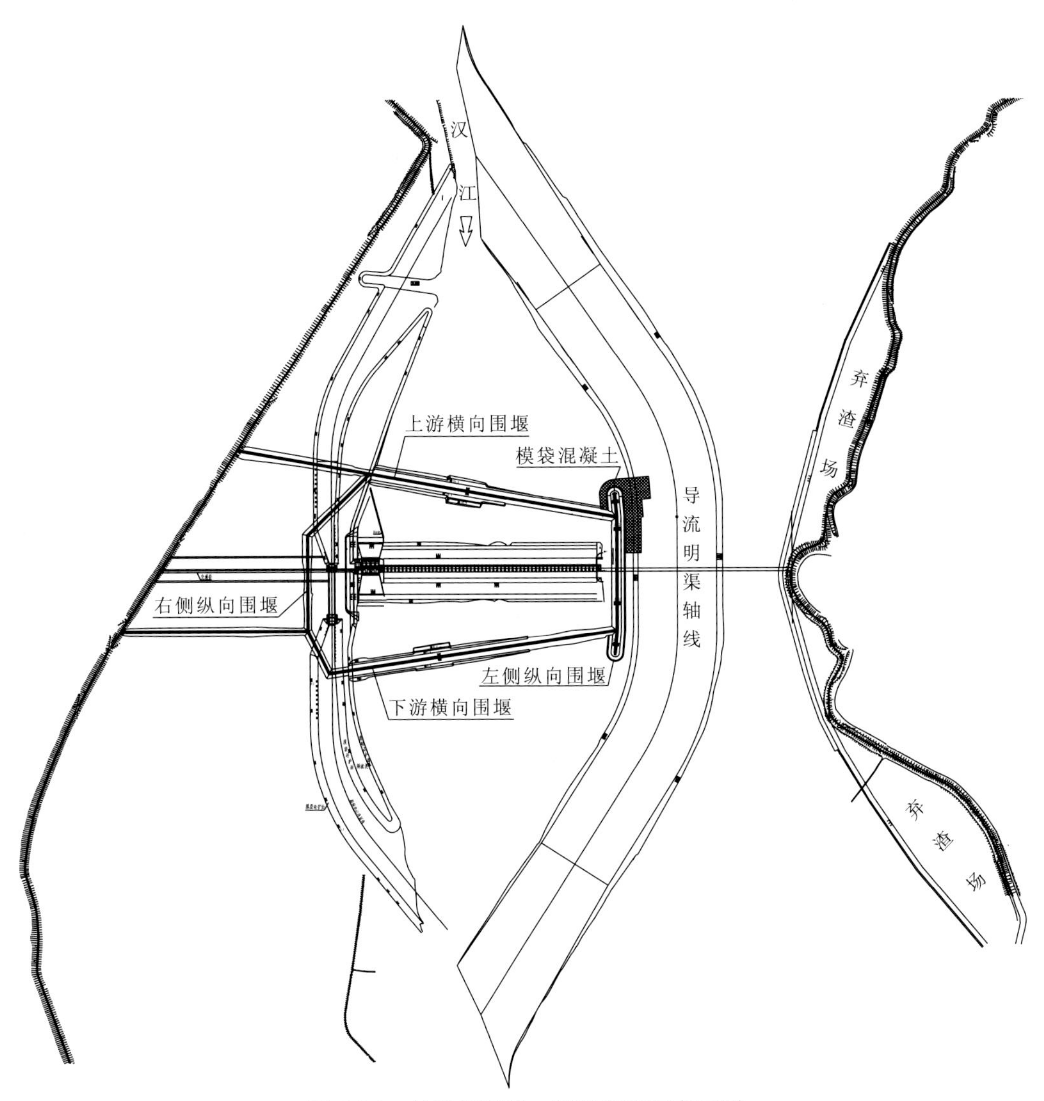

图 6.2.1　导流明渠及一期围堰平面布置图

3. 施工面临的主要工程地质问题

在施工期间，易出现基坑涌水涌砂、渗透破坏等问题，基坑存在人工边坡的稳定问题，尤其是边坡中上部分布的淤泥质粉质壤土抗剪能力极低且具有高压缩性，严重影响边坡的稳定[26]。

6.2.2　导流明渠

1. 导流明渠布置

坝址区为汉江中下游平原冲积河床，以汉江大堤为界分为两大地貌单元，堤外为滩地，堤内为一级阶地。坝址区广泛分布第四系冲、洪积层，下伏新近系含粉砂质泥岩。覆盖层厚超过 50 m，由人工堆积层、粉细砂层、砂壤土层、粉质黏土、淤泥质土、砂砾石层等组成，透水性强，承载力较低，河床地表土壤抗冲刷能力较小，其中粉细砂层为轻微液化土。

根据枢纽建筑物布置特点，导流明渠布置在河床左侧漫滩上。明渠右侧为土石纵向围堰，左侧为汉江大堤，明渠轴线全长 4 000 m。其中，进口直线段长 996.6 m，上游弯道长 641.4 m（弯道半径为 1 050 m），渠身直线段长 500 m，下游弯道长 595.6 m（弯道半径为 1 050 m），出口直线段长 1 266.4 m。出口渠道为微喇叭口形，扩散角为 2.5°。

2. 明渠断面结构

汉江兴隆河段按限制性 IV 级航道，最小通航水深取 2.5 m；相应最小通航流量 420 m^3/s 的水位为 29.7 m，则明渠底高程为 27.2 m。按满足泄流要求，明渠低渠最小宽度取 330 m。明渠底坡按平坡设计；纵向围堰段右侧高渠宽约 40 m，渠底高程为 35 m；左侧高渠为河床原始漫滩，最小底宽约为 325 m，渠底高程为 30.5～37.5 m。低渠进出口段连接右侧主河槽，高渠进出口段连接河床左侧漫滩，高、低渠间边坡坡比为 1∶3。

明渠设计断面为左高右低的横向复式断面，主要优点在于低渠能较好地调整明渠内流速分布，改善通航条件，减少明渠开挖工程量。

3. 明渠泄流能力计算

明渠设计流量为 15 600 m^3/s（10%频率），相应的坝址下游水位为 40.16 m。按照明渠布置，计算时将明渠划分为三段，即进口段、渠身段、出口段，粗糙系数 n 选用 0.032。当流量为 15 600 m^3/s 时，计算的上游水位为 40.85 m。

4. 明渠水力学试验成果

明渠是一期导流期间汉江行洪的唯一通道。必须保证明渠的泄流能力，同时满足一期工程施工时中小流量的通航要求，使渠内流速分布均匀，流态良好。因此，有必要通过水工模型试验验证导流明渠的泄流能力、流态，为确定明渠通航标准及合理进行明渠防冲保护设计提供依据。

1）泄流能力验证

明渠导流期间，让原来走主河道的水流改走左岸明渠，由于横向围堰的挡水作用，明渠段河道洪水期的过水面积减小，明渠上游河道水位壅高，其流量越大，水流的壅水作用越明显；而明渠下游一定范围内由于水流流速有所增大，水位略有降低。试验结果表明，当设计导流流量为 15 600 m^3/s 时，明渠段河道束窄率为 65.0%，明渠上游进口处水位为 40.88 m，下游出口处水位为 40.17 m，落差为 0.71 m；当遇平滩流量 7 080 m^3/s 时，明渠段河道束窄率为 49.9%，明渠上游进口处水位为 37.54 m，下游出口处水位为

37.12 m，落差为 0.42 m。

由于明渠上段纵、横向围堰堰顶高程及河道两岸大堤堤顶高程为 42.5 m，围堰上游两岸堤防安全超高约为 1.6 m，满足围堰和堤防安全超高要求，也说明导流明渠的泄流能力满足要求。

2）通航条件

模型共进行了 10 000 m^3/s、8 000 m^3/s、6 000 m^3/s、4 000 m^3/s、420 m^3/s 五个流量级的通航水力学试验。试验表明，当流量为 10 000 m^3/s、8 000 m^3/s、6 000 m^3/s 时，明渠表层纵向流速较大，且纵向围堰上游头部附近流态较差。

当流量为 4 000 m^3/s 时，局部流速略大于 2 m/s，流速分布见图 6.2.2 和图 6.2.3。

当流量为 4 000 m^3/s 时，虽然部分表层纵向流速超过 2 m/s，但从图 6.2.3 可以看出，等值线 2 m/s 以外部分流速均小于 2 m/s，此区域在明渠中形成左、右两个通道，明渠左边通道宽度最小值为 65 m，右边为 88 m，满足航道宽度最小为 45 m 的要求。在该流量条件下，横向流速分布大部分区域接近 0，局部最大值为 0.15 m/s。因此，该流量条件下，基本满足通航要求。

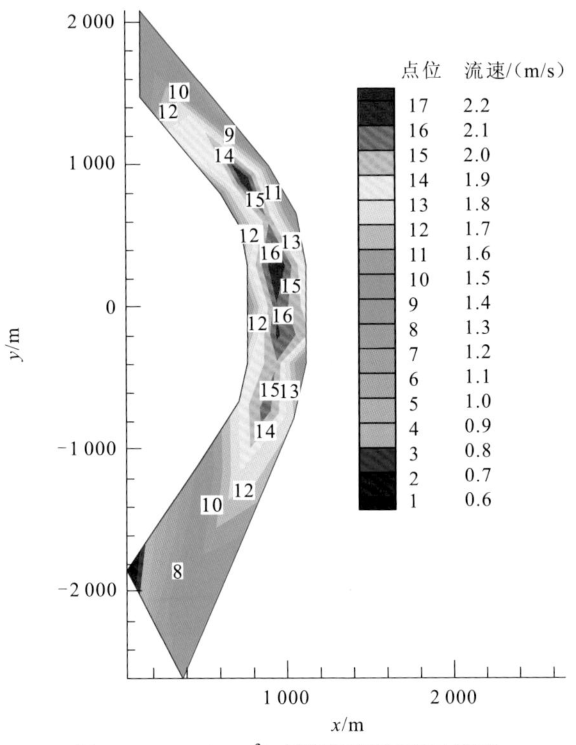

图 6.2.2　4 000 m^3/s 流量下明渠表层流速

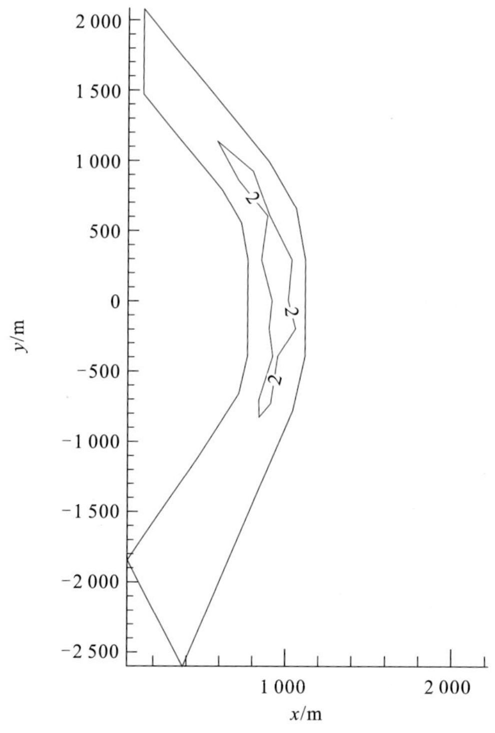

图 6.2.3　4 000 m³/s 流量下明渠表层流速 2 m/s 等值线

经上述分析可知，在明渠导流期间，明渠通航流量取 420～4 000 m³/s。

3）明渠流速及流态

一期施工期，水流全部从左岸明渠通过，使河道水流局部走向发生改变。试验结果见表 6.2.2、图 6.2.4。

表 6.2.2　明渠表层流速表　（单位：m/s）

项目	断面号	与坝轴线的距离	17 000 m³/s			15 600 m³/s			7 080 m³/s		
			左侧	右侧	最大	左侧	右侧	最大	左侧	右侧	最大
进口段	M1	上 1 700 m	2.70	1.76	2.71	2.40	1.72	2.53	1.20	1.81	1.92
	M2	上 1 200 m	1.36	2.16	2.30	1.21	2.14	2.31	0.55	1.94	2.08
	M3	上 700 m	1.30	2.72	3.01	1.12	2.62	2.92	0.79	2.30	2.54
渠身段	M4	上 460 m	1.76	1.01	3.46	1.46	0.82	3.36	1.16	1.32	2.64
	M5	上 240 m	2.39	0.92	3.65	2.24	0.75	3.55	1.88	1.58	2.92
	M6	0	3.09	2.21	3.79	2.72	1.87	3.63	2.45	1.68	2.98
	M7	下 240 m	3.18	2.44	3.72	2.92	1.99	3.62	2.46	1.45	3.02
	M8	下 500 m	2.98	2.17	3.47	2.82	2.06	3.33	1.95	1.71	2.99

续表

项目	断面号	与坝轴线的距离	17 000 m³/s			15 600 m³/s			7 080 m³/s		
			左侧	右侧	最大	左侧	右侧	最大	左侧	右侧	最大
出口段	M9	下 1 000 m	3.30	0.26	3.35	3.20	0.25	3.24	2.48	1.42	2.80
	M10	下 1 500 m	3.26	0.26	3.28	3.18	0.26	3.25	2.65	0.95	2.81
	M11	下 2 000 m	2.89	0.30	2.92	2.82	0.24	2.90	2.58	0.40	2.72

主流出多宝湾弯道后，居中偏右进入坝前顺直河段，然后逐渐左移进入明渠。

（1）在进口段（主河道至纵向围堰上堤头，下同），主流偏明渠右侧，当设计导流流量为 15 600 m^3/s 时，水流漫滩至汉江大堤边，渠道内最大流速为 2.31～2.92 m/s，左侧边坡前缘流速为 1.12～2.40 m/s，右侧边坡前缘流速为 1.72～2.62 m/s。

（2）在渠身段（纵向围堰上堤头至下堤头，下同），主流区偏左侧，不同流量下，主流顶冲点位置在左侧坝轴线上游 300 m 至下游 400 m 范围内变动，受纵向围堰束水作用，明渠内水流流速明显增大。当设计导流流量为 15 600 m^3/s 时，坝轴线处左岸大堤前缘流速为 1.85 m/s，渠内最大流速为 3.33～3.63 m/s，左侧边坡前缘流速为 1.46～2.92 m/s，右侧纵向围堰前缘流速为 0.75～2.06 m/s，在纵向围堰上堤头附近最大流速为 2.24 m/s，下堤头附近最大流速为 2.06 m/s。

（3）在出口段（纵向围堰下堤头至主河道，下同），主流居中偏左进入主河道，当流量为 15 600 m^3/s 时，渠道内最大流速为 2.90～3.25 m/s，主流靠近左侧边坡，其前缘流速为 2.82～3.20 m/s，右侧为缓流区，其边坡前缘流速为 0.24～0.26 m/s。

从明渠水流流态情况看（图 6.2.5），各级流量下，明渠内水流较为平顺，流态较稳定，主流走向表现出大水趋直，小水坐弯的运动特点。在明渠上游进口段，主流从右侧逐渐过渡到左侧进入明渠弯道，受上游横向围堰挡水影响，在横向围堰前形成较大范围的缓流区；水流进入渠身段后，受纵向围堰头部和明渠弯道的控导作用，主流偏左侧，当流量大于 10 000 m^3/s 时，上游横向围堰前的部分水流汇入明渠，在纵向围堰堤头前缘产生较强绕流作用，受纵向围堰堤头挑流影响，在堤头下游侧前沿出现回流区，其最大范围为 240 m×85 m（长×宽）；明渠下游出口段，主流在中、小流量时居中，大流量时偏左下行进入主河道，由于受下游横向围堰不过流的影响，下游横向围堰下游一带形成较大范围的缓流区。

4）明渠泥沙冲淤变化

导流明渠需经历两个汛期水文年。从对工程的不利情况考虑，试验选用 1984 年（大水大沙）和 2003 年（大水中沙）两年系列组合，即 1984 年+2003 年作为模型试验系列年。

试验结果表明，渠身段泥沙的冲淤变化主要受河道束窄和弯道水流的影响，第 2 年汛后地形与初始地形相比（表 6.2.3、图 6.2.6），有以下几点变化。

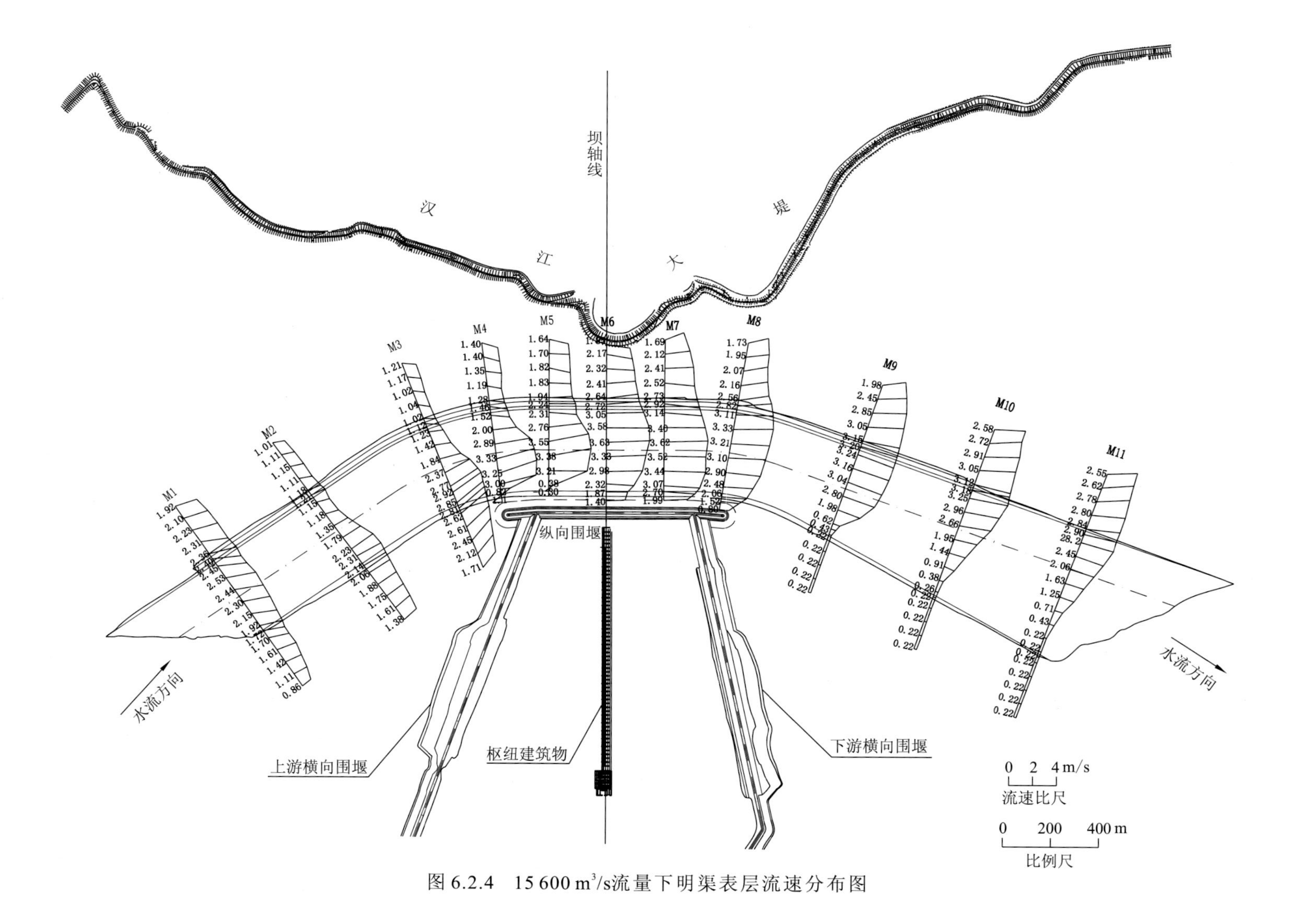

图 6.2.4 15 600 m^3/s流量下明渠表层流速分布图

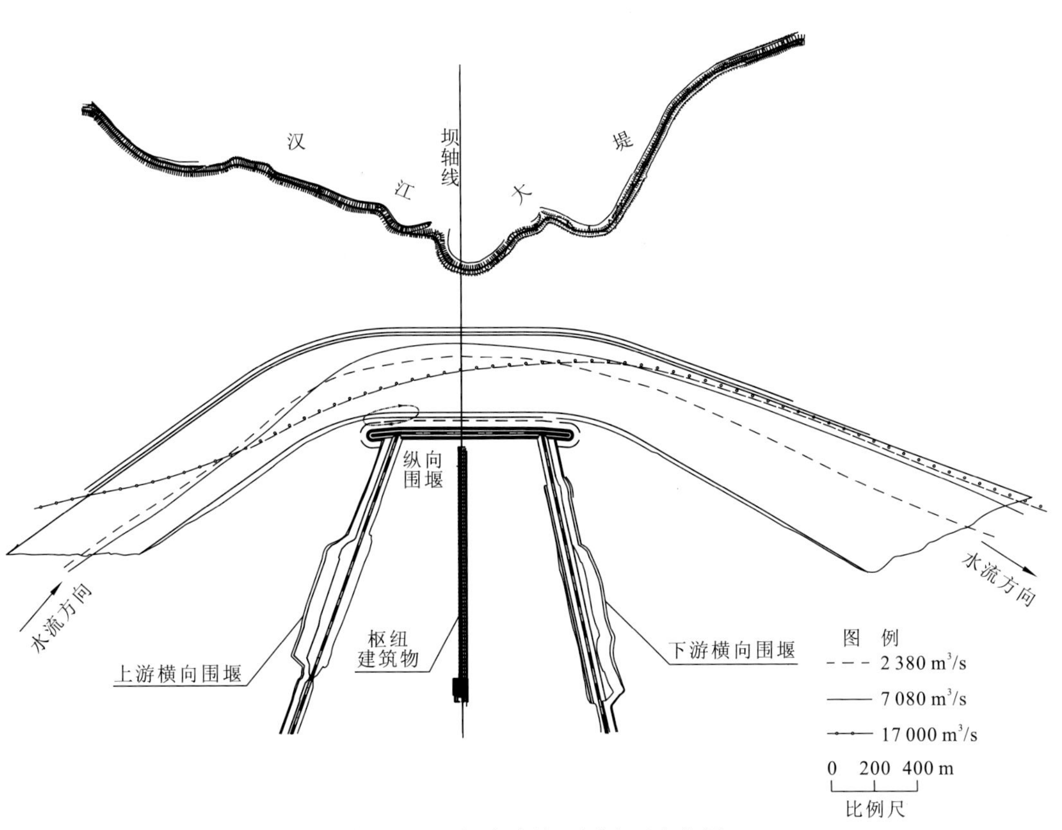

图 6.2.5　明渠主流线及回流区变化图

表 6.2.3　明渠冲淤厚度表　（单位：m）

项目	断面号	第 1 年末			第 2 年末		
		左侧	右侧	最大冲深	左侧	右侧	最大冲深
进口段	M1	4.4	−0.2	−0.4	3.2	−0.4	−0.6
	M2	1.3	−0.4	−0.5	1.9	−0.5	−0.5
	M3	1.3	−0.2	−1.9	2.8	−0.3	−2.4
渠身段	M4	−0.5	−6.4	−7.2	−0.6	−7.0	−9.0
	M5	−0.4	4.3	−4.0	−1.0	4.6	−5.2
	M6	−2.7	6.8	−5.3	−5.3	4.8	−6.3
	M7	−0.2	5.1	−3.4	−0.9	4.5	−4.8
	M8	−0.2	1.7	−1.6	−2.4	4.5	−2.9
出口段	M9	−0.7	1.9	−0.7	−1.2	3.7	−1.3
	M10	−0.7	1.2	−0.7	−0.7	1.2	−0.7
	M11	2.5	0.8	0.5	2.3	0.8	0.1

注：“+”表示淤积，“−”表示冲刷。

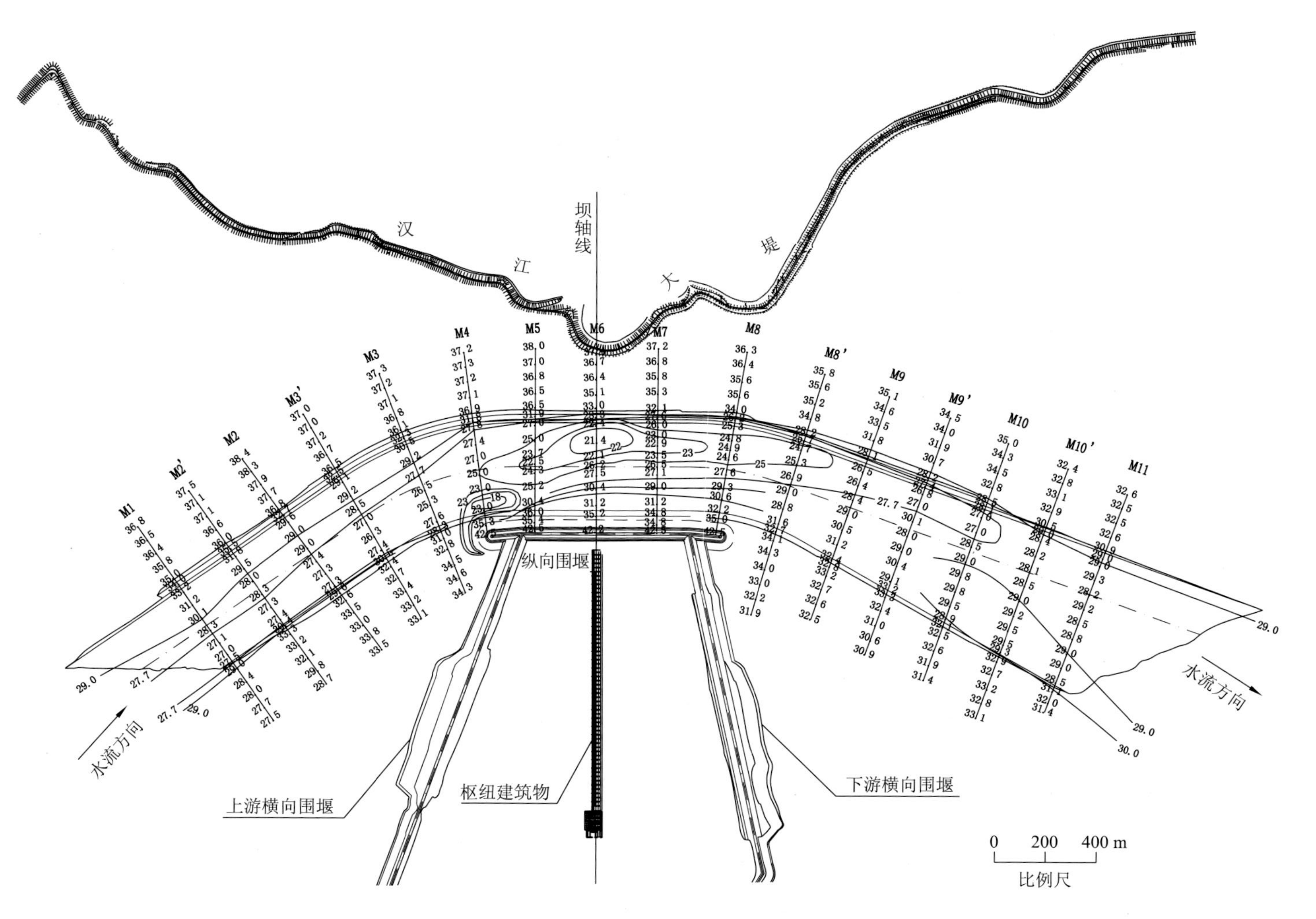

图 6.2.6 明渠运用第2年末地形
图中数字为地形高程，单位为m

（1）在进口段，由于主流沿渠道右侧下行并逐渐向左岸过渡，因此，渠道右侧渠底产生少量冲刷，冲深 0.3～0.5 m，左侧流速较小，渠底发生淤积，淤厚 1.9～3.2 m。

（2）在渠身段，左侧为弯道凹岸，渠底产生冲刷，冲深 0.6～5.3 m，以坝轴线附近渠底冲刷最严重，坝轴线上游 200 m 至下游 500 m 的边坡崩退 10～70 m，而明渠右侧为弯道凸岸，在纵向围堰上堤头至下游 220 m 范围的纵向围堰前缘由于受堤头绕流作用，产生局部冲刷坑，其冲刷坑范围为 220 m×100 m×11 m（最长×最宽×最深）。

（3）在出口段，主流居中偏左，左侧渠底 M9、M10 断面发生冲刷，冲深 0.7～1.2 m，右侧渠道处在缓流区，渠底产生淤积，淤厚 0.8～3.7 m。

5）重点部位流速

（1）滩地和堤脚。

大堤在坝轴线处明显向河槽突出，此处断面变窄，流速相应加大，因此选取坝轴线断面，在流量 17 000 m^3/s 条件下进行了滩地流速测量，成果见表 6.2.4。左侧大堤处流速较大，应采取防护措施。

表 6.2.4 沿坝轴线左岸滩地流速（流量为 17 000 m^3/s）

距离/m	部位	流速/（m/s）	距离/m	部位	流速/（m/s）
50	表面	3.32	200	表面	2.78
	底部	3.06		底部	2.71
100	表面	3.19	250	表面	3.83
	底部	3.18		底部	3.55
150	表面	3.05			
	底部	2.78			

注：表中距离为沿坝轴线，测点距坝轴线左端点的长度。

（2）明渠堤头。

纵向围堰头部附近流速测点见图 6.2.7，各流量下测点流速见表 6.2.5。表 6.2.5 中流向以纵向围堰轴线垂直方向为 0°，向左为正。

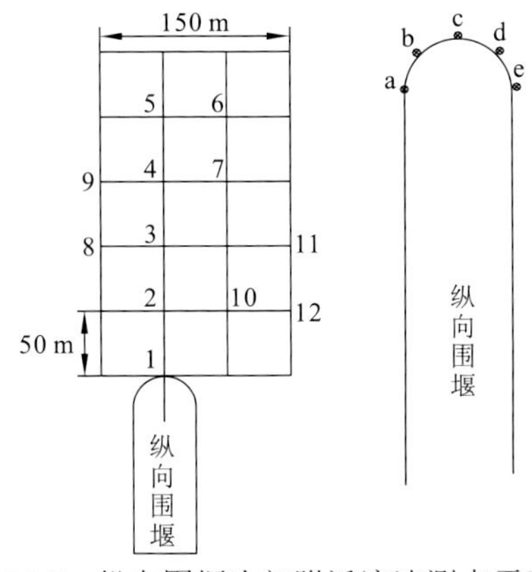

图 6.2.7 纵向围堰头部附近流速测点示意图

表 6.2.5　纵向围堰头部附近流速分布

流量/（m^3/s）	位置	流速/（m/s）	流向/（°）	流量/（m^3/s）	位置	流速/（m/s）	流向/（°）
17 000	1	4.02	−10	10 000	6	0.87	0
	2	3.85	−5		7	3.16	60
	3	3.05	−5		8	3.14	0
	a	2.38	−75		9	2.94	0
	b	4.92	−45		10	3.84	−20
	e	0.42	30		11	2.23	25
15 600	1	3.85	−20		12	2.33	30
	2	3.15	−20		a	3.02	−45
	3	2.91	−5		b	3.68	−45
	4	2.32	5	8 000	1	2.40	−30
	c	5.16	−30		2	2.84	−30
	e	4.45	−20		3	3.95	0
10 000	1	4.15	−45		4	1.07	0
	2	4.16	−45		5	2.03	−30
	3	3.35	0		6	1.30	0
	4	2.98	0		7	1.00	0
	5	3.09	0		10	0.99	0

表 6.2.5 中数据显示，在纵向围堰头部附近存在着两个流速较大区域，一个是沿纵向围堰边坡坡脚的部分圆弧段，即图 6.2.7 中 a 至 c，另一个为纵向围堰头部以上长 200 m、宽 150 m 的范围，应进行防护。

5. 明渠防冲保护措施

导流明渠基础和边坡由粉细砂夹砂壤土及厚层粉细砂等组成，粉细砂中值粒径为 0.1～0.15 mm，不冲流速为 0.2～0.25 m/s，坝轴线处渠身段左侧距大堤约 315 m。一期基坑施工时，水流由主河槽逼向左岸导流明渠，水工模型试验结果表明，因基础抗冲刷能力差，纵向围堰上游头部及导流明渠内冲淤变化较大，同时坝轴线附近汉江大堤凸岸段流速较大。

水工模型试验表明：当流量为 15 600 m^3/s 时，纵向围堰头部切向流速达 3.7 m/s；坝轴线附近汉江大堤凸岸段流速达 3.45 m/s。泥沙模型试验结果显示：纵向围堰上堤头至下游 220 m 范围受绕流作用，其冲刷坑范围为 220 m×100 m×11 m（最长×最宽×最深）；坝轴线上游 200 m 至下游 500 m 渠底冲刷严重，明渠左坡崩退 10～70 m；明渠纵向围堰前缘为淤积区。

导流明渠左侧为汉江大堤，右侧为一期基坑围堰，其安危关系到群众生命财产安全和基坑工程安全施工。导流明渠左岸高渠最小宽度为 315 m。模型试验显示，坝轴线上游 200 m 至下游 500 m 渠底冲刷严重，明渠左坡崩退 10～70 m，但还不至于影响左岸汉江大堤的安全。明渠纵向围堰前缘为淤积区，这有利于纵向围堰的稳定。因此，根据流速和冲刷情况，确定导流明渠防护重点为纵向围堰头部河床及左岸汉江大堤尤其是凸岸段。

1）纵向围堰头部河床防护

纵向围堰头部河床防护包括围堰河床基础防护及纵向围堰头部的防冲保护。

纵向围堰防冲设计的原则是“守点护线”，在围堰上游转角处设大块石防冲矶头，作为重点防冲保护部位，使纵向围堰头部以下的堰体坡脚在回流区内，以简化围堰全线的防冲措施。

纵向围堰头部及明渠范围地面高程为 27.7～36.0 m，覆盖层为厚 35～40 m 的粉细砂层，下卧砂卵石层。明渠在中、小流量时，河床高程 35 m 滩地出露，防冲体虽然长期暴露在空气中，但使用时限较短，因此采用铰链块型模袋混凝土进行该部位基础的防冲保护，各块间用高强尼龙绳连接，形成相连而独立的防冲体系，施工方法简便快速，能较好地适应河床冲淤变形。该部位防冲范围为 450 m×315 m（长×宽），模袋混凝土厚度为 25 cm，单块排体尺寸为 10 m×10 m，每块排体纵、横向均布设 2 根ϕ12 mm 的铰链绳。模袋下设置反滤布保土及透水。

2）左岸汉江大堤防护

坝区左岸堤防需要加高加固。加高加固范围为原堤线长度 4.0 km（其中，坝轴线上游 1.6 km，下游 2.4 km），加高培厚在原堤外侧进行，加高后堤顶高程为 43.5 m；根据坝轴线附近堤线凸向河床，且上、下游堤线向堤内弯曲，便在坝轴线上、下游堤外凹岸处布置导流明渠开挖弃渣场（左 A 弃渣场）。

在一期导流期间，明渠及左侧漫滩过流，模型试验表明，在设计过流量为 15 600 m^3/s 时，坝轴线附近凸岸段流速为 3.32 m/s，该段上、下游岸边流速也较大，应对设于此处的导流明渠开挖弃渣场（左 A 弃渣场）外侧采用可靠措施进行防冲保护，同时因左 A 弃渣场护面内为弃渣，所采用的护面形式应能适应沉陷变形。考虑上述因素，左 A 弃渣场坡面防护（也即导流明渠左岸边坡防护或左岸汉江大堤防护）采用 30 cm 厚雷诺护垫（即在机械化生产的钢丝笼内填石块形成的护垫）护坡护脚。雷诺护垫下铺设一层土工织物；坝轴线上游 600 m 至下游 800 m 坡脚雷诺护垫平铺宽度为 20 m，其余段坡脚雷诺护垫平铺宽度为 6 m；坡顶设 40 cm×60 cm 混凝土压顶。

6.2.3　施工围堰

1. 围堰布置

结合围堰基础防渗形式，围堰布置研究比较了三个方案，分别称为大基坑悬挂防渗方案（方案一）、圈式全截渗方案（方案二）和大基坑悬挂防渗+小基坑全截渗方案（方案三）。

方案一（大基坑悬挂防渗方案）基坑由右岸汉江大堤、上游横向围堰、纵向围堰和下游横向围堰围护，基础防渗采用上下游横向围堰悬挂式防渗墙、纵向围堰全截断式防渗墙（也研究过上下游横向围堰水平防渗、纵向围堰全截断式防渗墙方案），围堰总长4 625 m，基坑面积为145万m^2。

方案二（圈式全截渗方案）由布置在右岸高漫滩上的右岸纵向围堰、上游横向围堰、左岸纵向围堰和下游横向围堰围成圈式全封闭基坑，基础防渗采用全截断式防渗墙，圈式围堰总长3 949.2 m，基坑面积为95万m^2。

方案三（大基坑悬挂防渗+小基坑全截渗方案）大基坑围堰布置及基础防渗形式同方案一，但在大基坑内布置了仅包围厂房和船闸闸身段的小基坑，小基坑围堰采用全截断式防渗墙，重点保护厂房和船闸闸身段工程的施工，小基坑围堰长1 766 m。

经对各围堰布置方案基础防渗投资的比较和风险分析，选用方案二（圈式全截渗方案）。

方案二需要布置两条连接圈式围堰到右岸汉江大堤的施工道路，为便于与其他围堰布置方案进行比较，这两条道路分别计入上、下游横向围堰工程中，因而，一期土石围堰总长5 589.7 m（防渗段总长3 949.2 m），其中上游横向围堰长1 724.5 m，下游横向围堰长2 351.1 m，左侧纵向围堰长700 m，右侧纵向围堰长814.1 m。

上游横向围堰自右岸汉江大堤起，通过右岸高漫滩、河床深槽、左侧低漫滩与左侧纵向围堰相接，长度为1 724.5 m。上游横向围堰轴线与左侧纵向围堰轴线的交角为100°。

下游横向围堰自右岸汉江大堤起，通过右岸高漫滩、河床深槽、左侧低漫滩与左侧纵向围堰相接，长度为2 351.1 m。下游横向围堰轴线为折线，由三段直线组成，右侧段长度为836.1 m，与坝轴线平行，中间段长度为211 m，左侧段长度为1 304 m，与左侧纵向围堰轴线的交角为98.3°。

左侧纵向围堰布置在左侧低漫滩上，垂直于坝轴线，长度为700 m，其中上、下游横向围堰堰内段长500 m，堰外段各长100 m，堰内堰外段成175°夹角，用于导引导流明渠进出口水流。

右侧纵向围堰布置在右侧高漫滩上，围堰轴线为折线，由两段直线组成，总长814.1 m，其中，下纵段长422 m，垂直于坝轴线，上折段长392.1 m，与下纵段的交角为135.0°。

上游横向围堰右岸高漫滩段与下游横向围堰右岸高漫滩段及右岸大堤、右岸纵向围堰围成面积约为48万m^2的场地，拟作为临时施工场地。

2. 围堰防渗方案

围堰为深厚透水地基，基坑面积大，开挖至粉细砂层，土石围堰下覆盖层厚度超过50 m，其中粉细砂层、砂砾石层具中等—强透水性。主要建筑物的建基面高程在10～

27 m，均位于粉细砂层中，最大开挖深度超过 28 m，围堰内外水头差超过 30 m。粉细砂允许渗透比降小，粉细砂层在基坑开挖及形成干地施工条件过程中，减少基坑渗流量和维持渗透稳定问题突出，渗控要求高、难度大，因此，围堰防渗处理同样是施工导流工程需要妥善解决的关键技术问题。

1）围堰防渗方案初拟

鉴于坝区覆盖层深厚，透水性强，围堰基础防渗工程规模大，施工工期短，围堰防渗处理是兴隆水利枢纽工程的关键技术之一。

在可行性研究阶段设计的基础上，根据渗流计算和水工模型试验成果，并结合历次专家咨询会的意见，重点研究了三个围堰防渗设计方案。

防渗方案一：纵向围堰全截断式防渗墙、横向围堰水平黏土铺盖防渗、基坑设降水井方案（简称水平防渗方案）。

防渗方案二：纵向围堰全截断式防渗墙、横向围堰悬挂式防渗墙、基坑设降水井方案（简称悬挂截渗方案）。

防渗方案三：圈式全截渗方案。围堰布置呈圈式，即由上、下游横向围堰与左侧纵向围堰及右侧纵向围堰组成封闭的基坑，防渗采用基础全截断式防渗墙上接复合土工膜心墙形式。

2）围堰渗控措施及施工期降水措施研究的主要结论

为确保施工安全，对兴隆水利枢纽围堰渗控措施及施工期降水措施进行了专题研究。研究的主要内容包括：水平防渗和垂直防渗效果，基坑开挖前后围堰的渗透稳定性及渗流量；在此基础上，采用三维计算模型，对基坑内的井点降水布置方式（包括抽水井数量、抽水量、井深、井距等）进行比较，分析渗控措施及不同水位条件下的降水效果，提出围堰基础防渗及基坑降水建议。

（1）对于深厚透水地基，悬挂式防渗墙的渗控作用有限，另外，单纯延长水平防渗的渗径也不易达到有效的渗控效果。若采用全封闭垂直防渗，则渗漏量大为减小，对基坑的渗透稳定较有利。

（2）堰体土料下游面与堆石体接触面间及堰脚出口处容易产生渗透变形，必须采取有效的保护措施。

（3）若仅设置悬挂式防渗墙或一定长度的水平铺盖防渗，则在厂房、船闸等深基坑开挖后，渗流量将明显增大。基坑底的垂直和水平比降也大于粉细砂的允许比降，产生渗透破坏问题，必须采取一定的降水措施。

（4）根据井点降水计算成果，设置深入砂砾石层（井底高程为-20 m）的深井降水效果显著。对于水平防渗方案，在设计洪水位条件下，降水井井间距为 40 m（井数为 117），单井抽水量在 1 200～1 800 m^3/d，总抽水量达 18 万 m^3/d 可达到设计要求的降深。扩大井间距到 80 m，则需 63 口井，单井抽水量在 1 800～2 400 m^3/d，总抽水量达 15 万 m^3/d

也可基本满足设计要求。

（5）当上、下游横向围堰布置悬挂式防渗墙，纵向围堰布置全截断式防渗墙时，采取井间距为 40 m（井数为 90，其中厂房基坑内有 6 口井），泄水闸基坑井抽水量为 1 500 m^3/d，船闸处井抽水量为 1 200 m^3/d，厂房基坑井抽水量为 2 400 m^3/d 的降水措施，可以使地下水位降至开挖底板以下，此时总抽水量约为 15 万 m^3/d。如果扩大井间距到 80 m，则需要布置 59 口井，采用大流量抽水（2 400 m^3/d），总抽水量约为 14.2 万 m^3/d，也可基本满足要求。

（6）圈式全截渗方案则可基本截断上、下游来水对基坑开挖区域的流量补充，只需配合一般性降水措施将基坑内地下水疏干即可。

3）围堰防渗方案比选

水平防渗方案上、下游横向围堰采用黏土斜墙加水平黏土铺盖，黏土需求量为 72.22 万 m^3，料场距离坝址区 27 km。开采黏土需要征地，影响环境；规划黏土料运距远，水平黏土铺盖必须在水下抛填，围堰填筑进度和质量难以控制；根据水工模型及河工模型试验，因河势为 S 形，上游水流在上游横向围堰拦挡作用下，在围堰右端形成回流，在围堰左端逆流顶冲，黏土斜墙及水平黏土铺盖的防冲保护难度大。因此，不再考虑水平防渗方案，重点比较垂直防渗方案。

防渗形式曾比较过塑性混凝土防渗墙和自凝灰浆防渗墙。由于自凝灰浆减少了混凝土浇筑工序，自凝灰浆防渗墙成墙速度提高，造价降低。该技术在国内已应用于武汉阳逻长江公路大桥南锚碇工程、三峡水库三期围堰工程和南水北调中线穿黄工程中。考虑兴隆水利枢纽围堰工程防渗墙深度大、工程量大，非其他工程所能比，如出现质量问题，将严重影响工期，慎重起见，选用造价较高但技术可靠的塑性混凝土防渗墙作为全截断式防渗墙。

从二维渗流计算成果可知，如采用悬挂截渗方案，对于下游横向围堰厂房段和船闸段断面，在船闸和厂房基坑开挖前，堰脚处粉细砂出逸比降为 0.14（垂直）、0.22（水平），水平比降不能满足要求；在基坑开挖后，如未采取降水措施（或因停电等降水失败），基础坑底出逸比降为 0.62（垂直）、0.14（水平），大于坑底粉细砂层的允许渗透比降，将产生渗透破坏。对于上、下游横向围堰泄水闸断面，在泄水闸基坑开挖前，堰脚处粉细砂出逸比降为 0.22（垂直）、0.19（水平），水平比降不能满足要求；在基坑开挖后未采用降水措施，堰脚处粉细砂出逸比降为 0.22（垂直）、0.20（水平），泄水闸坑底粉细砂出逸比降为 0.06（垂直）、0.10（水平），水平比降不能满足要求。针对此种情况，重点比较了两种围堰布置和防渗方案：方案①——圈式全截渗方案，围堰布置成圈式并采用全截断式防渗墙；方案②——在大基坑内设置包围船闸和厂房的小基坑，重点保护船闸和厂房深基坑工程施工。方案②中小基坑采用全截断式防渗墙，大基坑围堰采用悬挂式防渗墙，并配合深井降水措施，在堰脚渗水出口处采取保护措施。

两方案要点见表 6.2.6。悬挂式和全截断式防渗墙均采用塑性混凝土防渗墙。

表 6.2.6　兴隆水利枢纽围堰工程基础防渗方案要点

方案	围堰总长/m	全截断式防渗墙			悬挂式防渗墙			计算抽水量/（万 m^3）	深井数量/口
		长度/m	深度/m	面积/（万 m^2）	长度/m	深度/m	面积/（万 m^2）		
方案①	5 589.7	3 949.2	56～65	24.0				1 606.8	53
方案②	大基坑：4 425				2 784	40	12.03	4 589.5	110
	小基坑：1 766	1 766	56～65	10.6					

注：①抽水时间按 22 个月计算，自第 3 年 1 月到第 4 年 10 月；②表中抽水量未计降雨和施工弃水量。

方案①围堰基础防渗与降排水投资为 2.72 亿元，方案②为 2.65 亿元，投资相差不大。方案②大基坑围堰河床深槽段和小基坑围堰河床深槽段防渗墙集中在截流后施工，施工强度很大，另外还存在着基础砂砾石层渗透系数比预想的大，深井抽水费用可能增加的不确定性因素。在投资相差不大的前提下，从缓解施工强度、保证防渗效果及减少不确定性方面考虑，推荐方案①。

3. 围堰防渗设计

1）围堰防渗布置

围堰基础防渗采用全截断式塑性混凝土防渗墙，防渗墙平均深度约为 60 m。

根据施工期洪峰流量资料，枯水期以 11 月 10 年一遇洪峰流量最大，为 3 970 m^3/s，相应水位为 35.3 m，其他月份（12 月～次年 4 月）10 年一遇洪峰流量均较小，水位在 34.0 m 以下。防渗墙施工平台高程应满足 11 月能进行防渗墙施工的要求，下游横向围堰防渗墙施工平台顶部取高程 36.0 m，上游横向围堰防渗墙施工平台顶部取高程 36.5 m，左侧纵向围堰防渗墙施工平台顶部取高程 36.0～36.5 m，右侧纵向围堰防渗墙施工平台高程为天然地面经平整后的高程（约 37.0 m）。防渗墙深入基岩 1.0 m。

防渗墙施工平台以上围堰及圈式全封闭基坑以外的围堰采用粉质壤土、粉质黏土料填筑，考虑围堰填筑工期紧张，填料的防渗性能难以保证，对直接挡水堰段防渗墙施工平台以上堰体采用复合土工膜心墙作为防渗加强措施。

2）墙体厚度

60 cm 厚防渗墙相对于 80 cm 厚防渗墙，有节约材料的优势，也存在以下问题：

（1）已建水利工程中超过 60 m 深的防渗墙采用 60 cm 厚度的较为少见，厚度多大于等于 80 cm。

（2）墙体深度大，为弥补墙体孔位、孔斜偏差导致的墙体搭接厚度减小，墙体厚度应采用较大值。按当时的执行规范《水利水电工程混凝土防渗墙施工技术规范》（SL 174—96）规定的孔位允许偏差不得大于 3 cm，孔斜率不得大于 0.4%的要求[27]，在极端情况下，在墙体底部，60 cm 厚、60 m 深防渗墙两槽段最小搭接宽度仅为 9 cm。采用 80 cm 厚墙体后，墙体底部两槽段最小搭接宽度为 29 cm。

（3）兴隆水利枢纽围堰覆盖层厚度为 50～60 m，上部 20～30 m 厚为透水性较弱的粉质壤土、粉细砂层，下部约 30 m 厚为透水性强的砂砾石层。特定的地质条件要求保证下部防渗墙的防渗效果，即要保证下部墙体的搭接厚度，也就是要采用较大的墙体厚度和严格控制孔位偏差、孔斜率。

考虑上述因素，推荐采用 80 cm 厚防渗墙。

3）塑性混凝土防渗墙材料性能指标要求及配合比

抗压强度为 2～3 MPa。

初始切线模量＜1 000 MPa。

渗透系数＜1×10^{-7} cm/s。

允许渗透比降＞80。

4）防渗墙顶上接复合土工膜

复合土工膜选用两布一膜形式，门幅宽不小于 2 m，控制性指标如下：

抗拉强度（经、纬向）≥20 kN/m；

主膜厚度≥0.5 mm；

渗透系数≤10^{-11} cm/s；

伸长率＞30%。

5）防渗墙与复合土工膜的接头

复合土工膜沿防渗墙轴线埋设。与防渗墙的接头采用将复合土工膜埋入防渗墙顶部盖帽混凝土的方式，即待防渗墙施工完成后，挖除表层约 1.0 m 深度的不合格料，浇筑盖帽混凝土，将复合土工膜直接埋入盖帽混凝土内，埋入深度为 30 cm（含单独主膜 10 cm，复合膜 20 cm）。

4. 围堰断面

1）上游横向围堰

上游横向围堰挡水时段为第 2 年 11 月～第 4 年 10 月，设计挡水标准为全年 10%流量 15 600 m^3/s，计算的上游水位为 40.85 m。按照官厅水库波高公式计算的上游横向围堰堰前波浪高度约为 1.1 m，加设计静水位和最低安全超高后，上游横向围堰堰顶高程应不低于 42.45 m，取与两岸大堤顶高程相同，即 42.5 m。

考虑交通要求，围堰堰顶宽度取 10 m。

上游横向围堰根据地形条件可分为右侧高漫滩段、深槽段、左侧低漫滩段。

右侧高漫滩段为圈式全封闭围堰以外的围堰，地面高程为 36.5～38 m，堰基表层为厚约 15 m 的粉质壤土、粉质黏土等弱透水层，堰体高度为 4.5～7.0 m，采用粉质壤土、粉质黏土料填筑，迎水坡坡比为 1∶3.0，背水坡坡比为 1∶2.5，迎水坡坡面采用干砌块石护坡，背水坡铺设 20 cm 厚碎石护坡。围堰堰体采用复合土工膜心墙作为防渗加强措施。

深槽段河床高程为 24～31 m，堰体高度为 11.5～18.5 m。迎水坡自堰顶高程 42.5 m 至高程 36.5 m 坡比为 1∶3.0，高程 36.5 m 设 10 m 宽石渣棱体，石渣棱体上、下游坡比均为 1∶1.5。高程 36.5 m 以下堰体为水下抛填，以上为干地施工。背水坡自堰顶至截流戗堤顶高程 36.5 m，坡比为 1∶2.5，戗堤顶宽 12 m，上、下游坡比均为 1∶1.5，戗堤上游设顶宽为 3.0 m 的碎石反滤层，坡比为 1∶1.7。堰体迎水坡高程 36.5 m 以上坡面采用干砌块石护坡，背水坡采用碎石护坡。高程 36.5 m 以上堰体防渗采用复合土工膜心墙，以下采用全截断式塑性混凝土防渗墙。

上游横向围堰河槽段 0+600～0+760 段基础存在淤泥质粉质壤土透镜体，对围堰边坡稳定不利。经围堰边坡稳定复核、分析，将上游侧石渣棱体平台宽度增加至 18 m，将下游侧截流戗堤顶宽增加至 18 m，并在截流戗堤下游侧设置顶高程为 31.5 m、顶宽为 15 m 的石渣棱体压脚，即设置压重以确保围堰边坡稳定。

左侧低漫滩段地面高程为 34.5～36.5 m，堰体高度为 7～9 m。迎水坡坡比为 1∶3.0，背水坡坡比为 1∶2.5，迎水坡坡面采用干砌块石护坡，背水坡采用碎石护坡。围堰防渗采用塑性混凝土防渗墙上接复合土工膜心墙，防渗墙施工平台高程为 36.5 m。

上游横向围堰横剖面示意见图 6.2.8。

2）下游横向围堰

下游横向围堰挡水时段、设计挡水标准同上游横向围堰，设计挡水位为 40.16 m，取下游横向围堰堰顶高程为 42.0 m，堰顶宽度取 10 m。

下游横向围堰轴线为折线，由三段直线组成。

与坝轴线平行的下游横向围堰右侧高漫滩段为圈式全封闭围堰以外的围堰，地面高程为 36.5～37.8 m，堰体高度为 4.2～6.5 m，迎水坡坡比为 1∶3.0，背水坡坡比为 1∶2.5，迎水坡坡面采用干砌块石护坡，背水坡采用碎石护坡。围堰堰体采用复合土工膜作为防渗加强措施。

圈式围堰内下游横向围堰横跨右侧高漫滩段、河床深槽段、左侧低漫滩段与左侧纵向围堰相接。右侧高漫滩段地面高程为 37.5～37.8 m，堰体高度为 4.2～5.5 m；河床深槽段地面高程为 26.0～31.0 m，堰体高度为 11～16 m；左侧低漫滩段地面高程为 31.5～36.1 m，堰体高度为 6.9～10.5 m。下游横向围堰防渗墙施工平台高程为 36.0 m。三段防渗墙施工平台以上堰体采用粉质壤土、粉质黏土料填筑，迎水坡坡比均为 1∶3.0，背水坡坡比均为 1∶2.5，迎水坡采用干砌块石护坡，背水坡采用碎石护坡。河床深槽段和左侧低漫滩段上、下游各设 8 m 顶宽石渣棱体，石渣棱体顶高程为 36.0 m，上、下游坡比均为 1∶1.5，下游石渣棱体的上游侧设顶宽为 3.0 m 的碎石反滤层，坡比为 1∶1.7。高程 36.0 m 以下堰体为水下抛填，以上为干地施工。堰体防渗方式与上游横向围堰基本相同。

下游横向围堰河槽段 0+750～0+910 段基础存在淤泥质粉质壤土透镜体，对围堰边坡稳定不利。经围堰边坡稳定复核、分析，将迎水侧石渣棱体平台宽度增加至 12 m，将

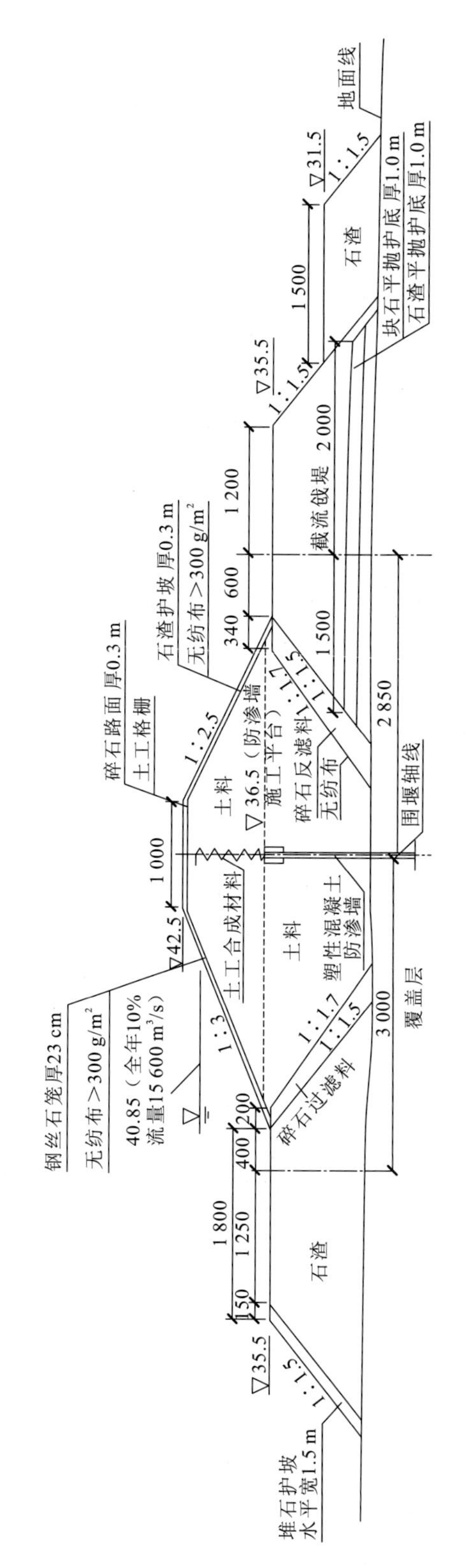

图 6.2.8 上游横向围堰横剖面示意图（高程单位为m；尺寸单位为cm）

背水侧石渣棱体平台宽度增加至 12 m，并在背水侧设置顶高程为 31 m、顶宽为 15 m 的石渣棱体压脚，即设置压重以确保围堰边坡稳定。

3）左侧纵向围堰

左侧纵向围堰挡水时段、设计挡水标准同上、下游横向围堰，设计挡水位为 40.16～40.85 m。坝轴线以上纵向围堰堰顶高程取 42.5 m，坝轴线以下堰顶高程为 42.0～42.5 m。堰顶宽度取 10 m。

左侧纵向围堰布置在左侧低漫滩上，地面高程为 36.0～37.0 m，堰体高度为 6.0～7.5 m。

纵向围堰左侧即导流明渠，模型试验表明，在设计过流量下，纵向围堰上游矶头流速为 4.45～5.16 m/s，必须重点加强保护。保护措施为：在纵向围堰上游头部及左、右两侧开挖深 2.0 m、宽约 45.0 m 的基槽，铺设土工织物，回填块石料，回填顶面高程为 36.0 m；再往上填筑顶宽 20 m、顶高程 38.0 m 的防冲堆石体，坡比为 1∶1.5，明渠防冲保护模袋混凝土压入此防冲堆石体 4.0 m。围堰上部采用粉质壤土、粉质黏土料填筑，坡比为 1∶3.0，坡面保护层自内向外为土工织物一层、20 cm 厚碎石垫层和 100 cm 厚浆砌块石。

左侧纵向围堰上、下游横向围堰堰内段，在迎水坡开挖深 2.0 m、宽约 45 m 的基槽，铺设土工织物，回填块石料，再往上填筑顶宽 20 m、顶高程 38.0 m 的防冲堆石体，坡比为 1∶1.5。背水坡设置宽 6.0 m、顶高程 38.0 的堆石体。堰体上部采用粉质壤土、粉质黏土料填筑，迎水坡坡比为 1∶3.0，背水坡坡比为 1∶2.5，迎水坡坡面保护自内向外为土工织物一层、20 cm 厚碎石垫层和 60 cm 厚浆砌块石，背水坡采用碎石护坡。堰内填土和堆石体之间设置碎石反滤层。

下游矶头断面形式和防冲保护同上游矶头，差别仅为堰顶高程为 42.0 m 及护坡浆砌块石厚度为 60 cm。

左侧纵向围堰上、下游横向围堰堰内段防渗采用基础塑性混凝土防渗墙上接复合土工膜心墙，塑性混凝土防渗墙施工平台高程为 36.0 m。

4）右侧纵向围堰

右侧纵向围堰布置在右侧高漫滩上，地面高程为 36.5～38.5 m。塑性混凝土防渗墙施工平台高程为天然地面经平整后的高程，取 37.0 m。

因有上游横向围堰、左侧纵向围堰、下游横向围堰及右岸汉江大堤的保护，右侧纵向围堰不直接挡水，但需要设置堰埂以阻挡雨水进入基坑。根据地形条件，堰埂顶高程取 39.0 m，堰埂平均高度约为 3 m。考虑交通要求，堰顶宽度取 10.0 m。堰埂采用粉质壤土、粉质黏土料填筑，两侧坡比均为 1∶2.0，碎石护坡。

土石围堰堰顶作为施工道路，均铺设一层 SS30 型土工格栅和 30 cm 厚碎石，铺设土工格栅可控制差异沉陷，减少路面维修。

5. 围堰填料

1）土料

围堰填筑土料主要为粉质壤土、粉质黏土，不得含有腐殖土、植物根茎、垃圾等。填筑土料分水上和水下两部分，水上部分要求分层碾压，粉质壤土、粉质黏土压实度按不小于 0.90 控制。

2）块石料

抗风化性能好，石块粒径为 30～40 cm；石料外形宜为有砌面的长方形，边长比宜小于 4。

3）防冲堆石料、防冲抛石料

抗风化性能好，石块粒径大于 30 cm。

4）石渣料

石渣料主要用于上、下游横向围堰上、下游侧的戗堤进占，应为石料场弱风化及弱风化以下岩石爆破开挖混合料，一般粒径为 0.5～30 cm。

5）碎石过渡料、反滤料

耐风化、水稳定性好；含泥量宜小于 5%；粒径为 5～150 mm，其中 5～40 mm 颗粒含量大于 50%。

6. 围堰边坡稳定分析

1）计算方法

参照当时的执行规范《碾压式土石坝设计规范》（SL 274—2001）[28]，围堰稳定计算选用简化毕晓普（Bishop）法。

2）物理力学性质指标取值

根据地质建议值和同类工程的设计经验，围堰各土层的物理力学参数取值见表 6.2.7。施工期围堰填料及基础力学指标取用快剪指标，运行期取用固结快剪指标。

表 6.2.7　物理力学参数取值表

土类	湿容重/（kN/m^3）	快剪		固结快剪	
		黏聚力/kPa	内摩擦角/(°)	黏聚力/kPa	内摩擦角/(°)
Q_4^{3al}含泥粉细砂	15.2	0	23	0	25
Q_4^{3al}粉细砂	18.9	0	25	0	27

续表

土类	湿容重/（kN/m³）	快剪		固结快剪	
		黏聚力/kPa	内摩擦角/(°)	黏聚力/kPa	内摩擦角/(°)
Q_4^{2al}粉质壤土	18.5	15	15	15	16
Q_4^{2al}含泥粉细砂	18.4	0	25	0	27
Q_4^{2al}淤泥质粉质壤土	17.7	4	8	6	10
Q_4^{2al}粉细砂	18.6	0	26	0	28
Q_4^{1al}淤泥质粉质壤土	17.4	10	8	13	10
Q_4^{1al}粉细砂	19.0	0	27	0	28
Q_4^{1al}粉质壤土	18.2	15	18	15	20
Q_3^{al}砂砾石	19.0	0	33	0	33
Q_3^{al}含砾细砂	19.0	0	28	0	28
堰体填土	18.5	10	18	10	18
堆石料、石渣料、碎石料	20.0	0	38	0	38

3）计算断面

根据围堰的地形地质条件、围堰高度及基坑深度，选取：

（1）上游横向围堰两个计算断面，分别位于桩号 0+680 和 1+000，地质剖面采用 8—8′剖面和 10—10′剖面；

（2）下游横向围堰两个计算断面，分别位于桩号 0+850 和 1+150，地质剖面采用 9—9′剖面和 11—11′剖面；

（3）左侧纵向围堰一个计算断面，位于桩号 0+350，地质剖面采用 II—II′剖面。

4）计算工况

根据当时的执行规范《碾压式土石坝设计规范》（SL 274—2001）[28]及围堰的施工、运行条件，拟核算以下三种工况的边坡稳定性：

（1）施工期的上、下游坡；

（2）稳定渗流期的下游坡；

（3）水位降落期的上游坡。

各计算工况及稳定分析内容见表 6.2.8。

表 6.2.8　计算工况一览表

编号	围堰	工况	部位	上游水位/m	下游水位/m	运行条件
1		围堰填筑竣工期（未抽水）	上游坡	36.23	33.90	非常运行 I
2	上游横向围堰	围堰填筑竣工期（抽水）	下游坡	36.23	无水	非常运行 I
3		围堰挡水期	上、下游坡	40.85	无水	正常运行

续表

编号	围堰	工况	部位	上游水位/m	下游水位/m	运行条件
4		水位降落期	上游坡	40.85 降至 36.23	无水	非常运行 I
5	下游横向围堰	围堰填筑竣工期（未抽水）	下游坡	33.90	35.89	非常运行 I
6		围堰填筑竣工期（抽水）	上游坡	无水	35.89	非常运行 I
7		围堰挡水期	上、下游坡	无水	40.16	正常运行
8		水位降落期	上游坡	无水	40.16 降至 35.89	非常运行 I
9	左侧纵向围堰	围堰填筑竣工期（抽水）	右侧坡	37.71	无水	非常运行 I
10		围堰挡水期	右侧坡	40.85	无水	正常运行
11		水位降落期	左侧坡	40.85 降至 36.23	无水	非常运行 I

注：表中上、下游水位对于左侧纵向围堰分别为其左、右侧水位。

5）土石围堰边坡稳定安全系数

围堰边坡抗滑稳定计算按当时的执行规范《碾压式土石坝设计规范》（SL 274—2001）中的有关规定进行[28]。边坡稳定计算采用考虑条间力作用的简化毕晓普法，围堰抗滑稳定安全系数标准见表 6.2.9。

表 6.2.9　围堰抗滑稳定安全系数标准

运行条件	安全系数	备注
正常运行	1.25	堰前水位处于设计洪水位的稳定渗流期
非常运行 I	1.15	施工期、水位降落期

6）计算结果及分析

根据上述计算参数、水位等计算条件，以及渗流计算结果，经分析计算，围堰典型断面填筑边坡的抗滑稳定安全系数见表 6.2.10。从表 6.2.10 中可知，各工况下，抗滑稳定安全系数均大于相应标准，围堰边坡稳定满足要求。

表 6.2.10　抗滑稳定安全系数计算结果

计算剖面		工况	抗滑稳定安全系数（简化毕晓普法）		
			上游坡	下游坡	标准
上游横向围堰	0+680 剖面	围堰填筑竣工期（未抽水）	1.152	—	1.15
		围堰填筑竣工期（抽水）	—	1.158	1.15
		围堰挡水期	1.260	1.284	1.25
		水位降落期	1.178	—	1.15
	1+000 剖面	围堰填筑竣工期（未抽水）	1.196	—	1.15
		围堰填筑竣工期（抽水）	—	1.242	1.15

续表

计算剖面		工况	抗滑稳定安全系数（简化毕晓普法）		
			上游坡	下游坡	标准
上游横向围堰	1+000 剖面	围堰挡水期	1.255	1.256	1.25
		水位降落期	1.183	—	1.15
下游横向围堰	0+850 剖面	围堰填筑竣工期（未抽水）	—	1.157	1.15
		围堰填筑竣工期（抽水）	1.167	—	1.15
		围堰挡水期	1.287	1.445	1.25
		水位降落期	—	1.183	1.15
	1+150 剖面	围堰填筑竣工期（未抽水）	—	1.315	1.15
		围堰填筑竣工期（抽水）	1.216	—	1.15
		围堰挡水期	1.252	1.345	1.25
		水位降落期	—	1.183	1.15
左侧纵向围堰	0+350 剖面	围堰挡水期	1.388	1.477	1.25
		水位降落期	—	—	1.15
		围堰填筑竣工期（抽水）	—	1.336	1.15

7. 施工期度汛措施

导流明渠工程按 4 级临时建筑物设计，设计流量为 10 年一遇洪峰流量 15 600 m^3/s，明渠导流期间，根据水情预报，当洪水流量大于 1 500 m^3/s 时，提前拆除一期围堰，以确保汉江大堤的度汛安全。

8. 导流建筑物安全监测

一期土石围堰的监测重点是基础变形与渗流状况，采用仪器监测与人工巡视检查相结合的方法进行，导流明渠则主要采用人工巡视检查的方式。

在上、下游横向围堰上各选取 3 个监测断面，在左、右侧纵向围堰上各选取 1 个监测断面进行重点监测，共计 8 个监测断面。根据围堰的地形地质条件及基坑情况，上、下游横向围堰的 3 个监测断面分别位于船闸部位、厂房深基坑部位和泄水闸中部；左、右侧纵向围堰的 1 个监测断面均位于泄水闸轴线部位。

1）变形监测

在上述 8 个监测断面的堰顶处各布设 1 个水平、垂直位移测点，另外还在上、下游横向围堰和左、右侧纵向围堰有代表性的部位补充 7 个水平、垂直位移测点，用来监测堰体的表面变形，共计 15 个水平、垂直位移测点。

在左岸选择一处稳定、安全的位置布设 1 组临时垂直位移工作基点，与上述垂直位移测点一起组成水准环线来监测土石围堰表面垂直位移（沉降）情况。水平位移监测将施工期变形监测网点作为工作基点，监测土石围堰表面的水平位移情况。

选择上游横向围堰的泄水闸和厂房监测断面各布设 1 支多点位移计，监测基础的分层变形，另外，在这 2 个监测断面的塑性混凝土心墙内沿高程方向各布设 3 支应变计，监测塑性混凝土心墙的应变情况。共计 2 支多点位移计、6 支应变计。

2）渗流监测

在上述 8 个监测断面内，各钻孔埋设 3 根测压管，监测围堰的渗流状况，共布设测压管 24 根。

3）人工巡视检查

对导流建筑物除用监测设备进行监测外，还必须进行人工巡视检查。人工巡视检查是安全监测的重要环节，应定期由熟悉工程并具有实践经验的工程技术人员负责进行。

人工巡视检查项目有：

（1）有无裂缝。

（2）背水坡、外堤脚及排水沟一带有无散浸、渗水、鼓泡、跌窝、管涌等现象。

（3）有无滑坡、塌陷、冲刷、鼓肚等现象。

（4）护坡有无裂缝、错位、坍塌、悬空等现象。

（5）渠道水流是否正常，有无异常水流现象出现。

（6）渠道两岸防护堤是否损坏，排水沟是否堵塞，岸坡是否有鱼鳞坑。

（7）观测标点、观测墩等监测设施有无破坏。

9. 截流

1）一期截流

（1）截流时段及截流流量。

兴隆水利枢纽一期工程将截断汉江主河道，江水改由已建成的导流明渠下泄。

根据施工总进度，截流拟定于第 2 年 11 月中旬进行。按规范要求，截流设计流量标准采用 11 月 10%频率月平均流量 1 880 m^3/s。

（2）截流方式。

根据坝址水文地质及地形条件，结合工程特点，截流采用上游单戗立堵方式。

（3）龙口位置与宽度。

在导流明渠分流之前，为了减少正式截流时的龙口抛投工程量，并尽可能不对原河道航运产生影响，以 11 月 10%频率洪峰流量 3 970 m^3/s 为设计流量标准，按满足通航的流速、流态要求控制龙口宽度，并考虑围堰填筑料主要来自右岸的工程条件，确定龙口位于主河槽的左侧，围堰桩号为 0＋650～0＋800，龙口宽 150 m。

（4）平抛护底设计。

模型试验表明，当流量为 3 970 m^3/s 及龙口宽度为 150 m 时，龙口流速最大值为 2.03 m/s；当截流设计流量为 1 880 m^3/s 时，不同龙口宽度下的龙口最大流速见表 6.2.11。

表 6.2.11　模型试验龙口宽度与龙口最大流速表

龙口宽度/m	龙口最大流速/（m/s）
150	1.32
125	1.48
100	1.67
75	1.71
50	1.85
25	2.07
18	2.41
10	2.42
8	2.15
5	2.00

河床粉细砂不冲流速仅为 0.2～0.25 m/s，而龙口流速远大于粉细砂的不冲流速。河床的冲刷可能导致堤头坍塌，影响安全施工，同时也必然增加截流工程量，因而需要实施平抛护底。

截流块石料和石渣料来自马良山石料场。该石料场位于坝址区上游右岸，距坝址陆路约 65 km，水路约 55 km。对龙口区河床实施平抛护底，可直接船运抛填，不需要转运上岸，可缓解陆路运输压力，也有利于降低工程造价。

考虑上述因素，拟对龙口附近一定范围进行平抛护底。参照类似工程，戗堤轴线下游护底长度按龙口平均水深的 4 倍取值，即 32 m，轴线以上按最大水深的 2 倍取值，即 20 m。护底宽度根据最大可能冲刷宽度取 300 m，即左侧河床深槽宽 300 m 范围。因龙口水深总体不大，如护底过厚，必然导致护底下游流速的增加，可能导致下游横向围堰部位河床的冲刷，经分析，取护底厚度为 2 m，下部 1 m 厚为石渣，上部 1 m 厚为粒径大于 0.3 m 的块石。护底工程量为石渣 1.6 万 m^3，块石 1.6 万 m^3。

龙口护底安排在第 2 年汛前或汛期小水时段船运抛填。

（5）截流戗堤设计。

截流戗堤为上游横向围堰的组成部分，位于上游横向围堰下游侧，戗堤轴线距上游横向围堰轴线 31 m。

非龙口段戗堤挡水流量及裹头保护流量标准为 11 月 10%频率洪峰流量 3 970 m^3/s，水工模型试验成果显示，相应口门平均流速在 2.0 m/s 左右，计算的上游水位为 35.5 m，设计戗堤顶高程为 36.5 m。

龙口段戗堤挡水流量标准为 11 月 10%频率月平均流量 1 880 m^3/s，根据水工模型试验成果，合龙后最终落差为 0.45 m，上游水位为 33.9 m。拟取最终合龙断面堤顶高程为 34 m，使龙口部分的堤顶沿戗堤轴线从两岸至中心呈略微倾斜的下坡路，坡度约为 2%。

考虑到戗堤前沿的卸料强度，为满足自卸汽车的卸料及推土机的辅助卸料要求，拟定戗堤顶宽为 12 m。

戗堤上、下游边坡及进占端部坡比均为 1∶1.5。

（6）截流施工。

右岸高漫滩场地开阔，地面高程较高，备料条件好。左侧纵向围堰右侧及头部附近河床地面高程约为 35 m，一年内大多时间均处于水面以上，也可用于堆存围堰填筑备料。因此，将右岸高漫滩作为主备料场，将左岸低漫滩作为次备料场；截流进占也以右岸进占为主，左岸进占为辅。

为了争取施工工期，减少正式截流时的龙口抛投量，戗堤非龙口段于第 2 年 10 月初即开始抛填进占施工，直至形成 150 m 的截流龙口。

非龙口段戗堤施工时，束窄的河床流速与落差增长不明显，水流平缓，无冲刷发生。此时抛投料为石渣料。在明渠具备泄流条件之前，龙口两端堤头以粒径大于 0.3 m 的块石保护，形成防冲裹头。

当进占至龙口段时，随着龙口断面的逐步缩小，流速和落差逐渐增加。模型试验资料表明，当龙口宽度由 150 m 缩窄至 50 m 时，龙口最大流速由 1.32 m/s 上升至 1.85 m/s，戗堤上、下游落差最大不超过 0.3 m，水流平顺，抛投材料无流失。此时，采用端部齐头并进的抛投方式，极大限度地利用抛投前沿工作面，抛投料仍为石渣料。

当龙口宽度由 50 m 进占至龙口合龙时，龙口流速由 1.85 m/s 上升至 2.0 m/s 以上，对抛投料的冲刷能力较前加剧。此时，为了顺利进占，抛投重点应放在上游边线处，并采用部分粒径不小于 0.3 m 的块石，将其稳定在上游坡脚处，形成上挑角，其他部位采用石渣料。

一期截流龙口最大流速为 2.42 m/s，最终落差在 0.3 m 左右。

2）二期截流

（1）截流时段及截流流量。

兴隆水利枢纽二期工程主要为左岸（包括导流明渠部位）过水土坝的填筑。江水由已完建的泄水闸宣泄。根据施工总进度，二期明渠截流定于第 5 年 1 月上旬进行。按规范要求，截流设计流量标准采用 1 月 10%频率月平均流量 1 380 m^3/s。

（2）截流方式及其施工。

二期左岸过水土坝的填筑采用水中直接抛填的方式。截流仍采用单戗立堵方式。在截流流量为 1 380 m^3/s 时，相应坝址下游水位为 31.69 m，龙口最大流速为 0.73 m/s，最终落差为 0.04 m。

参照一期截流模型试验成果，龙口宽度取 150 m，考虑截流填料主要来自一期围堰拆除料，截流主要从右岸向左岸进占，龙口布置在明渠的左侧。

根据水工设计，导流明渠截流后，导流明渠中段坝轴线上游 350 m 至下游 400 m 范围需要回填到高程 37.8 m。结合水工设计，截流戗堤布置在明渠回填区的上游坡脚，戗堤轴线距离坝轴线 372 m，戗堤顶高程为 34.0 m，顶宽为 12 m。截流戗堤工程量为 5.5 万 m^3，填料来自一期围堰拆除料。

10. 基坑深井降水

一期基坑开挖深度较大，随着基坑的挖深，地下水渗透压力的不断增大，容易产生边坡塌滑、底部隆起及涌砂等事故。为此，采用降低地下水位的办法，即在基坑周围钻设一些井，将地下水从井中抽出，使地下水位降低到开挖基坑的底部以下，基坑周围井点排水示意见图 6.2.9。考虑到在防渗墙出现开叉等质量问题时，可将加大抽水量作为保证基坑安全施工的应急备用措施，特将降水井设为深井。

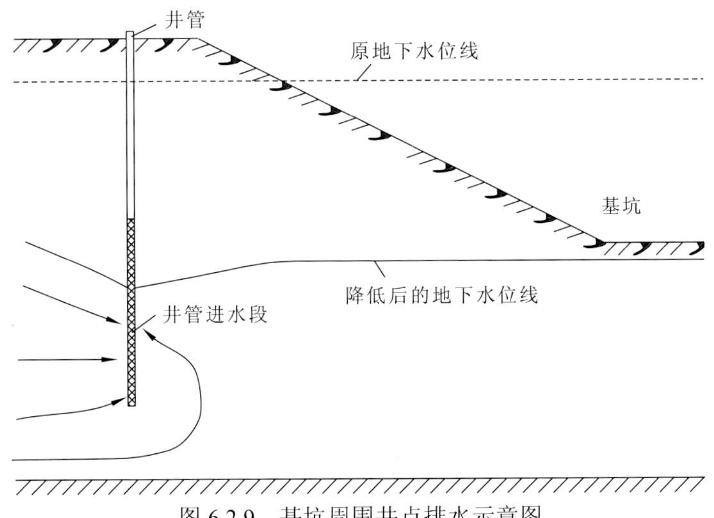

图 6.2.9　基坑周围井点排水示意图

降水井一般布置在基坑开口线外 5～10 m。共布置了 53 口降水井，分别为：泄水闸基坑左侧布置 9 口井，井间距一般为 40 m；厂房和船闸基坑周边布置 39 口井，厂房和船闸基坑之间布置 5 口井，井间距一般为 40 m。

参考其他工程经验，降水井的单井抽水能力按模型单井抽水量扩大 30%考虑，取 1 950 m^3/s。

降水井底高程为-20 m，井深 48～58 m。降水井钻孔有效孔径为 80 cm，采用反循环钻机造孔，钻孔钻进采用套管护壁。井管采用聚乙烯硬塑料井管，壁厚 2 cm。根据相对不透水土层厚度，实管段长度取 10 m，花管段开孔率不小于 30%，外包两层滤布，内层滤布 80～100 目/ cm^2，外层滤布 20～40 目/ cm^2，滤布用 12 号钢丝包缠固定；花管段钻孔用冲洗干净的粒径为 1.0～1.5 mm 的砂粒回填，上部实管段外侧采用黏土球回填。降水井使用后予以拆除，拔出井管，回填黏土球并夯实。

降水井施工流程见图 6.2.10。

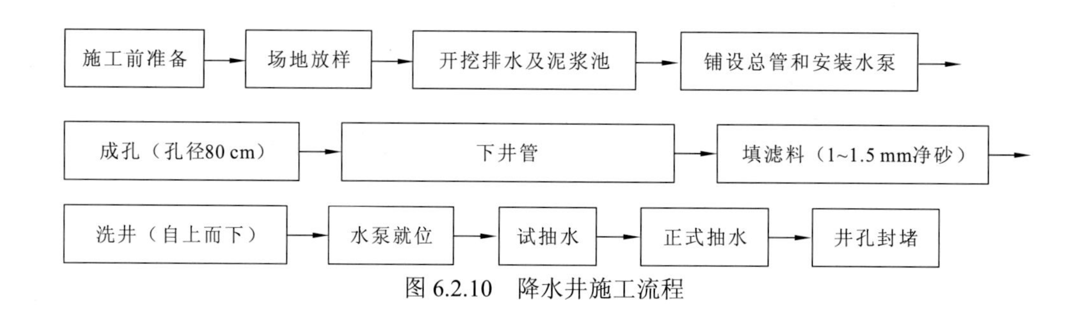

图 6.2.10　降水井施工流程

6.2.4　导流工程运用

1. 建成通水初期

根据河工模型试验成果，导流明渠左侧纵向围堰的下纵段为淤积区，经过 2 年的运行也证明该部位是淤积区，故原设计对该部位未进行防护。

导流明渠于 2009 年 12 月底建成过流后，明渠的过流量小于 1 000 m^3/s，左侧纵向围堰下纵段的明渠出现局部淘刷，该处明渠边坡最大坍塌宽度为 20 m，为不影响左侧纵向围堰的安全，设计对左侧纵向围堰下纵段未防护的部位全部采用抛石和模袋混凝土进行了补充防护。

2. 2010 年“7.27”洪水过程

2010 年 7 月下旬，汉江上游发生大暴雨，再加上区间流量，7 月 25 日晚 8 时流量达到 9 630 m^3/s。左侧纵向围堰上游有一长约为 300 m、高程约为 38 m 的漫滩，将导流明渠进口水流分为左、右两支，一支沿导流明渠下泄，另一支顺原主河道下泄，遇到上游横向围堰后改变流向，沿上游横向围堰流向导流明渠，在上游横向围堰的迎水侧形成绕流。

7 月 26 日中午 2 时，沙洋站流量为 11 900 m^3/s，两股水流在左侧纵向围堰上游段的导流明渠内相汇，流态极为紊乱，因基础粉细砂被水流冲走，左侧纵向围堰上游裹头左侧护底模袋混凝土被水流冲起，然后重重地砸入水中，发出巨响。7 月 26 日晚 8 时，沙洋站流量为 12 500 m^3/s，坝前水位达到 38.48 m，超过警戒水位。

7 月 27 日早 8 时，沙洋站流量为 13 500 m^3/s。堰前水位仍在上升，左侧纵向围堰上游的高漫滩被淹没，上游横向围堰前绕流流速减缓，明渠内流态趋于平顺。左侧纵向围堰上游裹头前流速仍然较大，估计在 3 m/s 左右。7 月 27 日下午，洪水缓慢回落。本次洪水最大流量为 13 500 m^3/s，坝前最高水位为 39.2 m，洪峰流量仅比围堰设计挡水流量小 2 100 m^3/s。

7 月 28 日早 8 时，坝前水位开始缓慢下降。

3. 2010 年“7.27”洪水对工程的影响

汉江 2010 年“7.27”洪水（洪峰流量 13 500 m^3/s）对导流建筑物的影响主要体现在

以下几点：

（1）左侧纵向围堰上游裹头淘刷严重，造成左侧纵向围堰堰头长约 100 m、宽约 100 m 的模袋混凝土垮塌，其中左侧纵向围堰高程 38.0 m 的防冲堆石体有一部分被水冲走，堰体前水下地形最低高程约为 12.0 m，较原天然滩地高程 36.0 m 低 24.0 m。

（2）对导流明渠最大的影响是导流明渠进口淤积严重，淤积高程达到 31～34 m，明渠进口全被淤堵，河床主流改从上游横向围堰前经左侧纵向围堰进入导流明渠。2011 年汛前导流明渠及上游横向围堰堰前主河床水下地形见图 6.2.11。

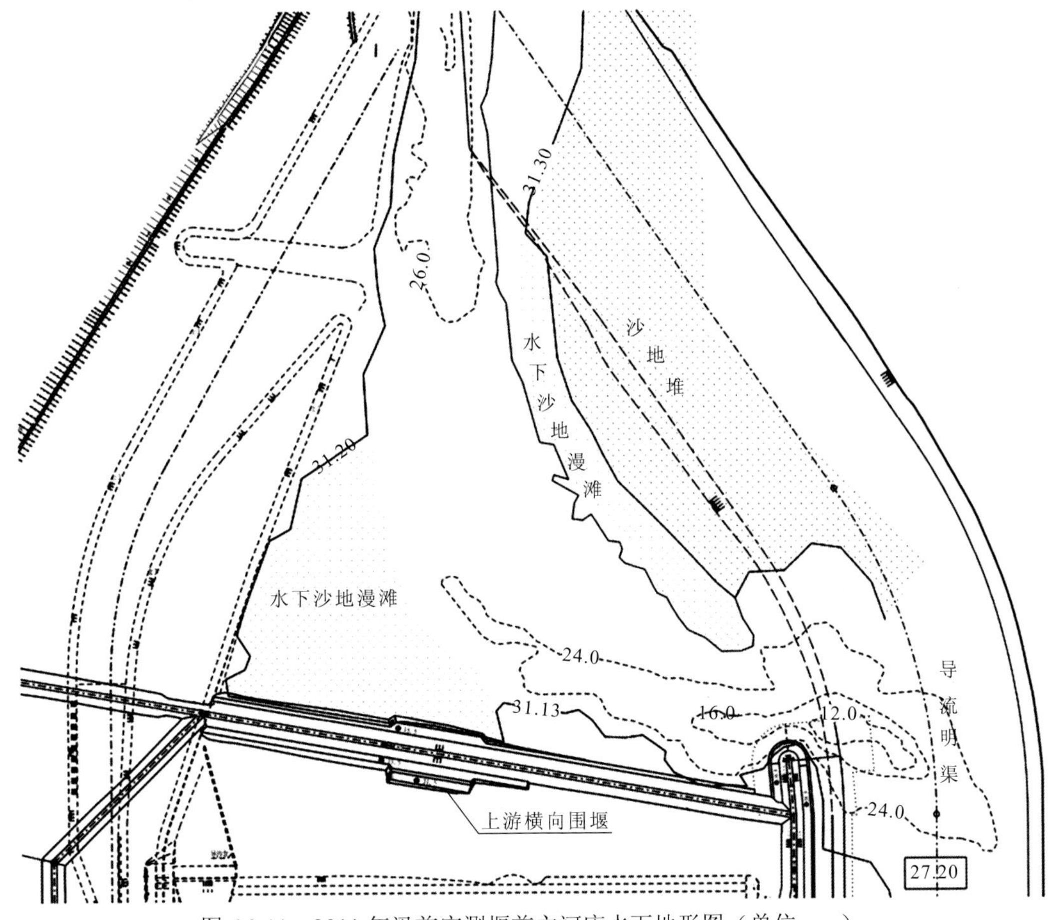

图 6.2.11　2011 年汛前实测堰前主河床水下地形图（单位：m）

（3）导流明渠内右侧淤积较多，淤积范围长约为 500 m，宽为 180 m，淤积顶高程为 36.0 m，受淤积影响，15#桥墩和 16#桥墩之间的通航孔底高程淤积到 28～30.5 m，已经碍航。

（4）对明渠内的桥墩冲刷严重，冲刷后最低高程达 14.0 m 左右，而模型试验的冲坑最低高程仅为 23.0 m。

4. 导流明渠及纵向围堰防护处理措施

2010年“7.27”洪水后，为保证秋汛安全，原设计推荐将左侧纵向围堰向上游延长150 m，以保护上游横向围堰堰脚不被淘刷。后经业主组织讨论，认为左侧纵向围堰上延以后，水流将冲刷明渠右岸岸坡，故决定采取以下处理措施。

（1）在左侧纵向围堰出现防冲堆石体和模袋混凝土垮塌的部位进行抛石防护。沿现有的垮塌边线按顶宽1 m、坡比1∶1.75进行抛石护坡，抛石应级配良好，其中粒径不小于80 cm的大块石（或重量不小于1 t的钢筋石笼）不少于50%，平面布置及典型剖面详见图6.2.12和图6.2.13。

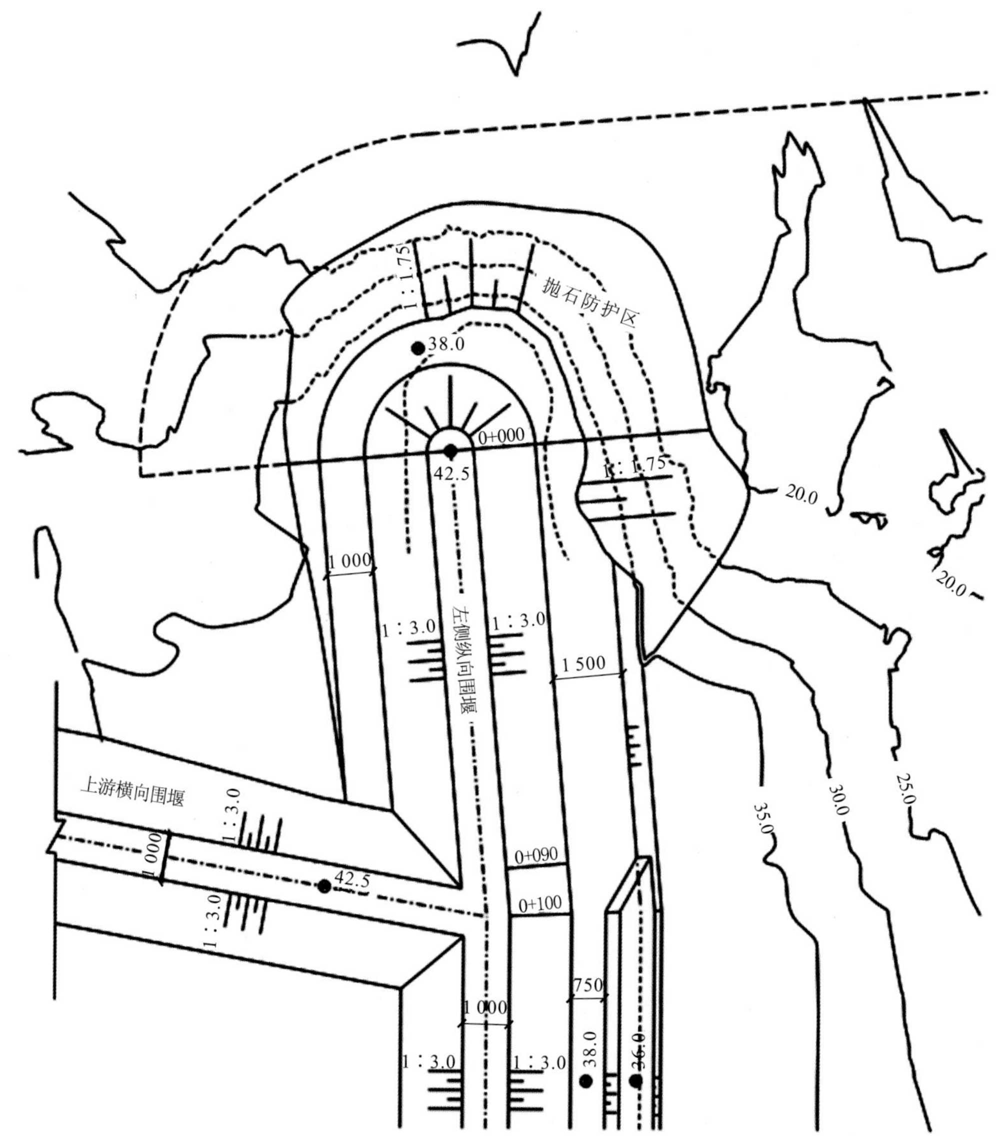

图 6.2.12　左侧纵向围堰防冲保护平面布置图（高程、桩号单位：m；尺寸单位：cm）

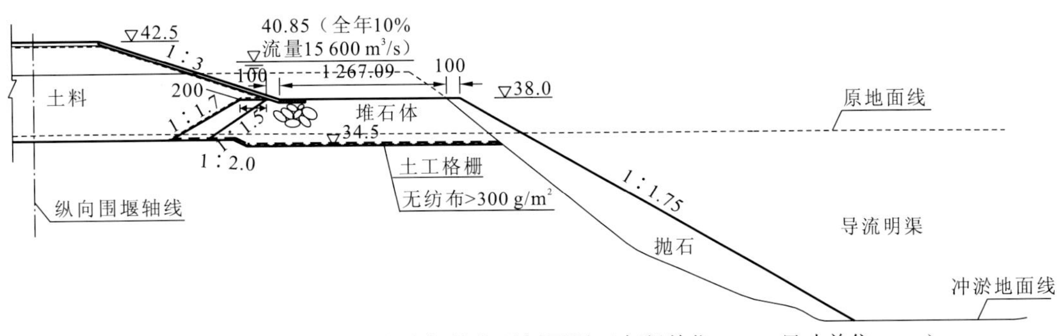

图 6.2.13 左侧纵向围堰防冲保护典型剖面图（高程单位：m；尺寸单位：cm）

（2）由于导流明渠右侧淤积较多，已妨碍通航。为保证通航安全，将导流明渠内 15#～17#桥墩范围（宽约 80 m，长约 500 m）的淤沙进行清淤疏浚，清淤底高程不高于 27.2 m，清出的淤沙吹填到明渠 13#桥墩左侧坝轴线上游 50 m 至下游 500 m 范围，吹填后的顶高程不高于 27.2 m。

（3）2010 年“7.27”洪水对导流明渠左岸冲刷明显，为加强明渠左岸岸线稳定，对坝轴线上游 200 m 至下游 300 m 的明渠左岸岸坡进行防护，现有水位约为 34.0 m，故高程 34.5 m 以下，距离边线约 35 m 范围内抛填厚约 1 m 的块石，抛石应级配均匀，其中粒径不小于 40 cm（或重量不小于 100 kg）的块石不少于 50%，即按每延米 35 m^3 抛石进行施工，典型断面见图 6.2.14。

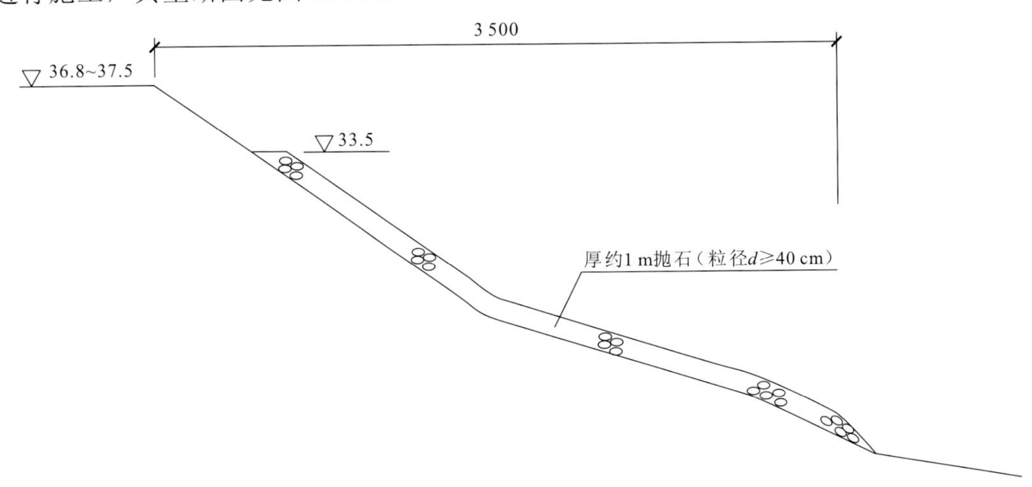

图 6.2.14 明渠左岸防护典型断面图（高程单位：m；尺寸单位：cm）

（4）针对工程现状，设计于 2010 年 12 月提出了“兴隆水利枢纽 2011 年度汛技术要求”，对于可能出现险情的重点部位要求提前备料，并提出了如下备料要求：左侧纵向围堰备防冲块石 3.0 万 m^3，上游横向围堰备袋装沙 1.0 万 m^3，明渠左边坡备袋装沙 2 万 m^3。

5. 2011 年“9.18”洪水

受汉江上游强降雨的影响，兴隆水利枢纽遭遇了流量达到 13 600 m^3/s 的大洪水，上游横向围堰桩号 0+200 处于 2011 年 9 月 18 日下午 4 时 17 分发生坍塌，坍塌长度约为

70 m，最大坍塌宽度约为 1/3 堰顶。

围堰险情的发生主要是因为，导流明渠改道，导致上游横向围堰堰前出现了横向回流，2010 年汛后，上游横向围堰左端桩号 0＋000～0＋500 段堰脚前 200～300 m 宽的滩地（滩地顶高程 36.5 m 左右）已全部被水流冲刷掉，冲刷后河床最低高程达到 22 m 左右，由于失去了滩地的保护，经 2011 年“9.18”洪水的继续冲刷后，发生围堰坍塌险情。

险情发生后，业主立即组织抢险，采用大块石进行抛填加固，于 2011 年 9 月 19 日凌晨基本控制住险情。险情控制住以后继续抛填块石加固，共抛填块石约 1.0 万 m^3。

兴隆水利枢纽位于江汉平原，枢纽建筑物基础为粉细砂，河床为摆动河床，即不同流量时，河床的主河槽位置是变化的。为节省工程投资，导流明渠未进行全断面防护，这为施工导流设计带来了很大的困难。同时，在施工导流期间，连续 2 年遭遇接近设计标准的洪水，对导流工程也是个巨大的考验。经历连续 2 年大洪水的考验，有以下几点经验：

（1）粉细砂抗冲流速极低，在该类地层建水利工程，应高度重视其稳定性及其保护措施。

（2）粉细砂的中值粒径为 0.1～0.15 mm，模型试验时采用粉煤灰进行模拟。但由于粉煤灰的絮凝作用，模型的抗冲刷能力较实际的抗冲刷能力强，即不能真实地模拟工程运行期的冲刷情况，所以明渠的冲淤变化与实际情况差别很大，需要在今后的实践中改进。

（3）不能存在侥幸心理，经历 2010 年的洪水考验以后，认为 2011 年再发生大洪水的概率不大，对工程的加固处理未坚持将左侧纵向围堰堰头延长，即未按最不利的工况进行防护。

（4）明渠内的桥墩按摩擦桩进行设计，其冲刷深度按模型试验成果取值，并考虑 2 m 的安全富余，但实际冲刷深度远大于考虑安全富余后的深度，不得不对桥墩进行加固处理。加固处理期间，交通桥需要限行，给工程施工带来了不便。

6.3 主要施工技术

6.3.1 临时支护

1. 厂房与泄水闸间边坡处理

由于厂房与泄水闸紧邻，开挖建基面相差 16.3 m，地层为粉细砂层、砂壤土层、粉质黏土、淤泥质土、砂砾石层，结构松散，在施工期间，泄水闸与电站厂房连接部位基坑开挖成型后，存在人工边坡稳定等问题。为寻求合理的人工边坡临时支护方式，节约工程投资，保证工程顺利实施，经综合分析，初拟沉井、地连墙和挖除三个临时支护方案。

1）沉井方案

在泄水闸右岸门库段设宽 12.38～20 m、深 12.5～22.5 m 的沉井，沉井垂直坝轴线方向总长 124 m，当沉井形成后，开始进行厂房基坑开挖，由沉井抵御泄水闸方向的侧向土压力，保证侧向稳定。

（1）沉井布置。

沉井布置在泄水闸与厂房连接段，垂直坝轴线方向总长 124 m，顶面高程为 26.5 m，底部插入砂砾石层 1 m。分 4 块布置，间距为 2～2.5 m。从上游至下游，第 1 口井长 46 m，宽 16.47～20 m，井底高程为 4 m，深 22.5 m；第 2 口井和第 3 口井长分别为 27.5 m、25 m，宽 20 m，深 22.5 m；第 4 口井长 21 m，宽 12.38～17.3 m，井底高程为 14 m，深 12.5 m。沉井采用钢筋混凝土框架结构，混凝土壁厚 0.5～1.5 m。

（2）沉井施工。

基坑开挖至高程 26.5 m 后，建立始井平台，包括场地排水、场地平整、碾压及施工机械安装、施工临时设施的布置，建立或完善水电、道路、通信、混凝土拌和系统，确定和完善安全保证措施。

按设计要求进行底节沉井制作及底节沉井混凝土的浇筑。底节高度为 5 m，以上每节高度为 5～6 m，包括底节，共分 4 节浇筑混凝土。

沉井出渣采用抽排和抽水吊渣两种方式。抽排主要用于粉细砂层，向井内灌水抽渣。为防止沉井内抽水排渣时，对沉井周边产生环境破坏，在电站厂房上、下游的开挖部位分别设置排水坑，抽排基坑水，在沉井下沉过程中控制基坑水位低于沉井刃脚高程。抽水吊渣用于砂砾石层，抽水排干井底深水，人工装渣、机械吊渣配自卸汽车运输。

当底节沉井下沉至底节外露始井平台 1 m 左右时，进行上一节井筒的制作，然后进行下沉施工，以此循环施工至设计高程。

（3）施工进度。

第 3 年 2 月底完成泄水闸与厂房连接部位高程 26.5 m 以上的开挖，第 3 年 3～9 月进行沉井施工，第 3 年 10～11 月厂房基础开挖至建基面，第 3 年 12 月～第 4 年 1 月进行厂房基础处理，然后开始混凝土浇筑，第 4 年 6 月底浇筑至泄水闸建基面高程。沉井方案电站厂房混凝土浇筑至高程 26.5 m 时所需要的施工工期为 17 个月，详见表 6.3.1。

表 6.3.1 沉井方案工期分析表

项目	工期/月
基坑开挖至始井平台顶高程 26.5 m	1
沉井施工	7
高程 10.2～26.5 m 的开挖	2
厂房基础处理	2
厂房混凝土浇筑至泄水闸建基面高程	5
合计	17

泄水闸邻近沉井段，受沉井施工干扰，其基础处理安排在沉井施工基本结束后进行，施工时间为第 3 年 10～12 月，但大规模的混凝土浇筑应在电站厂房混凝土浇筑至高程 26.5 m 后进行。

（4）工程量。

本方案需增加沉井土方开挖、沉井混凝土浇筑及填筑施工项目。工程量见表 6.3.2。

表 6.3.2　沉井方案工程量表

项目	单位	工程量
沉井土方开挖	m^3	37 800
填筑	m^3	33 307
C20 沉井混凝土	m^3	4 487
C25 沉井混凝土	m^3	14 598
钢筋	t	916

2）地连墙方案

沿泄水闸右岸门库段与电站厂房连接处做一道垂直混凝土挡土墙，墙顶高程与泄水闸开挖建基面平齐，墙底深入建基面以下一定深度，由混凝土挡土墙抵挡侧向土压力，并在混凝土挡土墙上设土锚，将混凝土挡土墙侧向与土体连成整体，保证挡土墙的稳定。

（1）地连墙布置。

在电站厂房与泄水闸门库之间设钢筋混凝土地连墙。墙顶设冠梁，梁宽 0.8 m，高 0.5 m，顶部高程为 26.5 m；高程 26.0 m 以下为墙体，墙厚 0.8 m，深 12～28.5 m。基坑深度小于 5 m 的部位，不另设地连墙。土锚分 4 排，排距为 3 m，间距为 2.5 m。随着开挖高度的减小，相应减少土锚排数。

厂房左侧地连墙共计 4 800 m^2，土锚 137 根，支护结构示意见图 6.3.1～图 6.3.3。

（2）土锚及锚固长度计算。

一，计算工况。

I. 厂房基坑开挖后，泄水闸一侧靠近地连墙的地下水迅速向厂房基坑逸出，基本无地下水，即地下水位为 10.2 m。

II. 厂房基坑开挖后，泄水闸一侧靠近地连墙的地下水向厂房基坑逸出，地下水位为开挖高度的 1/3，即地下水位为 15.6 m。

III. 厂房基坑开挖后，泄水闸一侧靠近地连墙的地下水缓慢向厂房基坑逸出，地下水位为开挖高度的 1/2，即地下水位为 18.35 m。

IV. 厂房基坑开挖后，遇特大暴雨，泄水闸一侧靠近地连墙的地下水基本未逸出，即地下水位为 26.5 m。

二，计算参数。

由于该区土层较松散，天然状态下的地质基本参数不能满足土锚所需的锚固力要求，所以需先对天然地基进行处理。

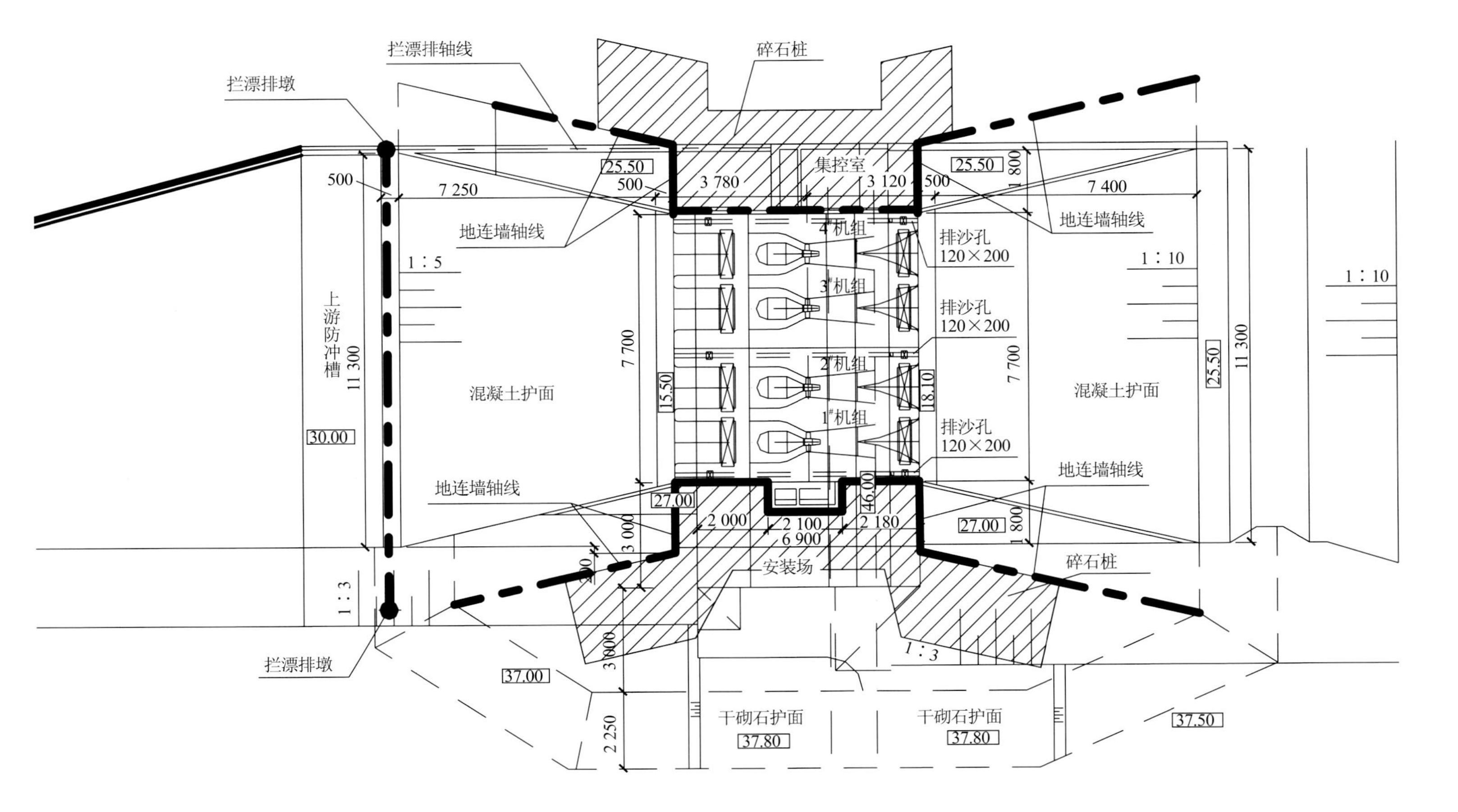

图 6.3.1　地连墙平面布置图（高程单位：m；尺寸单位：cm）

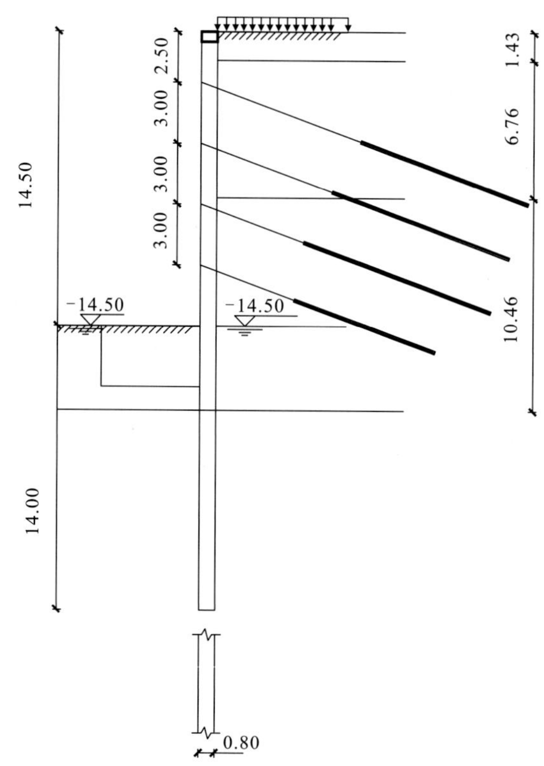

图 6.3.2 地连墙典型剖面图（单位：m）

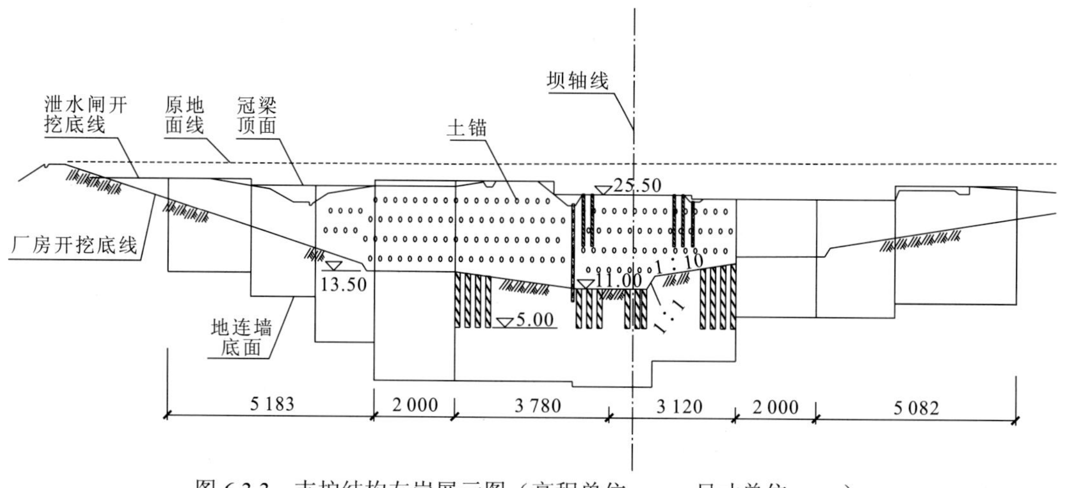

图 6.3.3 支护结构左岸展示图（高程单位：m；尺寸单位：cm）

在锚固体所在范围内先做碎石桩，将土体挤密，碎石桩间距为 2.0 m×2.0 m，梅花形布置，桩孔径为 300 mm，桩深度为 15～18 m，振冲桩布置范围为地连墙外 17～20 m。根据经验，进行碎石桩处理后，地下水位以上土体的内摩擦角可提高至 35° 左右，水下部分可提高至 32° 左右。

坑底靠近地连墙部位采用高喷加固，深 3 m，宽 5 m。

经处理后有关计算参数按表 6.3.3 选取。

表 6.3.3　经处理的土层物理力学性质计算参数表

地层	土类名称	干重度（均值）γ_d/（kN/m^3）	孔隙比（均值）e	固结快剪		极限摩阻力 q_{sui}/kPa	承载力标准值 f_k/kPa
				黏聚力 C/kPa	内摩擦角 φ/（°）		
Q_4^{3al}	粉细砂	16.5	0.64	0	35	200	180
Q_4^{2al}	含泥粉细砂	16.3	0.64	0	35	200	170
	粉细砂	16.2	0.66	0	35	200	170
Q_3^{al}	砂砾（卵）石	—	0.65	0	30	80	400

三，计算标准。

抗倾覆稳定性验算安全系数：1.20。

基坑等级：一级。

基坑重要性系数：1.10。

地连墙均匀配筋，弯矩折减系数：0.85。

地连墙荷载分项系数：1.25。

锚杆荷载分项系数：1.38。

土与锚固体黏结强度分项系数：1.30。

四，计算方法。

采用弹性法土压力模型，水土分算，分别计算各施工过程的地连墙受力状态；按瑞典条分法进行整体稳定验算；按普朗特（Prandtl）公式和太沙基公式进行抗降起验算。

圆柱形锚杆（索）的锚固段长度 l_a 按式（6.3.1）和式（6.3.2）计算。

$$\sum q_{sik} l_i = \frac{\gamma_s T_d}{\pi d \cos\theta} \tag{6.3.1}$$

$$l_a = \sum l_i \tag{6.3.2}$$

式中：q_{sik} 为土体与锚固体的极限摩阻力标准值，kPa；l_i 为第 i 层土中锚固段长度，m；l_a 为锚杆总的锚固段长度，m，应大于 4 m；γ_s 为土与锚固体黏结强度的分项系数，取 1.3；d 为锚杆直径，mm；T_d 为锚杆轴向拉力设计值，kN；θ为锚杆与水平面的倾角，rad。

锚杆（索）的自由段长度计算简图见图 6.3.4，其中φ为土体内摩擦角。

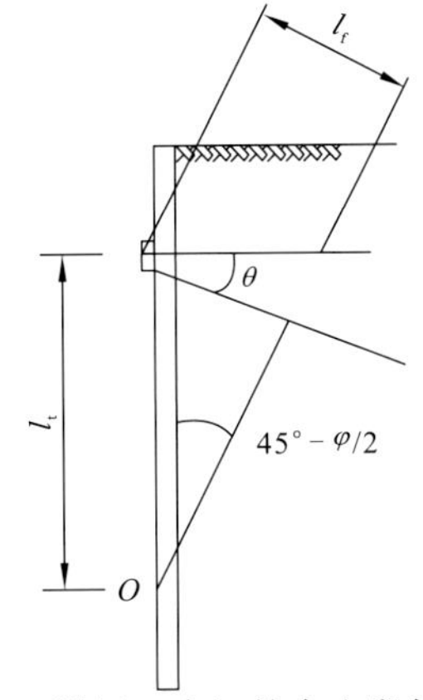

图 6.3.4　锚杆（索）的自由段长度计算简图

锚杆（索）的自由段长度按式（6.3.3）计算。

$$l_f = l_t \cdot \sin\left(45^\circ - \frac{1}{2}\varphi_k\right) \Big/ \sin\left(45^\circ + \frac{1}{2}\varphi_k + \theta\right) \tag{6.3.3}$$

式中：l_{f}为锚杆自由段长度，m，应取超过滑裂面 1.5 m 的长度且不得小于 5 m；l_{t}为锚杆杆头中点至基坑底面以下基坑外侧荷载标准值与基坑内侧抗力标准值相等处的距离，m；φ_{k}为地面到基坑底面以下基坑外侧荷载标准值与基坑内侧抗力标准值相等点之间各土层内摩擦角加权值，rad；θ为锚杆与水平面的倾角，rad。

整体稳定验算采用瑞典条分法，按式（6.3.4）计算，整体稳定计算简图见图 6.3.5。

$$K=\frac{M_{\mathrm{k}}}{M_{\mathrm{q}}}=\frac{\sum c_{i\mathrm{k}}l_i+\sum(q_0b_i+w_i)\cos\theta_i\tan\varphi_{i\mathrm{k}}}{\gamma_0\sum(q_0b_i+w_i)\sin\theta_i} \tag{6.3.4}$$

式中：K为整体稳定安全系数；M_{k}为抗滑力矩，kN·m；M_{q}为滑动力矩，kN·m；$c_{i\mathrm{k}}$、$\varphi_{i\mathrm{k}}$为最危险滑动面上第 i 土条上土的固结不排水（快）剪黏聚力和内摩擦角标准值，kPa、（°），按水位以上、水位以下分别取值；l_i为第 i 土条的滑裂面弧长，m；b_i为第 i 土条的宽度，m；w_i为作用于滑裂面上第 i 土条的重量，水位以上按上覆土层的天然土重计算，水位以下按上覆土层的饱和土重计算，kN/m；θ_i为第 i 土条弧线中点切线与水平线的夹角，（°）；γ_0为建筑基坑侧壁重要性系数；q_0为作用于基坑面上的荷载，kPa。

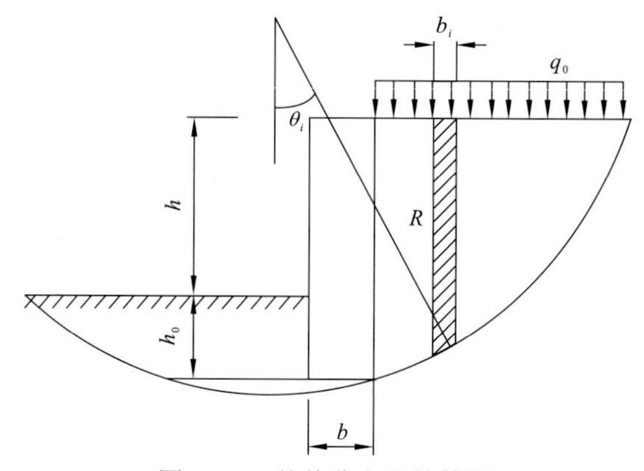

图 6.3.5　整体稳定计算简图

b 为地连墙截面宽度；R 为圆弧滑动体的半径；h 为基坑开挖深度；h_0 为地连墙嵌固深度

五，计算结果。

通过计算，得到不同工况条件下各部位的锚索最大内力，见表 6.3.4。

表 6.3.4　不同工况条件下各部位的锚索最大内力

计算工况		基坑深度/m	16.3					
		地连墙深度/m	28.5	31.5	33.5	40.5	25.5	23.5
		水位/m	10.2	15.6	18.35	26.5	10.2	10.2
锚索	第一排	锚索最大内力/kN	420.7	394.9	472.7	669.3	375.7	415.3
	第二排	锚索最大内力/kN	460.7	541.4	515.3	715.9	388.9	399.2
	第三排	锚索最大内力/kN	480.3	595.6	529.4	710.0	435.5	—
	第四排	锚索最大内力/kN	367.3	447.5	387.1	463.6	—	—

从表 6.3.4 中可见，土体中水位增高时，锚索内力明显增大，并迅速超出土体抗拔力的极限。在土体无水情况下，锚索的内力仍然偏大，均大于 360 kN，最大值达到 715.9 kN，即使是经过加固处理的土体，承受这么大的锚固力仍然有一定的难度。

按照无水条件下的计算结果选用锚索，实际选用 800 kN 锚索，长度分别为 18 m 和 15 m，总根数为 137 根。

（3）地连墙施工方法。

施工顺序：开挖至地连墙施工平台→分段开槽、浇筑地连墙→厂房基础开挖至第一排土锚以下 0.5 m→第一排土锚施工，然后进行第二排土锚施工，以此循环至最低一排土锚施工。

地连墙采用逐段施工方法，且周而复始地进行。每段的施工过程，大致可分为五步：

一，利用专用挖槽机械开挖地连墙槽段，在挖槽过程中，沟槽内始终充满泥浆，以保证槽壁的稳定。

二，当槽段开挖完成后，在沟槽两端放入接头管（又称锁口管）。

三，将先加工好的钢筋笼插入槽段内，下沉到设计高度。当钢筋笼太长，一次吊沉有困难时，将钢筋笼分段焊接，逐节下沉。

四，待插入用于水下灌注混凝土的导管后，即可进行混凝土浇筑。

五，待混凝土初凝后，及时拔去接头管，形成一个单元的地连墙。

（4）地连墙施工进度。

泄水闸及厂房基础在第 3 年 2 月底开挖至地连墙施工平台顶高程，9 月底完成地连墙及土锚施工，厂房基础开挖至建基面，第 3 年 10～11 月进行厂房基础处理，然后开始混凝土浇筑，至第 4 年 4 月底浇筑至安装场及泄水闸建基面。地连墙方案电站厂房混凝土浇筑至高程 26.5 m 时所需要的施工工期为 15 个月，详见表 6.3.5。

表 6.3.5　地连墙方案工期安排

项目	工期/月
基坑开挖至地连墙施工平台顶高程	1
地连墙施工	2
高程 10.2～26.5 m 的开挖与土锚施工	5
厂房基础处理	2
厂房混凝土浇筑至泄水闸建基面高程	5
合计	15

（5）工程量汇总。

地连墙方案主要工程量见表 6.3.6。

表 6.3.6 地连墙方案主要工程量汇总表

项目	单位	工程量	规格	备注
锚索	根	86	800 kN 级，$L=18$ m	
	根	51	800 kN 级，$L=15$ m	
地连墙混凝土	m^2	4 800	厚 0.8 m	
钢筋	t	384		含冠梁配筋
振冲桩	根	366	$L=18$ m，直径为 300 mm	
	根	157	$L=15$ m，直径为 300 mm	

注：L 表示长度。

3）挖除方案

电站厂房周边按 1∶3 的综合坡度进行开挖，与泄水闸连接部位，按电站厂房基坑开挖的边坡要求，部分挖除泄水闸基础，待电站厂房混凝土浇筑至一定高程后再回填，进行上部建筑物的施工。

（1）施工方案。

泄水闸开挖至建基面，电站厂房周边按 1∶3 的综合坡度放坡，并对坡面做临时保护。从高程 26.5 m 开挖至高程 10.2 m，开挖高度为 16.3 m，开口线最大水平距离为 49 m，占用泄水闸右岸门库及两孔泄水闸的位置。当电站厂房混凝土浇筑至一定高度后，再进行右岸门库及两孔泄水闸的回填。填筑料采用泄水闸的开挖料。

（2）施工进度。

挖除方案的工期安排见表 6.3.7。

表 6.3.7 挖除方案工期表

项目	工期/月
基坑开挖至泄水闸建基面	1
电站厂房开挖至高程 10.2 m	3
厂房基础处理	2
厂房混凝土浇筑至泄水闸建基面高程	5
右岸门库及两孔泄水闸基础处理	2
合计	13

厂房基础开挖从第 3 年 2 月初开始，至 2 月底开挖至泄水闸建基面，5 月底电站厂房开挖至高程 10.2 m，6 月、7 月进行厂房基础处理，然后开始混凝土浇筑。至 12 月底，电站厂房混凝土浇筑至泄水闸建基面高程。挖除方案所需施工工期为 13 个月。

（3）工程量。

本方案需增加土方开挖 47 300 m^3，开挖完成后进行坡面保护，后期进行回填，回填土分层碾压，应满足建筑物基础所需技术指标，主要工程量见表 6.3.8。

表 6.3.8 挖除方案主要工程量表

项目	单位	工程量
土方开挖	m^3	47 300
回填土	m^3	47 300
喷护混凝土	万 m^2	0.81

4）方案比较

（1）施工方案比较。

为满足工期要求，若采用沉井方案，施工技术要求较高，沉井施工工序多，如沉井的制作、下沉及施工组织等，每一环节的施工质量对沉井施工质量都会产生较大的影响。

地连墙方案工序较多，土锚施工与基坑开挖同步进行，相互之间存在一定程度的干扰。在粉细砂层内钻孔，可能遇到塌孔现象严重的问题。

挖除方案工艺简单，工作面开阔，便于大型机械快速施工。

沉井方案、地连墙方案及挖除方案均需对地表水进行有效控制。为了防止沉井水下开挖对周边环境的影响，对地下水位也有严格的控制要求。

综上所述，挖除方案施工简单，但应注意坡面保护；沉井方案或地连墙方案施工较复杂，沉井方案控制每一环节的施工质量是工作的重点，地连墙方案关键是解决在粉细砂层进行土锚施工的成孔技术问题。

（2）进度比较。

沉井方案及地连墙方案均采用了直立边坡，右岸门库及两孔泄水闸的基础处理可与沉井或地连墙同步施工，当沉井或地连墙施工完成后，方可进行右岸门库及两孔泄水闸的基础混凝土浇筑。挖除方案于第 3 年 12 月底开始进行右岸门库及两孔泄水闸的基础处理。

上述三个方案中，主厂房、右岸门库及两孔泄水闸施工的要点工期见表 6.3.9。

表 6.3.9 主厂房、右岸门库及两孔泄水闸施工要点工期表

要点工期	方案		
	沉井方案	地连墙方案	挖除方案
主厂房基础开挖完成时间	第 3 年 10 月	第 3 年 8 月	第 3 年 4 月
主厂房混凝土浇筑至泄水闸建基面高程的时间	第 4 年 6 月	第 4 年 4 月	第 3 年 12 月
右岸门库及两孔泄水闸开始浇筑混凝土的时间	第 4 年 6 月	第 4 年 4 月	第 4 年 2 月

从表 6.3.9 中可以看出，挖除方案最优，地连墙方案次之，沉井方案所需时间最长。

（3）工程投资比较。

工程投资比较见表 6.3.10。

表 6.3.10　主要工程量及费用对比表

项目		工程量	单价	费用/万元	备注
沉井方案	沉井土方开挖	37 800 m^3	12.17 元/m^3	46.00	
	填筑	33 307 m^3	4.16 元/m^3	13.86	
	C20 沉井混凝土	4 487 m^3	1 248.32 元/m^3	560.12	
	C25 沉井混凝土	14 598 m^3	1 252.27 元/m^3	1 828.06	
	钢筋	916 t	5 718.13 元/t	523.78	
	费用合计			2 971.82	
地连墙方案	锚索	86 根	5 040 元/根	43.34	800 kN 级，L=18 m
		51 根	4 200 元/根	21.42	800 kN 级，L=15 m
	地连墙混凝土	4 800 m^2	1 389.54 元/m^2	666.98	厚 0.8 m
	钢筋	384 t	6 212.97 元/t	238.58	
	振冲桩	366 根	810 元/根	29.65	L=18 m，直径为 300 mm
		157 根	675 元/根	10.60	L=15 m，直径为 300 mm
	费用合计			1 010.57	
挖除方案	土方开挖	47 300 m^3	12.06 元/m^3	57.04	
	回填土	47 300 m^3	4.16 元/m^3	19.68	
	喷护混凝土	8 100 m^2	56 元/m^2	45.36	
	费用合计			122.08	

沉井方案共计 2 971.82 万元，地连墙方案共计 1 010.57 万元，挖除方案共计 122.08 万元，挖除方案投资最省。

（4）对建筑物的影响。

沉井基础位于砂砾石上，通过沉井混凝土传力，泄水闸门库段基础具有一定的刚性；地连墙方案有利于保持垂直边坡外侧土层的原状结构；而挖除方案以缓边坡在较大范围内对土体进行换填，其上部的建筑物存在不均匀沉降问题，受本方案影响的建筑物主要包括泄水闸右岸门库、两孔泄水闸及其上、下游的辅助建（构）筑物。

沉井方案部分在水下开挖，由于排水量较大，对周边水位有较严格的要求。否则，周边地下渗水夹带泥沙，引起泄水闸基础沉降，会造成严重的后果。

经上述比较，挖除方案在较多方面具有优势，推荐挖除方案。

2. 施工期坡面保护

建筑物开挖边坡主要有泄水闸、电站厂房及船闸。

1）泄水闸

泄水闸开挖建基面高程为 26.5～27.0 m，地面高程为 25～35 m，开挖边坡坡比为

1∶3。泄水闸左侧与纵向围堰坡脚相连，右侧紧邻电站厂房，上、下游开挖边坡经预留平台后与上、下游横向围堰坡脚相接。

泄水闸左侧有永久边坡支护，根据施工进度安排，左侧泄水闸开挖完成后，可进行左侧永久边坡施工，不需要进行临时支护。泄水闸右侧为电站厂房边坡，上、下游沿开挖线顶面设宽30～50 cm的排水沟，开挖边坡喷5～8 cm厚混凝土，并按间距3 m×3 m布置排水孔。

2）电站厂房

电站厂房开挖建基面高程为10.2～27.0 m，地面高程为25～35 m，开挖边坡坡比为1∶3。电站厂房左、右两侧开挖边坡坡比均为1∶3，上、下游开挖边坡坡比分别为1∶5和1∶10，在高程27 m处与地面相接。

电站厂房上、下游不进行临时支护，左、右两侧开挖坡面喷5～8 cm厚混凝土，并按间距3 m×3 m布置排水孔。

3）船闸

船闸主体段左侧为电站厂房，右侧为右岸高漫滩。左侧开挖边坡与电站厂房开挖边坡相交，船闸及厂房基础开挖至高程28 m后，按1∶3边坡坡比开挖至建基面，右侧从地面线高程36～37 m放坡开挖至建基面。船闸上、下游引航道开挖边坡坡比均为1∶3，在高程33.5 m处设一宽3 m的平台，坡面设有永久护坡。

船闸上、下游引航道开挖完成后，及时按设计要求进行支护。船闸主体段两侧开挖坡面喷5～8 cm厚混凝土，并按间距3 m×3 m布置排水孔。

4）临时护坡工程量

泄水闸、电站厂房及船闸开挖边坡临时护坡工程量见表6.3.11。

表6.3.11　泄水闸、电站厂房及船闸开挖边坡临时护坡工程量表

临时支护项目	单位	工程量			
		泄水闸	电站厂房	船闸	合计
喷护混凝土（5～8 cm厚）	万m^2	2.68	0.81	1.88	5.37
排水孔	个	950	290	660	1 900

6.3.2　基础处理施工

1. 塑性混凝土防渗墙

塑性混凝土防渗墙主要分布在滩地过流段等部位，防渗墙所处地层一般为粉细砂层。

泄水闸与左侧纵向围堰之间的塑性混凝土防渗墙长 71 m，厚 30 cm，墙顶高程为 37.5 m，墙底高程为 11 m，深 24.5 m。

厂房与船闸间挡水坝段塑性混凝土防渗墙长 80 m，厚 30 cm，墙底高程为 6.3 m，墙顶高程为 29 m，深 22.7 m。

船闸右侧的塑性混凝土防渗墙长 85 m，厚 30 cm，墙底高程为 6.3 m，墙顶高程为 37.5 m，深 30.2 m。

施工方案比较如下。

振动沉模法施工：施工时先将专用空腹模板沿墙体轴线定位，然后通过振动锤将空腹模板沉入地层，达到设计深度后，开始注浆，当振动模板起拔时，浆体从模板下端注入槽孔内，形成混凝土防渗墙，在墙体混凝土初凝期内重复上述工序，直至完成整个墙体施工。

锯（拉）槽法施工：施工时先将锯槽机定位，由锯管在槽内做近乎垂直的上下往复运动，并经排渣系统出渣成槽，泥浆固壁，槽体形成后利用导管浇筑混凝土。

薄壁抓斗法施工：抓斗成墙是将防渗墙分成间隔的一、二期槽孔，先开挖一期槽孔再施工二期槽孔，槽体形成后采用导管法浇筑混凝土。

振动沉模法适应于粉土、砂及砂砾层，深度在 25 m 以内，厚度为 10～30 cm，工效为 80～160 m^2/台班，具有施工速度快、成墙质量好的特点，单价为 180～200 元/m^2。锯（拉）槽法适应于粒径不大于 80 mm 的砂砾、土质地层，深度在 25 m 以内，厚度为 20～44 cm，工效为 60～150 m^2/台班，具有施工速度快、成墙质量好的特点，应用较广泛，单价为 200～250 元/m^2；薄壁抓斗法适应于各类土质、砂砾石地层，深度在 60 m 以内，厚度为 30～80 cm，工效为 50～100 m^2/台班，具有成墙质量好、深度大的特点，应用较广泛，单价为 200～280 元/m^2。

经综合比较，选用薄壁抓斗法施工。

2. 混凝土钻孔灌注桩

混凝土钻孔灌注桩主要用于交通桥桩基、船闸引航道上下游靠船墩及墩板式导航墙桩基、电站厂房拦漂排桩基，所处地层上部为粉细砂层，下部为砂砾石层，最大桩深为 39 m，钻孔直径为 1.0 m 和 1.5 m。

混凝土钻孔灌注桩采用常规施工方法。施工时采用反循环钻机钻孔，膨润土泥浆固壁，钻孔完毕清孔后，下钢筋笼，然后采用导管法水下浇筑混凝土。

3. 深层水泥土搅拌桩

深层水泥土搅拌桩主要布置于泄水闸、船闸、电站厂房及滩地过流段。

泄水闸水泥土搅拌桩以格栅状布置为主，其中上、下游采用双排格栅，格栅内设置散点状水泥土搅拌桩，顶部高程为 27 m，桩长为 12 m，桩径为 600 mm。船闸水泥土搅拌桩布置在上闸首、闸室、下闸首及下游导墙段的基础部位，采用格栅布置，格栅内布置散点状水泥土搅拌桩，桩径为 800 mm。上闸首水泥土搅拌桩顶部高程为 19.8 m，桩长为 9.7 m；闸室深层水泥土搅拌桩顶部高程为 21.3 m，桩长均为 10 m；下闸首水泥土搅拌桩顶部高程为 19.4 m，桩长为 8.6 m；下游导墙水泥土搅拌桩顶部高程为 21.8 m，桩长为 12 m。

电站厂房主体水泥土搅拌桩布置于结构底板下伏粉细砂层地基内，并向上、下游及左、右两侧外延 3 m，布桩平面为矩形，尺寸为 118.00 m×80.00 m，由厂房建基面至砂砾石层顶面。水泥土搅拌桩为连体桩结构，连体桩中心距为 2.88 m，桩径为 800 mm。连体桩平行坝轴线分为 26 排，每排为三连体桩，排间净距为 0.96 m，形成条栅式布置，每排连体桩由 200×3 根水泥土搅拌桩组成，上、下游及左、右两侧连体桩分别由 210×3 根、136×3 根水泥土搅拌桩组成，形成封闭的结构形式。

左岸滩地导流明渠段连续水泥土搅拌桩防渗墙，轴线长度为 400 m，底部高程为 25.7 m，顶部高程为 37.5 m，桩长为 10.8 m，桩径为 80 cm，桩距为 65 cm。

在粉细砂地基中进行水泥土搅拌桩施工很困难，尤其是电站厂房部位高置换率（厂房机组段和安装场段实际置换率高达 51%和 55%）、格栅状、交叉套接的水泥土搅拌桩施工，难度更大。

1）施工机械设备

成桩直径为 600 mm 时，搅拌叶片外径为 620 mm；成桩直径为 800 mm 时，搅拌叶片外径为 820 mm。根据实际情况，分别选用单轴或双轴搅拌机。

2）施工工艺

当基础开挖至建基面上部 50 cm 时，开始进行水泥土搅拌桩施工。水泥土搅拌桩采用 4 搅 4 喷的施工方法，施工工艺流程为：平整施工平台→测量放样→机械就位→预搅下沉→制备水泥浆→喷浆搅拌→重复上下搅拌。

机械就位后，即可启动搅拌机沿导向架搅拌下沉，深层搅拌机钻进到一定深度后，开始制备水泥浆，搅拌机下沉达到设计深度后，提升 20 cm，开启灰浆泵将水泥浆压入土中，边喷浆边旋转，同时应严格按试验确定的提升速度提升搅拌机，为使水泥浆与土体搅拌均匀，再次将搅拌机边旋转边沉入土中，直到设计深度后再将搅拌机提升出地面，形成水泥土搅拌桩。

水泥土搅拌桩施工完成后，清除上部 50 cm 的保护层。

3）建议施工参数

建议施工参数见表 6.3.12，具体应根据现场试验确定。

表 6.3.12　施工参数建议值表

施工参数	升降速度/（m/min）	水泥浆压/MPa	空压机压力/MPa	水泥掺量/%	喷浆行程
建议值	0.5～0.7	1.2～1.6	0.5～1.3	15～20	全程喷浆，全程复搅，4 搅 4 喷

4）关键技术问题解决

（1）量化质量控制指标。

为确保施工精度，设计在施工技术要求中提出了一系列偏差控制标准，包括搅拌头直径误差不大于 5 mm，施工平台高程误差应控制在 15 cm 的范围内，防渗墙的深层水泥土搅拌桩桩位最大允许偏差为 2.0 cm，复合地基的深层水泥土搅拌桩桩位最大允许偏差为 5 cm，防渗墙深层水泥土搅拌桩的偏斜率不应大于 0.5%，复合地基深层水泥土搅拌桩的偏斜率不应大于 1%，桩径偏差不得大于 4%，施工停浆面必须高出基础第一次开挖面高程且高出桩顶设计标高不小于 0.4 m，要求沿地基轴线每间隔 50 m 布设一个先导孔以掌握地层岩性及水泥土搅拌桩底线高程等，并对原材料选择、存放与使用及全过程质量检验提出了具体要求。

（2）确保钻搅喷连续性。

要保证钻与搅的连续性，不仅地层的地质条件要适合，还要采用型号和性能适合的深搅设备。

根据当时执行的规范《建筑地基处理技术规范》（JGJ 79—2002）的要求[15]，深层搅拌工法适用于松散砂土。现场试验是在地表原状土进行的，标准贯入击数 N=8，属松散砂土，钻搅难度不大；而主体工程均在开挖后的建基面上施工水泥土搅拌桩，其地层性状已发生变化，标准贯入击数 N=16，属中密砂土，已远超深层搅拌工法当时的适用范围，加之基坑已采取降排水措施，增加了搅拌叶片摩阻力与切割难度，并造成了深搅机提升困难。

深搅机选型也很关键。设计提出的施工技术要求建议：对于防渗墙水泥土搅拌桩及格栅状水泥土搅拌桩，应选用多头（三头及以上）的搅拌机组；对于散点状水泥土搅拌桩，可选用单头的搅拌机组。但具体机械设备型号与性能差异很大。现场淘汰了国产链条式深搅机，选用了钢丝绳式两轴深搅机、单轴链条式桩机施工格栅状水泥土搅拌桩，单桩、相切桩采用单轴链条式桩机施工，并将叶片调整 30° 左右倾斜角，以减少钻头在粉细砂中的钻进阻力。

为保证喷浆质量，设计提出的施工技术对升降速度、水泥浆压、搅喷次数、水泥掺量均提出了具体要求。实际施工中，通过试验，选用水灰比 1∶1、水泥掺量 18%、4 搅 4 喷的主要施工参数。

（3）桩间搭接处理。

桩间搭接处理是重难点。为保证桩间顺利搭接，施工技术要求中建议避免桩间形成冷接缝。对于要求搭接的桩孔，应通过试验确定桩间搭接最大允许间隔时间，并且其不应大于 24 h。如因特殊原因超过上述时间，应对最后一根桩先进行空钻，留出榫头以待下一批桩搭接；如间歇时间过长（如停电等），与后续桩无法搭接，应在设计和监理单位认可后，采取局部补桩或注浆措施。

施工过程中，施工单位基本按此要求进行控制实施，并且通过试验确定桩与桩的搭接时间按不大于 22 h 控制。针对格栅状水泥土搅拌桩、单排连体桩由于特殊原因，无法在规定时间内搭接的情况，采取两种处理方法：方法一是喷浆后的桩体达到初凝状态后，在相邻两侧需要搭接的桩位以单头深搅机喷水搅拌至原浆液松散，留出榫头，待继续施工时自榫头处桩位继续喷浆搅拌施工；方法二是对于预计在允许间隔时间内不能完成搭接的桩体，采用不喷浆方式预留出此桩位，待相邻桩体达到初凝状态后喷水搅拌未喷浆桩体，形成需搭接的 15 cm 预留榫头，待继续施工时，自预留榫头处搭接施工。

搭接时间超时处理方式见图 6.3.6。

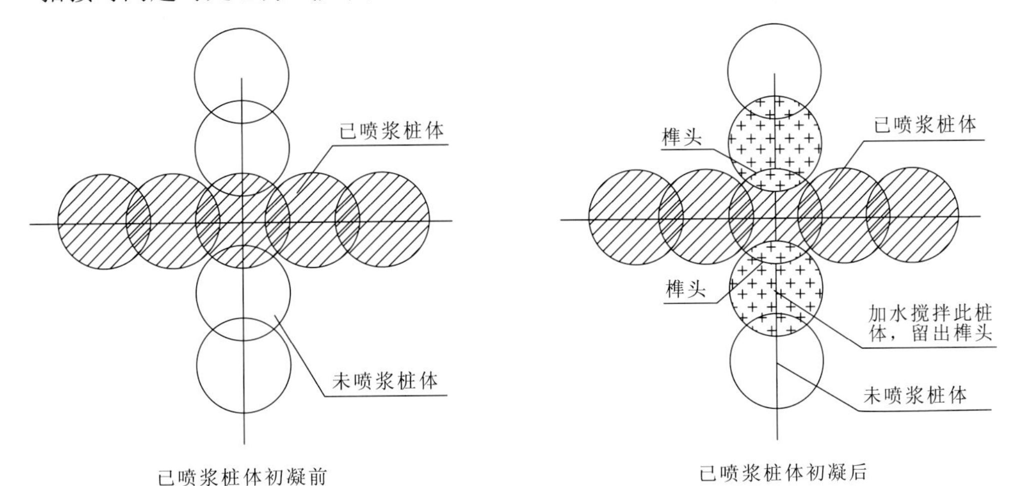

（a）搭接时间超时处理方式一

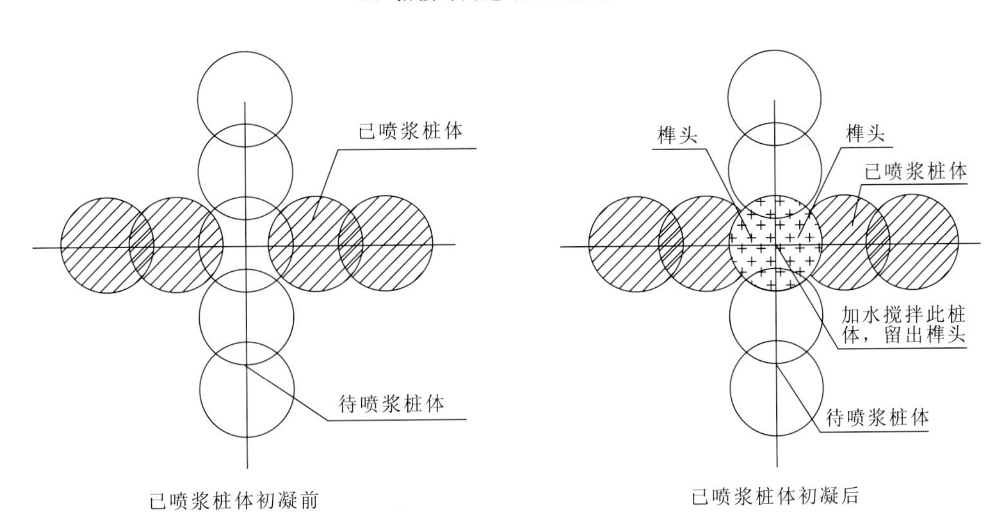

（b）搭接时间超时处理方式二

图 6.3.6　搭接时间超时处理方式

电站厂房及船闸复合地基的格栅状水泥土搅拌桩十字交叉部位预留空桩，空桩采用高喷施工；另外，对于桩体施工时间较长，无法采用搅拌机连续搭接的部位，也采用高喷施工。

6.4 工程运行

6.4.1 基本情况

兴隆水利枢纽于2009年2月26日开工建设，同年12月26日成功实现工程截流，并全面进入主体工程施工阶段。2012年底主体建筑物泄水闸、船闸等基本完成，2013年4月下闸蓄水和船闸试通航，2013年11月水电站首台机组并网发电，2014年9月水电站末台机组正式发电投产，兴隆水利枢纽转入正式运行阶段，工程运行实践表明，枢纽下游河势稳定，航道淤积量较小。

兴隆水利枢纽下闸蓄水后，壅高上游水位，库区水位常年保持在36.2 m左右，满足并改善了库区两岸灌溉闸站的引水条件，各灌区的常年灌溉保证率达95%以上，有效保障了327.6万亩农田的灌溉引水。蓄水后库区航深增加，改善了华家湾—兴隆段航道的通航条件，渠化汉江航道78 km，航道等级可由原IV级提升到III级，年货运量由2013年的143.9万t增长到2018年的644.4万t，大大提高了库区航运标准和运载能力。蓄水后枢纽上、下游水头差达7 m左右，枢纽兼有发电功能，水电站装机容量为4×10 MW，年均发电量达2亿kW·h以上，进一步提高了水资源综合利用效率。

截至2019年6月15日，兴隆水利枢纽安全平稳运行2 261天，水位保障率达95%以上，船闸累计过船50 104艘，总货运量达2 167.4万t，水电站累计发电12.12亿kW·h。枢纽灌溉、航运、发电等综合效益开始全面发挥作用，达到了设计标准，有效增加了南水北调中线工程可调水量，消除和改善了中线调水对汉江兴隆河段用水的影响，有效促进了地方经济、社会可持续发展，充分发挥了资源优化配置的作用。

6.4.2 工程运行管理原则

1. 防洪

必须在保证工程安全的条件下，合理地综合利用水资源，充分发挥工程效益。当兴利与防洪矛盾时，兴利应服从防洪。在运行调度中当工程安全与通航、发电有矛盾时，应首先保证工程安全。为确保枢纽安全和满足水库灌溉、航运要求，枯水期库水位应控制在正常蓄水位36.2 m附近。当兴隆水利枢纽无调节库容，来水量小于3 685 m^3/s（下游最高发电水位35.1 m对应的流量）且库水位为正常蓄水位36.2 m时，利用水电站运行和水闸控泄，使下泄水量等于来水量。当来水量大于685 m^3/s时，水电站停止运行。当来水量大于3 685 m^3/s、小于7 080 m^3/s（库水位36.2 m对应的下泄流量）时，来水通过水闸控泄调节。当洪水来量大于7 080 m^3/s时，泄水闸全部开启敞泄。

2. 航运

航运调度应服从工程安全及防洪要求，保障船舶安全、顺利、有序过闸，提高通过能力。船闸最大通航流量为 10 000 m^3/s，最小通航流量为 420 m^3/s，当流量不满足设计条件或气象条件不满足通航条件时，船闸停航。

3. 发电

水电站水头受下游水位影响较大，为尽可能提高水电站运行水头和发电量，库水位应尽量维持在正常蓄水位。水电站投入运行的机组台数按水库来水流量确定，当来水流量小于水电站额定流量 1 156 m^3/s 时，均由水电站过水；当来水流量超过 1 156 m^3/s 时，水电站引水富余部分由泄水闸下泄，不能为提高水电站发电效益而抬高水库运行水位。

6.4.3　主要建筑物运行管理要求

1. 泄水闸

泄水闸是本枢纽的主要泄洪建筑物，其安全运用直接影响整个枢纽工程的安全。在保证工程安全的前提下，正确处理泄洪、灌溉、航运与发电的关系，当有矛盾时首先保证泄洪安全；合理安排运用与检修、工程清淤等方面的工作，充分发挥工程效益。上、下游分设水尺、水位计，作为水库调度的控制依据。泄水闸最大下泄洪水流量为 19 400 m^3/s（河段最大下泄流量），遇超标准洪水时，需动用分洪区分蓄洪水，以确保建筑物安全。56 孔闸门应根据下泄流量大小分级开启，第一级开启高度不超过 0.5 m，且必须每隔 2 孔开启 1 孔，全部闸孔完成第一级开启后才能进行第二级开启。第二级开启高度不超过 1.0 m，且全部闸孔开启完成后才能进行后续各级的开启。后续各级开启高度的递增幅度不超过 0.5 m，要求控制水跃产生在消力池内，以确保下游消能良好和建筑物安全。闸室必须隔孔检修，上游检修水位必须低于或等于正常蓄水位，下游检修水位必须低于或等于 33.0 m。每年汛后或枢纽通过设计洪水以上流量后，应对建筑物用下游消力池、护坦、海漫等进行检查和修复，以保证建筑物的运行安全。

2. 电站厂房

厂房上、下游 800 m 范围内不允许船舶进入，进行抛锚、停船作业，并严禁垂钓、游泳。为保证水电站的正常运行，应及时清除厂前进水口的淤积物以减少水头损失，较大漂浮物应拦截在进水口以外，对于拦漂排等设施必须定期检修，以免发生事故。上、下游引（尾）水渠及护坡挡土墙等水下工程，每年必须定期检查冲淤情况，发现问题及时修复，确保水电站正常运行。尾水平台为两岸交通要道，必须加强对高压电气设备和安全设施的维护，确保人身和设备安全及水电站正常运行。当水电站下游尾水闸门工作和主变压器检修时，应加强安全保卫，并暂时封闭道路，禁止车辆通行。水电站建筑物的楼面荷载不得超过设计荷载，以保证结构安全。电站厂房开机前，应对上、下游闸门进行检查，若发现有泥沙淤积，采用人工冲沙、搅动、挖吸等清淤措施后，按操作规程运行。对厂内排水廊道、交通廊道、结构缝及厂外边坡，应定期巡查，若发现异常情况，应尽快处理。

3. 船闸

当流量、流速、流态、航深、波浪、风速等超过航运工程安全运行标准时，采取可靠措施后方可通航，或者暂时停航。为充分利用通航建筑物的有效尺寸，应对各类船只过坝实行统一管理，缩短过坝时间，提高通过能力。船舶（队）过闸主要采用双向过闸方式，必要时可采取单向过闸方式。双向过闸时船舶曲线进闸，直线出闸；单向过闸时船舶曲线行至导航段等待进闸，直线出闸。油轮及装有一级易燃品、危险品的船舶过坝前，应按有关规定接受检查，申报过坝，并应采取必要的措施，保证船舶及建筑物的安全。正常情况下，船闸输水时，两侧阀门应同步连续均匀开启。船闸闸室及上、下游导航墙两侧汛后应进行地形测量，如出现影响航深或危及建筑物安全的不良情况，应及时进行处理。

6.4.4 工程安全运行状态

为及时了解工程运行状态，工程安全监测设置了变形、渗流、应力、应变、温度等项目。监测资料分析成果表明，枢纽工程变形量较小，整体沉降均匀、协调；基础扬压力小于设计允许值，渗流稳定。

1. 变形监测

泄水闸沉降在设计允许范围内，属均匀沉降；闸底板与消力池间相对位移过程线基本上呈水平直线状，表明闸底板与消力池间未发生错动。

厂房总体表现为沉降，沉降量较小，沉降均匀，无突变。厂房段上游侧沉降量较大，下游侧沉降量较小，同侧相邻测点最大沉降差小于 3 mm，均未超出设计允许范围值。

船闸垂直位移监测数据表明，最大沉降数值较小，船闸底板深层最大水平位移为 1.15 mm，船闸基础稳定。

2. 渗流

泄水闸闸室底板扬压力主要受下游水位顶托影响；自上游至下游扬压力依次递减，符合工程运行实际；上游铺盖填土区及闸室底板扬压力低，扬压力水位与下游水位相近，表明上游铺盖及塑性混凝土垂直防渗墙防渗作用良好；正常运行条件下闸基扬压力总体较低，且与运行初期相比，闸基扬压力呈降低趋势，闸基渗流稳定。

电站厂房共布置 17 支渗压计，电站厂房渗流监测表明，上游铺盖及塑性混凝土垂直防渗墙的防渗作用良好，正常运行条件下基础扬压力低，渗透压力折算水位与兴隆水利枢纽上、下游水位变化趋势基本一致。2017 年秋汛期扬压力小于设计允许值。

船闸闸室、上闸首、下闸首渗流监测表明，正常运行条件下基础扬压力低，2017 年秋汛期基础扬压力小于设计允许值。

3. 土压力、钢筋应力、混凝土温度监测

泄水闸底板与水泥土搅拌桩之间、泄水闸底板与基础砂层顶部垫层之间安装了土压力计。监测结果反映：前者压力大，后者压力小；部分土压力计测值受温度影响明显。

电站厂房共布置 8 支土压力计，桩上的土压力值要比桩间土的土压力值大，布置在桩上的土压力计受上下游水位升降、温度变化影响较大。测值与之前的测值规律基本一致，也与实际情况相符。目前，电站厂房底板基础压力在 0.18～0.89 MPa，变化量在 -0.02～0.13 MPa，安装场土压力最大，约为 0.89 MPa。

泄水闸底板顶部安装的钢筋计压应力不大于 60 MPa，拉应力不大于 50 MPa，拉压均处于小应力状态。

电站厂房共布置 16 支钢筋计，钢筋计有效应力在-17.94～39.28 MPa，变化量在 -0.32～8.06 MPa，拉压均处于小应力状态。

泄水闸闸室混凝土内部布置了温度计，混凝土内部温度随季节呈规律性变化，温度测值年内变幅在 4～34 ℃，符合工程实际。

电站厂房共布置 17 支温度计，根据观测数据，各部位温度计的变化量符合实际情况和规律。

4. 水下检查

为保证工程安全运行，兴隆水利枢纽每年汛前、汛后均开展水下检查，检查以水下地形测量为主，2020 年汛前水下地形测量表明，泄水闸 1～25 联闸门上游防渗铺盖与设计高程相比未见明显冲淤变化，现状完好；1～28 联上游混凝土块护底至上游防冲槽均表现为淤积，淤积后坡度变缓。泄水闸防冲槽下游原冲坑的大小、最深处的位置、深度、坡度等与 2019 年测量情况相比未见明显变化，没有向下游扩大的趋势，冲坑现状稳定。

参考文献

[1] 国家质量技术监督局. 中国地震动参数区划图: GB 18306—2001[S]. 北京: 中国标准出版社, 2001.

[2] 中华人民共和国水利部. 水利水电工程等级划分及洪水标准: SL 252—2000[S]. 北京: 中国水利水电出版社, 2000.

[3] 中华人民共和国建设部, 中华人民共和国国家质量监督检验检疫总局. 内河通航标准: GB 50139—2004[S]. 北京: 中国计划出版社, 2004.

[4] 中华人民共和国交通部. 船闸水工建筑物设计规范: JTJ 307—2001[S]. 北京: 人民交通出版社, 2001.

[5] 国家技术监督局, 中华人民共和国建设部. 防洪标准: GB 50201—94[S]. 北京: 中国计划出版社, 1994.

[6] 中华人民共和国水利部. 水闸设计规范: SL 265—2001[S]. 北京: 中国水利水电出版社, 2001.

[7] 中华人民共和国水利部. 水电站厂房设计规范: SL 266—2001[S]. 北京: 中国水利水电出版社, 2001.

[8] 中华人民共和国交通部. 船闸总体设计规范: JTJ 305—2001[S]. 北京: 人民交通出版社, 2001.

[9] 中华人民共和国交通部. 船闸输水系统设计规范: JTJ 306—2001[S]. 北京: 人民交通出版社, 2001.

[10] 中华人民共和国水利部. 水工建筑物抗震设计规范: SL 203—97[S]. 北京: 中国水利水电出版社, 1997.

[11] 中华人民共和国住房和城乡建设部, 中华人民共和国国家质量监督检验检疫总局. 水利水电工程地质勘察规范: GB 50487—2008[S]. 北京: 中国计划出版社, 2008.

[12] 汤建南, 郭正崔. 水泥搅拌桩的设计、施工及检测[J]. 林业科技情报, 2002(4): 9-11.

[13] 郭红亮, 石运深, 焦雨佳, 等. 汉江兴隆水利枢纽泄水闸地基处理设计[J]. 人民长江, 2015, 46(15): 26-29.

[14] 张杰, 艾立伟. 南水北调兴隆水利枢纽泄水闸地基处理水泥土搅拌桩施工[J]. 水利建设与管理, 2012(12): 21-26.

[15] 中华人民共和国建设部. 建筑地基处理技术规范: JGJ 79—2002 [S]. 北京: 中国建筑工业出版社, 2002.

[16] 郭红亮, 童迪, 蒋筱民. 汉江兴隆船闸建设主要技术问题设计研究[J]. 人民长江, 2015, 46(16): 27-30.

[17] 国家技术监督局, 中华人民共和国建设部. 泵站设计规范: GB/T 50265—97[S]. 北京: 中国计划出版社, 1997.

[18] 中华人民共和国建设部, 国家质量监督检验检疫总局. 建筑地基基础设计规范: GB 50007—2002 [S]. 北京: 中国建筑工业出版社, 2002.

[19] 牟春来, 刘嫦娥, 程淑艳, 等. 格栅状水泥搅拌桩在水电站粉细砂地基处理中的应用[J]. 水利水电快报, 2015(3): 22-25.

[20] 郭红亮, 吴云飞, 谢红兵, 等. 汉江兴隆水利枢纽泄水闸新型海漫设计[J]. 人民长江, 2015, 46(11): 40-43.

[21] 中华人民共和国交通部. 港口工程地下连续墙结构设计与施工规程: JTJ 303—2003[S]. 北京: 人民交通出版社, 2003.

[22] 中华人民共和国建设部. 建筑桩基技术规范: JGJ 94—94 [S]. 北京: 中国建筑工业出版社, 1994.

[23] 中华人民共和国住房和城乡建设部. 建筑基坑支护技术规程: JGJ 120—2012 [S]. 北京: 中国建筑工业出版社, 2012.

[24] 郭红亮, 蒋筱民. 汉江兴隆水利枢纽船闸设计[J]. 水利水电工程设计, 2015, 34(2): 13-16.

[25] 中华人民共和国水利部. 水利水电工程施工组织设计规范: SL 303—2004 [S]. 北京: 中国水利水电出版社, 2004.

[26] 詹金环, 李蘅, 张倩. 汉江兴隆水利枢纽工程施工导流设计与实践[J]. 人民长江, 2015, 46(17): 36-39.

[27] 中华人民共和国水利部. 水利水电工程混凝土防渗墙施工技术规范: SL 174—96[S]. 北京: 中国水利水电出版社, 1996.

[28] 中华人民共和国水利部. 碾压式土石坝设计规范: SL 274—2001 [S]. 北京: 中国水利水电出版社, 2001.